"十四五"职业教育国家规划教材

"十三五"职业教育国家规划教材
高等职业教育农业农村部"十三五"规划教材
高等职业教育农业农村部"十二五"规划教材

植 物 生 产 环 境

第 三 版

许乃霞　李振陆　主编

中国农业出版社

北　京

内 容 简 介

植物生产环境是一门以土壤肥料、植物生理、农业气象等知识、技能要素中涉及植物生长与环境的内容为基本范畴，以各种环境因子对植物生长发育的影响及其调控为主要内容的专业基础课程。这是一门综合性较强，能较好体现教学改革理念的综合化课程。本教材分为概述及植物生长与土壤环境调控、水分环境调控、温度环境调控、光环境调控、气候环境调控、养分环境调控等理论知识和实验实训内容。该书体例新颖、深浅适度、重点突出、综合性强，较好地体现了教材的科学性、实践性和针对性。本教材可作为全国职业院校种植类专业的教材，也可供农业科技工作者参考。

第三版编审人员名单

主　　编　许乃霞　李振陆

副主编　王立河　刘峻蓉　杨益花

编　　者（以姓氏笔画为序）

　　　　　王立河　乔中英　刘峻蓉

　　　　　许乃霞　李振陆　杨益花

　　　　　张彦苹　林亚萍　庞　欣

　　　　　贾士禄

审　　稿　王　鹏　陈啸寅　李国平

第一版编审人员名单

主　编　李振陆（江苏农林职业技术学院）
副主编　王　鹏（黑龙江生物科技职业学院）
编　者　闫凌云（河南农业职业技术学院）
　　　　周爱芹（潍坊职业学院）
　　　　汤胜民（黑龙江畜牧兽医职业学院）
审　稿　王永平（江苏农林职业技术学院）
　　　　吴国宜（黑龙江农业职业技术学院）

第二版编审人员名单

主　编　李振陆
副主编　王喜枝　　刘峻蓉
编　者　（以姓名笔画为序）
　　　　王喜枝　　刘峻蓉　　许乃霞
　　　　李振陆　　郑宝清　　侯鹏程
　　　　郭　艳
审　稿　（以姓名笔画为序）
　　　　王　鹏　李国平　　陈啸寅

第 三 版 前 言

本教材依据《国家职业教育改革实施方案》《关于实施中国特色高水平高职学校和专业建设计划的意见》《加快推进教育现代化实施方案（2018—2022年）》《关于在院校实施"学历证书＋若干职业技能等级证书"制度试点方案》《职业技能提升行动方案（2019—2021年）》等文件精神编写，主要供高职高专种植类专业使用。根据教学对象的培养目标和技术能力需求，教材力求做到基础知识和基本理论"必需、够用"为度；技术能力的掌握通过专门的训练，突出重点、科学性、实践性和针对性。

植物生产环境是一门以土壤肥料、植物生理、农业气象等知识、技能要素中涉及植物生长与环境的内容为基本范畴，以各种环境因子对植物生长发育的影响及其调控为主要内容的专业基础课程。这是一门综合性较强，能较好体现教学改革理念的综合化课程。本教材分植物生长环境概述、植物生产与土壤环境、温度环境、光环境、气候环境、养分环境等七个模块，教材内容注重理论知识和实践操作的有效结合。

本教材由苏州农业职业技术学院许乃霞、李振陆主编，河南农业职业学院王立河、云南农业职业技术学院刘峻蓉、苏州农业职业技术学院杨益花担任副主编。参加编写的还有苏州市农业科学院乔中英、苏州农业职业技术学院庞欣、贾士禄、张彦苹和苏州御亭现代农业产业园发展有限公司林亚萍。黑龙江生物科技职业学院王鹏、江苏农林职业技术学院陈啸寅和镇江市农业科学院李国平负责本教材的审稿工作。

本教材编写工作得到了苏州农业职业技术学院、河南农业职业学院和云南农业职业技术学院等单位的大力支持，在此表示感谢。限于编者水平，错误和疏漏之处在所难免，恳请批评指正，以使本教材在使用过程中日臻完善。

编　者

2019 年 7 月

第 一 版 前 言

本教材根据教育部《关于加强高职高专教育人才培养工作的意见》和《关于制订高职高专专业教学计划的原则意见》精神编写的。主要供全国高等农业职业技术院校普通高职高专以及五年制高职园艺专业使用，也可供种植类其他专业使用。根据教学对象的培养目标，教材力求做到深入浅出、实用够用、重点突出，突出科学性、针对性和实践性，以尽可能满足教学需要。

植物生产环境是一门以土壤肥料、农业气象、栽培、植物生理等课程中涉及环境的部分为基本范畴，以各种环境因子对植物生长发育的影响为主要内容的专业基础课程，是一门综合性较强的综合化课程。在体系上打破了传统学科型教材体系的系统性，在传统教材的基础上大大压缩了过多的理论阐述。本教材分绪论和植物生产的土壤环境、植物生产的营养环境、植物生产的光照环境、植物生产的温度环境、植物生产的水分环境、植物生产的气候环境等六个章节，教材内容注重了理论知识和实践操作的有效结合。

本教材由李振陆担任主编，王鹏担任副主编。编写分工如下：第一章由王鹏编写，绪论、第二章、第四章由李振陆编写，第三章由周爱芹编写，第五章由汤胜民编写，第六章由闫凌云编写。王永平、吴国宜负责本教材的审定工作。

本教材的编写工作得到了全国农业行业职业教育教学指导委员会的指导和江苏农林职业技术学院、黑龙江生物科技职业学院、山东潍坊职业学院、黑龙江畜牧兽医职业学院的大力支持，在此表示感谢。

课程的综合化是课程体系改革的一项重要内容，涉及面广。编写课程综合化教材还是一种尝试，加上编者学识水平所限、编写时间仓促，教材中错误和疏漏之处在所难免。恳请批评指正，以使本教材在使用过程中日臻完善。

编 者
2006 年 2 月

第 二 版 前 言

本教材遵循《国务院关于加快发展现代职业教育的决定》和教育部、国家发展和改革委员会、财政部、人力资源社会保障部、农业部、国务院扶贫开发领导小组办公室联合印发的《现代职业教育体系建设规划（2014—2020年）》，根据教高［2012］4号"教育部关于全面提高高等教育质量的若干意见"、教职成［2012］9号"教育部关于'十二五'职业教育教材建设的若干意见"精神编写。主要供全国高等农业职业技术院校高职高专种植类专业使用。根据教学对象的培养目标，教材力求做到深浅适度、实用够用、重点突出、综合性强，突出科学性、实践性和针对性，以尽可能满足学生需要。

植物生产环境是一门以土壤肥料、植物生理、农业气象等知识、技能要素中涉及植物生长与环境的内容为基本范畴，以各种环境因子对植物生长发育的影响及其调控为主要内容的专业基础课程。这是一门综合性较强，能较好体现教学改革理念的综合化课程。本教材分为概述及植物生产与土壤环境调控、水分环境调控、温度环境调控、光环境调控、气候环境调控、养分环境调控等7章，教材内容注重了理论知识和实践操作的有效结合。

本教材由李振陆主编，王喜枝、刘峻蓉任副主编。编写分工如下：第一章由苏州农业职业技术学院李振陆编写；第二章由上海农林职业技术学院侯鹏程编写；第三章由黄冈职业技术学院郑宝清编写；第四章由苏州农业职业技术学院李振陆、许乃霞编写；第五章由山西林业职业技术学院郭艳编写；第六章由云南农业职业技术学院刘峻蓉编写；第七章由河南农业职业学院王喜枝编写。黑龙江生物科技职业学院王鹏、江苏农林职业技术学院陈啸寅和江苏镇江市农业科学研究院李国平负责本教材的审定工作。

本教材编写工作得到了苏州农业职业技术学院、河南农业职业学院和云南农业职业技术学院等单位的大力支持，在此表示感谢。

本教材基本遵照了第一版的编写体例。限于编者水平，错误和疏漏之处在所难免，恳请批评指正，以使本教材在使用过程中日臻完善。

编　者
2015年1月

目　录

模块一　概　述

了解植物的生长与发育，植物生长大周期、生长周期性和生长相关性等概念；了解植物生产的作用和特点；明确植物生产环境课程的性质和任务。

项目一　植物生长与植物生产

一、植物生长

植物是人类改造自然过程中劳动的产物。现在栽培的农作物均起源于自然野生植物，经过长期的自然选择和人工培育，才逐渐演变成现在的各种作物种类和品种。植物种类繁多，在历史发展和进化过程中，形成了约 200 万种现存生物。目前世界上栽培的植物近 1 200 种（不包括花卉），而栽培的大田作物 90 余种，我国常见的农作物有 50 多种。

我国地域广大、幅员辽阔，从东到西地形变化复杂，从南到北气候变化多样。这样的自然条件，为不同的植物生长提供了良好的生存环境。

（一）植物生长与发育

在植物一生中，有两种基本生命现象：一是生长；二是发育。生长即植物在体积和质量上的增加，植物的生长是以细胞的生长为基础的，细胞的生长一般分为分生期、伸长期和分化期三个时期。由于细胞的生长和分化，形成各种组织，各种组织构成器官，如根、茎、叶的生长等。发育是指植物的形态、结构的机能上发生的质变过程，表现为细胞、组织和器官的形成，如花芽分化、幼穗分化等。植物的生长发育一般分为营养生长和生殖生长两个阶段，以花芽分化（穗分化）为界，两者之间往往有一个营养生长和生殖生长并进时期。我们把植物营养器官即根、茎、叶生长的时期称为营养生长期或营养生长阶段；把植物生殖器官即花、果实、种子发育的时期称为生殖生长期或生殖生长阶段。

（二）植物生长大周期

在植物的生长过程中，个别器官或整个植物体的生长速度，都表现出慢—快—慢的基本规律。植物生长大周期就是指植物初期生长缓慢，以后逐渐加快，生长达到高峰后，再逐渐减慢，以至生长逐渐停止的过程（图 1-1）。

植物生长表现出大周期的原因是细胞生长本身就表现为慢—快—慢的基本规律。同时，就整个植物体而言，生长初期，根系不发达，吸收能力弱，叶片

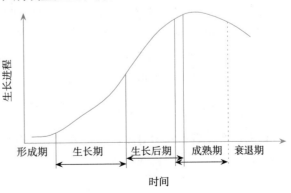

图 1-1　植物生长大周期

（宋志伟 . 2011. 植物生长环境）

小而少，合成的有机物少，生长速度慢；生长中期，根系逐渐发达，吸收能力增强，叶面积增加，有机物合成增加，各器官生长速度加快；生长后期，植株逐渐衰老，根系吸收能力减弱甚至停止，叶面积减少，有机物合成量也减少，生长减慢。

（三）植物生长周期性

植物生长周期性指整株植物或植物器官的生长速率随昼夜或季节发生规律性变化的现象。

1. 昼夜周期性　植物生长随昼夜表现出的快慢节律性变化，称为昼夜周期性。植物昼夜生长期受环境条件如温度、光照和植物体内水分状况的影响。在水分适宜的前提下，温暖白天的生长速度快于夜间。

2. 季节周期性　植物在一年中的生长随季节表现出的快慢节律性变化，称为季节周期性。植物季节周期性主要受一年四季的温度、水分和光照等条件的影响。如温带的多年生树木的生长，随季节的更替变化而表现出明显的季节性。

（四）植物生长相关性

植物体的各个器官在生理上是既相互独立又相互联系的。植物体的各个部分在生长过程中相互促进与控制着，表现出显著的相关性。植物生长的相关性主要表现为地上部分与地下部分的相关性、主茎与分枝的相关性、主根与侧根的相关性、营养生长与生殖生长的相关性等。

植株地上部分与地下部分（根系）生长有密切关系。根系为地上部分提供水、无机盐等，茎叶为根系提供蛋白质、糖类等。根系发达，植株就高大；茎叶生长不好，根系生长也受影响。

主茎对于分枝、主根对于侧根均存在顶端优势。主茎和主根的生长总比分枝和侧根快。在植物生产过程中，经常会利用这种相关性来调节植株的生长发育。

营养生长是生殖生长的基础。生殖生长所需的养料大多数由营养器官供应，营养生长不良，生殖器官生长也就不会正常。营养器官生长过旺，茎叶徒长，养分消耗多，生殖器官分化迟，生育期延长，产量降低。生殖器官生长过旺，产量、品质也会降低。

（五）植物生长的其他习性

植物生长过程中，还会表现出极性、再生性和无限性等习性。

1. 极性　一株植物形态学的上下两端存在差异的现象，称为极性。即使植物器官的放置方向颠倒，极性现象也不会改变，总是上端生芽、下端长根。

2. 再生性　在适宜的条件下，植物的离体部分能恢复所失去的部分，重新形成新个体，这种现象称为再生性，如打断的棉花植株能发出新枝条，苗木可以扦插、压条繁殖等。

3. 无限性　无限性是指植物一生中不但能不断长高、增粗，还能不断产生新的器官。植物生长的无限性反映出植物的可塑性，给生产提供了可控性。

二、植物生产

植物生产是以植物为对象，以自然环境条件为基础，以人工调控植物生长为手段，以社会经济效益为目标的社会性产业。

（一）植物生产的作用

植物是农业生产的基础，不但直接供给人类所需要的生活资料，而且还要供给农业中的畜牧业、渔业等所需要的饲料。植物生产的地位和作用主要表现在以下几个方面。

　　1. 植物提供人类生存最必要的食品　人们生活所消费的粮食、水果、蔬菜等几乎全部由植物生产提供。如水稻是我国栽培历史悠久的主要粮食作物之一。稻米营养价值高、适口性好、容易消化，全球半数以上人口以稻米为主食。小麦是世界上分布最广、种植面积最大、商品率最高的粮食作物。玉米籽粒具有较高的营养价值，是人们主要的食粮之一。大豆、甘薯等也都是人们重要的食品来源。苹果、梨、桃等水果都是植物的果实，人们所食用的蔬菜也全是植物的产品。

　　2. 植物是工业原料的重要来源　棉花是我国重要的经济作物，棉纤维是纺织工业的重要原料，棉籽是重要的食油来源和化工原料，棉籽壳是廉价的化工和食用菌生产原料。稻草是造纸工业的原料。玉米除了食用之外，还是重要的工业原料。油菜籽含油丰富，是良好的食用植物油，其在工业上也有多种用途。甘薯、麻类等植物都是重要的工业原料。

　　3. 植物是出口创汇的重要物质　棉纤维是重要的创汇物资。农副产品及其加工产品在国家出口总额中占有较大的比重，是出口创汇物资的重要来源之一。

　　4. 植物是美化环境的重要材料　园林绿化打造为景观已成共识。五彩缤纷的植物枝叶、五颜六色的植物花朵、许多植物散发的芳香，给人以赏心悦目、心旷神怡的感觉。植物给整个世界带来了美丽。

　　5. 植物是人类药材的主要来源　被誉为"中药之王"的人参具有调气养血、安神益智、生津止渴、滋补强身等神奇功效。诸多的中草药均由植物生产而来。

　　6. 植物还具有监测环境的作用　有些植物对环境污染极为敏感，被用来作为监测植物。如紫花苜蓿、剑兰、菠萝、丁香、三叶草等。

　　（二）植物生产的特点

　　1. 严格的地域性　地区不同，其纬度、地形、地貌、气候、土壤、水利等自然条件就不同，地区的社会经济、生产条件、技术水平等也就有差异，从而表现出明显的地域性。

　　2. 强烈的季节性　植物生产周期长，生产时间和劳动时间不一致，具有比较强的季节性。植物生产周期，取决于植物生长发育周期，通常长达数月以至数年。而一年的光、热、水、气等自然资源的状况是不一样的，所以植物的生长发育不可避免就会受到季节的影响。

　　3. 技术的适用性　植物生产过程需要通过技术来实现。生产过程中会出现一系列的技术问题。因此，植物生产所研究形成的技术必须具有适应性，要可操作，力争做到简便易行、省工省力、经济有效。

　　4. 生产的连续性　植物生产的每个周期内，各个环节之间相互联系，前者是后者的基础，后者是前者的继续。上茬植物与下茬植物，上一年生产与下一年生产，上个生产周期与下个生产周期，都是相互影响、相互制约的。

　　5. 系统的复杂性　植物生产是个有序的复杂系统，受自然和人为等多种因素的影响和制约。植物生产系统由各子系统所组成，这个系统是个综合体，植物、环境和生产技术之间有着密切的联系。它既是一个大的复杂系统，又是一个统一的有机整体。

项目二　环境条件与植物生产

一、植物生产与自然环境

农业生产的对象主要是植物（作物）。农业生产必须为植物的生长发育创造良好的生活条件。农业的自然环境包括生物环境和非生物环境两个方面。生物环境是指农业生物周围的植被、昆虫、病害、杂草等因素。非生物因素主要是指土壤、水分、温度、光照、气候、肥料等条件，这些都是农业生产必不可少的条件。它们与生物体的生存、分布、生长发育及形态结构、生理功能等关系密切。

工业生产可以不受水、温、光、气等环境条件的影响，在工厂进行昼夜生产。而农业生产只能在广阔的田野上进行，而且植物生产是植物的自然再生产过程，必然受到自然环境的影响。

自然环境的影响首先表现为不同地区具有不同的气候、地形、土壤、植被等自然条件，从而形成各地区所特有的农业生产类型、耕作制度、作物、品种和栽培技术等。因此，植物生产具有强烈的区域性特征。

自然环境的影响还表现为植物生产的波动性。自然界大范围的长周期变化或人为变化，如地质变化、温室效应等无疑都会给植物生产带来变化以及长期影响。当然，这种影响往往要通过长期积累才能反映出来。短期的影响主要来自气候变化，尤其是旱、涝、风、雹等，它们可能导致农业生产年度间的剧烈变化。气候也会导致病虫害的暴发。需要说明的是：植物生产环境课程所研究的对象，主要是非生物因素的自然环境。

二、植物生产的环境要素

农业生产的基本环境要素是水分、温度、光照、气候等生活因子以及土壤、肥料等自然资源。

水分是植物生存极其重要的生活因子。一方面它是植物进行光合作用合成糖类的原料之一，是植物细胞原生质的重要组成部分，是植物体内许多生物化学反应的介质，是植物体内输送养分的载体；另一方面又是植物生长发育的一个重要的环境因子。

温度是作物必需的生活条件之一。植物对温度的要求，其实质是对热量的要求。太阳辐射是地球表面增温的主要热源。地球表面吸收太阳辐射能以后，不仅引起本身增温，同时将热量传递给下层土壤和低层大气，使土壤温度和空气温度发生变化。其表现在空间上，它随着海拔高度、纬度的变化而变化；表现在时间上，则随着季节和昼夜的变化而变化。还会骤然出现高温和低温，给植物的生长发育带来极大的危害。

光是农业生产的基本条件之一。植物生物产量的 $90\% \sim 95\%$ 是光合作用的产物。光合作用即绿色植物吸收太阳光能，将二氧化碳和水合成有机物质并释放氧气的过程。光是绿色植物进行光合作用的必要条件。作物生长发育所需的光照主要来自于太阳光。光照条件不只影响植物的生长发育，同时还影响其产量和品质。光是通过光谱成分、光照度和光照时间来影响植物的生长发育的。

气候则对水分、温度和光照等环境因素产生综合影响。气候的变化，会对植物的生长发育带来直接的影响。

在植物生产过程中，植物还必须从外界环境中吸收所需的营养物质，才能维持其正常的生长发育。植物在其生长发育过程中，主要靠根从土壤中吸收营养物质，一部分用来建造自身的结构物质，另一部分用来参与体内的各种代谢和调节生理作用。许多农艺措施，如中耕、除草、施肥、灌溉等，往往都是通过调控作物的吸收作用来提高作物产量的。因此，养分是植物必需的生活因子，也是农业生产的重要条件。

土壤是重要的自然资源，是植物赖以立足和摄取养分、水分的场所，更是农业生产的基本条件。土壤具有能同时满足植物对水、肥、气、热需要的能力。土壤之所以能生长植物，是因为它具有肥力。肥力是土壤的本质和属性。同时土壤还是农业生态系统的重要组成部分。农业生态系统是以人类农业生产活动为中心，在一定条件下，以农作物、家畜、家禽为主体，与气候、土壤、水等环境因素相结合而成的人工生态系统。同时，土壤还是生物与非生物环境的分界面，是生物与非生物进行物质、能量移动和转化的重要介质与枢纽，土壤是结合无机自然界和有机自然界的中心环节。

在以上这些生活因子中，每个生活因子对植物生长发育和产量的形成都有其特殊的作用，它们之间不可相互替代，是同等重要的。

另一方面，在这些基本生活因子之间，又有着相互联系、相互制约的关系。其中的一个因素缺少或数量不足，就会限制其他因子的作用，导致植物产量降低、品质下降。

因此，植物生产过程中，在采取某一技术措施或选用某一技术方案时，既要考虑生活因子的综合作用，又要考虑某一因子对作物产量和品质形成所起的主导作用。这就需要对植物环境进行必要的研究，为学习植物生产类专业课程奠定基础。

三、植物生产环境课程的性质和任务

植物是有机体，有机体有其自身生长发育、器官建成、产量和产品形成的规律，植物生长发育离不开外界环境条件——土壤、水分、温度、光照、气候、肥料等，不同的植物，同一植物不同的品种以至于不同的生育阶段、不同器官的形成过程，对外界环境条件都有着不同的要求。

植物生产环境是一门完全针对植物生长发育所需要的环境条件，以传统教材体系中的土壤肥料、农业气象、栽培、植物生理等课程中涉及环境的部分知识和技能为基本范畴，以各种环境因子对植物生长发育的影响为主要内容的专业前导课程。这是一门综合性较强的综合化课程。

植物生产环境课程的任务是明确土壤、水分、温度、光照、气候、肥料等环境条件对植物生长发育的影响，提出植物生长的土壤、水分、温度、光照、气候、肥料的调控措施。

学习本门课程，必须以辩证唯物主义的观点和方法作指导；要有严谨的科学态度，要发扬实事求是、理论联系实际的作风；要强调理实一体，深入生产实际，参加生产实践活动；要学好文化基础课程并了解相关学科的知识。

【资料收集】

在学校图书馆收集《植物生产环境》相关书籍，选定学习本课程的相关参考书。

【信息链接】

通过查阅《中国农业气象》《气象科技》《气候与环境研究》《应用气象学报》《××气象》等专业杂志或上网浏览查阅植物生产环境课程内容相关的文献。

【练习思考】

1. 何谓植物生长发育？

2. 什么是植物生长大周期？什么是植物生长周期性？

3. 植物生产有什么特点？

4. 植物生产的环境要素有哪些？

5. 植物生产环境课程的任务是什么？

【阅读材料】

新编农事月令

（一）正月舞龙灯，气象更新，红联迎岁万家门，邻里亲朋同欢饮，互贺新春。

（二）二月杏花浓，社鼓催耕，一年之计在于春，植树育苗抓季节，哪有闲辰。

（三）三月是清明，细雨蒙蒙，千船万车积肥料，小春稼禾已拔节，麦哨声声。

（四）四月熟黄梅，花艳蔷薇，春光已逝夏日催，又见瓜豆变现洋，早起夜归。

（五）五月节端阳，饮酌浦伤，白麦馒头菜油饼，养蚕插秧常暮色，新粮真香。

（六）六月暑难当，风渡荷塘，乡村田野碧莲香，赤日炎炎忙车水，汗变盐霜。

（七）七月望银河，西南风烈，农夫无奈龙王何，千等万盼处暑雨，救救稻禾。

（八）八月桂花浓，金轮光明，中秋圆月月圆人，红菱莲藕均供奉，谢了嫦娥。

（九）九月风渐凉，重九重阳，稻菽一浪接一浪，田垄菊花开悦色，一片金黄。

（十）十月小阳春，序属初冬，秋收时节晚霜浓，五谷杂粮已入库，等待庆功。

（十一）冬月雪盈天，水冷冰坚，细算收支暖心田，清理检修农机具，以备来年。

（十二）腊月一年终，庆贺收成，梅花点点报春意，辞旧迎新贴新桃，来年丰登。

（作者：沈成嵩、王龙俊）

模块二　植物生长与土壤环境调控

【学习目标】

了解土壤与土壤肥力的概念，明确土壤与植物生长的关系；了解土壤的物质组成及特点，掌握土壤质地对植物生产的影响及调控措施；了解土壤生物的概念，理解土壤有机质的作用、转化，掌握土壤有机质调节措施。了解土壤孔隙、土壤结构、土壤耕性、土壤胶体、保肥性和供肥性及土壤酸碱性的概念；理解土壤孔隙及其性质，土壤结构与肥力的关系，土壤胶体对养分的吸持特性；掌握土壤团粒结构的培育措施，土壤酸碱性对植物生长、土壤肥力的影响及其调节措施。了解土壤管理措施；掌握土壤的培育与低产土壤的改良措施。能进行土壤样品采集与制备，会测定土壤质地、土壤水分、土壤容重及土壤酸碱性，会计算土壤孔隙度。

项目一　土壤与植物生长发育

一、土壤的概念

土壤是地球表层重要的生态系统，与人类生产和生活息息相关，是一种重要的自然资源。《说文解字》中说：土，地之吐生万物者也，壤，柔土也，无块曰壤。从汉字上看，构成"土"字的"二"其上指表土，其下指底土，"丨"指植物的地上部和地下部分。"土"字的一竖、二横形象化地表明了"土"与植物二者依存的关系（图2-1）。

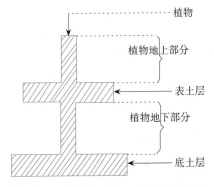

图 2-1　"土"与植物二者依存的关系

大多数土壤学家把土壤定义为：覆盖在地球陆地表面能够生长绿色植物的疏松多孔物质层。

这个概念对土壤有了明确的定义，即位置：陆地表面，本质：生长绿色植物，状态：疏松多孔。

陆地表面：在地球表面，土壤的位置以大气圈或浅水层为上层界限，其下层界限因土壤类型不同而有很大差别，一般难以确定，通常以坚硬的岩石或不再有植物根系活动的土状物为下层界限，而土壤的水平界限很广，既可以是深水层，又可以是裸露的岩石甚至是终年不化的积雪（图2-2）。

能够生长绿色植物：说明作为土壤能为植物的生长提供各种生活因子。

疏松多孔：说明土壤是疏松多孔体，以区别于坚硬、不透水、不通气的岩石。

在自然界中尚未开垦种植的土壤称为自然土壤，而人类已经开垦耕种和培育的土壤称为农业土壤，也称耕作土壤或耕种土壤。

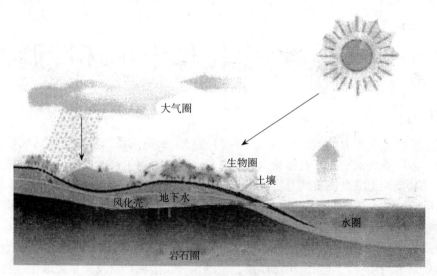

图 2-2　土壤在地理环境中的位置

二、土壤肥力的概念

土壤肥力是土壤在植物生长发育过程中，为植物生长供应和协调养分、水分、空气和热量的能力，是土壤物理、化学和生物学性质的综合反应。土壤肥力是土壤的基本属性和本质特征，土壤肥力的高低是影响植物生长的重要因素之一。

土壤肥力根据其产生的原因可以分为自然肥力和人工肥力。

自然肥力是由土壤母质、气候、生物、地形等自然因素的作用下形成的土壤肥力，是土壤的物理、化学和生物特征的综合表现。自然肥力是自然再生产过程的产物，是土地生产力的基础，它能自发地生长天然植被。

人工肥力是指通过人类生产活动，如耕作、施肥、灌溉、土壤改良等人为因素作用下形成的土壤肥力。

随着人类对土壤利用强度的不断扩展，人为因素对土壤作用的力度越来越大，已成为决定土壤肥力发展方向的基本动力之一。自然土壤只具有自然肥力，而农业土壤可以按照人类的需求同时具有自然肥力和人工肥力。

三、植物生长与土壤的关系

植物在生长发育过程中需要光照、热量、空气、水分和养分，而土壤可以为植物生长供给水分、养分（图 2-3）。

因此，土壤是植物的"贮藏室"，其中可以贮存水分、空气、矿质元素，这些是植物生长所必需的。

另外，土壤是植物的"能量库"，土壤内含有大量生物，如微生物和土壤动物。微生物能够分解有机质（植物无法直接吸收有机物），使之变成植物能够直接利用的无机物，为植物的生长提供

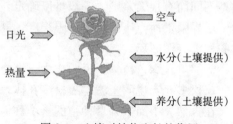

图 2-3　土壤对植物生长的作用

营养；土壤动物如蚯蚓，能够通过其生理作用（运动等）达到翻土的目的，使土壤孔隙加大，增大空气的含量，同时蚯蚓粪便能够为植物提供直接营养。

此外，土壤还为植物提供根系伸展的空间和机械支撑等作用。因此，植物生长的好坏，如根系的深浅、根量的多少、吸收能力的强弱、合成作用的高低及植物的高矮、大小等都与土壤有着密切的关系。

项目二　土壤的物质组成

一、土壤的基本组成

土壤是一种疏松多孔的物质层，它是由大小不等、形态各异的固体颗粒堆集而成，在颗粒之间存在着各种类型的孔隙，并且在各个孔隙内充满着水分和空气。因此，土壤是由固体、液体和气体三相物质所组成的，一般来说理想土壤的耕作层土壤固体物质和孔隙体积各占 50% 左右（图 2-4）。

固相物质为矿物质、有机质和一些土壤微生物组成，矿物质由岩石风化而来，约占土壤总体积的 50%，好似土壤的"骨架"；其次为有机质，其占土壤固相物质的比例小于 5%，好似"肌肉"，包被在矿物质表面。液相部分是指土壤水分，它是溶有多种物质成分的稀薄

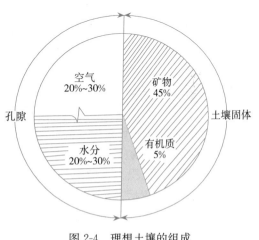

图 2-4　理想土壤的组成
（金为民．2001．土壤肥料）

溶液。土壤气相部分就是土壤空气，它充满在那些未被水分占据的孔隙中。具体土壤组成及物质来源如图 2-5 所示。

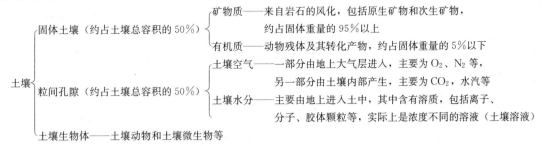

图 2-5　土壤的组成及物质来源

土壤的固、液、气三种物质的体积比称为土壤的三相比。三相比是土壤各种性质产生和变化的基础，适宜的三相比是土壤肥力的必要条件。调节土壤三相物质的比例，则是改善土壤不良性状的重要手段，也是调节土壤肥力的依据。

二、土壤的组成及性状

（一）土壤矿物质

土壤矿物质是岩石经物理风化作用和化学风化作用形成的，占土壤固相部分总质量的

90％以上，是指土壤中所有无机物质的总和，也是土壤的骨骼和植物营养元素的重要供给来源，它们全部来自于岩石矿物的风化。

1. 风化作用　风化作用是指地表或接近地表的坚硬岩石、矿物与大气、水及生物接触过程中产生物理、化学变化而在原地形成松散堆积物的全过程。包括物理风化、化学风化和生物风化。

（1）物理风化。指外力作用使岩石、矿物发生崩解破碎，但不改变其化学成分和结构的过程。这种外力作用可分为温度作用、结冰作用以及水流和大风的磨蚀作用等。

（2）化学风化。指岩石、矿物在水、二氧化碳等因素作用下，发生化学变化而产生新物质的过程。这种风化过程包括溶解、水化、水解和氧化。

（3）生物风化。指岩石矿物在生物及其分泌物或有机质分解产物的作用下，进行的机械破碎和化学分解过程。

自然界的物理风化、化学风化和生物风化作用绝不是单独进行的，它们之间相互联系、相互促进。

2. 组成土壤的岩石　组成土壤的岩石是自然产生于地壳中，由一种或两种以上矿物组成的物质，它通常是混合物。形成土壤的岩石分为三类：岩浆岩、沉积岩和变质岩。

（1）岩浆岩。岩浆岩是指在岩浆冷却过程中凝聚而成的一类岩石。其特点是没有层次、不含化石及其他有机物质，比较容易风化，在地表的含量相对较低。

（2）沉积岩。沉积岩是指由各种原先存在的岩石（岩浆岩、变质岩及原先的沉积岩）经风化、搬运、沉积后重新固结而成的岩石。沉积岩的特点是可能含有化石，一般具有成层性，同时颗粒也较岩浆岩小，不易风化，在土壤中的含量一般高于其他种类的岩石。

（3）变质岩。变质岩是指地壳中原先存在的各种岩石在地壳运动或岩浆活动的影响下，经高温高压的作用重新结晶形成的岩石。其特点是极易风化，在地表和土壤中含量较低。

3. 组成土壤的矿物　矿物是自然产生于地壳中的化合物或单质，如石英、长石、云母等。矿物分为原生矿物和次生矿物两类。原生矿物是由岩浆直接冷凝而成的矿物，主要存在于粒径较大的沙粒和粉沙粒部分。次生矿物是指各种矿物在风化过程和成土过程中重新产生的一类矿物，如一般土壤中含量较丰富的蒙脱石、伊利石、高岭石等。

（二）土壤粒级

通过风化作用形成的土壤无机颗粒，其大小并不相同，大小不同的土粒所表现的理化性质差异较大。在自然状况下，大小不一的矿物质土粒，有的单独地存在于土壤中，称为单粒；大部分则相互黏结在一起，称为复粒。土粒分级是按单粒大小进行的。根据粒径的大小和理化性质的不同分成若干级别，即若干组，称为土壤粒级，每组就是一个粒级。

根据大小不同，一般可将土粒分为石砾、沙粒、粉沙粒和黏粒4个基本粒级。目前矿物质土粒分级各国还没有完全统一的标准，在我国应用的主要有国际制、卡庆斯基制、美国制和中国科学院土壤所新制（表2-1）。

表2-1　几种土壤粒级分级方案

(熊顺贵.2001.基础土壤学)

粒径 (mm)	中国制 (1987)	卡庆斯基制 (1957)	美国制 (1951)	国际制 (1939)
3~2	石砾	石砾	石砾	石砾
2~1			极粗沙粒	
1~0.5	粗沙粒	物理性沙粒　粗沙粒	粗沙粒	粗沙粒
0.50~0.25		中沙粒	中沙粒	
0.25~0.20	细沙粒	细沙粒	细沙粒	细沙粒
0.20~0.10				
0.10~0.05			极细沙粒	
0.05~0.02	粗粉粒	粗粉粒	粉粒	
0.02~0.01				
0.010~0.005	中粉粒	物理性黏粒　中粉粒		粉粒
0.005~0.002	细粉粒	细粉粒		
0.002~0.001	粗黏粒			
0.0010~0.0005	细黏粒	黏粒　粗黏粒	黏粒	黏粒
0.0005~0.0001		细黏粒		
<0.0001		胶质黏粒		

　　同一粒级范围内土粒的矿物成分、化学组成及性质基本一致，而不同粒级土粒的性质有明显差异。石砾及沙粒是风化碎屑，几乎全部由原生矿物组成，其所含矿物成分和母岩基本一致，粒径大，抗风化，养分释放慢，有效养分贫乏；粉粒颗粒较小，容易进一步风化，绝大多数也是由抗风化能力较强的石英组成，其矿物成分中有原生的也有次生的，粒间孔隙毛管作用强，毛管水上升速度快，营养元素含量比沙粒丰富；黏粒颗粒极细小，主要由次生矿物组成，粒间孔隙小，吸水易膨胀，使孔隙堵塞，毛管水上升极慢，干时收缩坚硬，湿时膨胀，保水保肥性强，营养元素丰富。

（三）土壤质地

1. 土壤质地分类　任何一种土壤都不可能只由单一的某一粒级的矿物质土粒组成，同时土壤中各粒级矿物质土粒的含量也不是平均分配的，而是以不同的比例组合而成。将土壤中各粒级土粒质量分数的配合比例称为土壤质地。

　　土壤质地也称为土壤机械组成，或称土壤颗粒组成，是根据土壤的颗粒组成划分的土壤类型。一般将土壤质地分成沙土、壤土和黏土三个基本等级（图2-6）。土壤质地这样划分主要是继承了成土母质的类型和特点，又受到耕作、施肥、排灌、平整土地等人为因素的影响，是土壤的一种十分稳定的自然属性，对土壤肥力有很大影响。

　　不同的土壤质地分类方案的标准不尽相同。

　　（1）卡庆斯基制。卡庆斯基制为双级分类法，即按物理性沙粒（＞0.01mm）和物理性黏粒（＜0.01mm）的质量分数，将土壤划分为沙土、壤土和黏土三类九级（表2-2）。

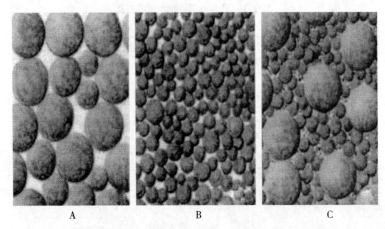

图 2-6　土壤质地分类

A. 沙土　B. 黏土　C. 壤土

表 2-2　卡庆斯基土壤质地分类（简明方案）

（唐祥宁 . 2009. 园林植物环境）

质地分类		物理性黏粒（<0.01mm）含量（%）			物理性沙粒（>0.01mm）含量（%）		
质地类别	质地名称	灰化土类	草原土及红黄壤类	碱化及强碱化土类	灰化土类	草原土及红黄壤类	碱化及强碱化土类
沙土	松沙土	0～5	0～5	0～5	100～95	100～95	100～95
	紧沙土	5～10	5～10	5～10	95～90	95～90	95～90
壤土	沙壤土	10～20	10～20	10～15	90～80	90～80	90～85
	轻壤土	20～30	20～30	15～20	80～70	80～70	85～80
	中壤土	30～40	30～45	20～30	70～60	70～55	80～70
	重壤土	40～50	45～60	30～40	60～50	55～40	70～60
黏土	轻黏土	50～65	60～75	40～50	50～35	40～25	60～50
	中黏土	65～80	75～85	50～65	35～20	25～15	50～35
	重黏土	>80	>85	>65	<20	<15	<35

　　（2）国际制。国际土壤质地分类制是根据黏粒（<0.002mm）含量多少，把土壤质地分为沙土、壤土、黏壤土和黏土四大类，再依据沙粒、粉粒和黏粒三种粒级的质量分数，细分为 12 级（表 2-3）。

表 2-3　国际制土壤质地分类

（唐祥宁 . 2009. 园林植物环境）

质地分类		各级土粒质量分数（%）		
质地类别	质地名称	黏粒（<0.002mm）	粉沙粒（0.02～0.002mm）	沙粒（2～0.02mm）
沙土类	沙土及沙质壤土	0～15	0～15	85～100
壤土类	沙质壤土	0～15	0～45	55～85
	壤土	0～15	35～45	40～55
	粉沙质壤土	0～15	45～100	0～55
黏壤土类	沙质黏壤土	15～25	0～30	55～85
	黏壤土	15～25	20～45	30～55
	粉沙质黏壤土	15～25	45～85	0～40

（续）

质地分类		各级土粒质量分数（%）		
质地类别	质地名称	黏粒 （<0.002mm）	粉沙粒 （0.02～0.002mm）	沙粒 （2～0.02mm）
黏土类	沙质黏土	25～45	0～20	55～75
	壤质黏土	25～45	0～45	10～55
	粉沙质黏土	25～45	45～75	0～30
	黏土	45～65	0～35	0～55
	重黏土	65～100	0～35	0～35

2. 土壤质地与植物生产的关系

（1）沙质土。俗称"热性土"，这类土壤由于沙粒含量高，颗粒粗，比表面积小，组成的粒间大；孔隙数量多，故土壤通气透水性好，不易积聚还原性有害气体；土温变幅大，白天升温快，晚上降温也快；早春土温低，但随气温回升，土温上升也快；保水、保肥性能差，不耐干旱，肥效快，但肥效期短；含矿质养分少，潜在养分含量低，易于转化为速效养分，不利于有机质的积累；施肥见效快，但肥效短、保持养分能力差，养分易流失；易耕期长，耕后土壤松散、平整，无明显土块或土垡，耕作阻力小，耕后质量好；植物前期生长相对较快，但后期易脱肥，故有"发小苗不发老苗"之说。

（2）黏质土。俗称"冷性土"，这类土壤由于黏粒含量高，粒间孔隙小，通气透水性差，排水不畅；由于大孔隙数量少，造成还原性状态，尤其在低洼地积水多，容易积累一些有毒物质（如 H_2S、CH_4 等），危害植物的根系；胶体物质含量多，土壤固相比表面积巨大，表面能高，吸附能力强；保水、保肥性能强，但肥效缓慢；潜在养分储量丰富，特别是钾、钙、镁含量较多，但养分转化速度慢；保水性强，热容量大，土温变幅小，尤其在早春气温低，土温不易回升；土壤的黏结性、黏着性、可塑性、湿胀性强，耕作阻力大，耕作质量差，易形成明显土块或土垡，宜耕期也短；春季不利于植物出苗和发苗，不利于扎根；植物前期生长慢，中后期因土温升高，雨水充沛，养分释放较多，如果不注意田间管理，容易造成贪青晚熟，故有"发老苗不发小苗"之说。

（3）壤质土。俗称"两合土"，是介于沙土与黏土之间的一种机械组成类型。无论通气透水性能、保水保肥能力，还是耕性都好。土温稳定，水分和空气比例协调，有利于植物出苗和后期生长发育，兼有沙土和黏土的优点，却没有二者的不足，如果能注意培肥熟化，将是植物高产稳产的土壤质地类型，因此，它能适合各种植物的生长，故有"既发小苗又发老苗"之说。

以上所讲的都是指土壤在单一质地情况下的肥力特点。但在实际上，有许多土壤质地往往不是单一的，土体上下层的质地差别很大，呈现出质地的层次性，因而其肥力特点也就复杂多样。实际在同一土壤上下土层之间，其质地粗细和厚度有很大的差异。形成原因有自然条件（冲积性母质发育的土壤）和人为耕作等（犁底层）。质地层次性对土壤肥力的影响，侧重在低层次排列方式和层次厚度上，特别是土体1m内的层次特点。

上沙下黏：胶泥底、上浸地，托水又托肥——蒙金土；对土壤水、肥、气、热状况调节较好，适宜于作物生长，即发育小苗又发育老苗。

上黏下沙：沙砾底、菜篮地，漏水又漏肥——倒蒙金。

我国土壤质地的地理分布特点是在水平方向上，自西向东、自北向南质地由粗变细；在垂直方向上，是从高到低质地由粗变细。

3. 土壤质地的改良 土壤质地对植物生长起到至关重要作用，各种作物因其自身特性及栽培措施的要求，对所需要的最适宜土壤条件就可能不同（表2-4）。如单季晚稻生长期长，需肥较多，宜种在黏质壤土至黏质土壤中，而双季稻则因要求其早发速长，故宜在灌排方便的壤质和黏壤质土壤中生长。果树一般要求土层深厚、排水良好的沙壤到中壤质的土壤，而茶树以排水良好的壤土至黏壤土最为适宜。

表 2-4　常见作物的适宜土壤质地范围

作物种类	土壤质地	作物种类	土壤质地
水稻	黏土、黏壤土	梨	壤土、黏壤土
小麦	黏壤土、壤土	桃	沙壤土-黏壤土
大麦	壤土、黏壤土	葡萄	沙壤土、砾质壤土
粟	沙壤土	豌豆、蚕豆	黏土、黏壤土
玉米	黏壤土	白菜	黏壤土、壤土
甘薯	沙壤土、壤土	甘蓝	沙壤土-黏壤土
棉花	沙壤土、壤土	萝卜	沙壤土
烟草	砾质沙壤土	茄子	沙壤土-壤土
花生	沙壤土	马铃薯	沙壤土、壤土
油菜	黏壤土	西瓜	沙土、沙壤土
大豆	黏壤土	茶	砾质黏壤土、壤土
苹果	壤土、黏壤土	桑	壤土、黏壤土

对于过沙或者过黏不适合植物生长的土壤，就要进行质地改良，常见改良土壤质地有以下措施：

（1）增施有机肥料。因为有机质的黏结力和黏着力比沙粒强，比黏粒弱，可以克服沙土过沙和黏土过黏的缺点。同时，有机质还可以使土壤形成团粒结构，使土体疏松，增加沙土的保肥性。因此，通过增施有机肥料，可以提高土壤有机质含量，既可改良沙土，也可改良黏土，这是改良土壤质地最有效和最简便的方法。

（2）客土法。客土法是指通过从需要改良地块的异地搬运来质地不同的土壤进行掺混，以改良土壤质地的方法。如沙土地（本土）附近有黏土、河沟淤泥（客土），可搬来掺混；黏土地（本土）附近有沙土（客土）可搬来掺混，以改良本土质地。

（3）翻淤压沙、翻沙压淤。有的地区沙土下面有淤黏土，或黏土下面有沙土，对于这种不同土层质地差异很大的土壤，可以采取表土"大揭盖"翻到一边，然后使底土"大翻身"，把下层的沙土或黏淤土翻到表层来使沙黏混合，改良土性。

（4）耕作管理措施。除了以上三点，在农业耕作中可以通过耕作管理来改良土壤质地。如沙土整地时畦可低一些，垄可放宽一些，播种宜深一些，播种后要镇压接墒，施肥要多次少量，注意勤施；黏土整地时要深沟、高畦、窄垄，以利排水、通气、增温，同时要注意掌握适宜含水量及时耕作，提高耕作质量，要多精耕、细耕作、勤锄。

三、土壤生物

土壤生物是指生活在土壤中的有机体，包括全部或部分生命周期在土壤中生活的那些生物，其类型包括动物、植物和微生物。土壤生物的类群、数量一般常随它们相适应的植物而发生变化，土壤的温度、湿度、通气状况和酸碱度等环境因子对它们的分布也具有明显影响。

（一）土壤动物

土壤动物是指生活在土壤中的小动物，如蚯蚓、线虫、昆虫、蚂蚁、蜗牛、蠕虫、螨类等。它们对土壤的主要作用为粉碎土壤中有机物残体，并使这些残体与土壤充分掺和，进一步促进了微生物的分解作用；它们还以有机残体为食料，将含有丰富养分的粪便排入土壤，从而提高土壤肥力。

每一公顷的土壤中约含有几百千克的各类动物，其中蚯蚓在形成团粒结构方面有着重要的作用，通过蚯蚓体内的土壤，不但其中的有机质可作为它们的食料，而且矿物质成分也受到蚯蚓体内的机械研磨和各种消化酶类的生物化学作用而发生变化，因此，蚯蚓数量的多少常作为土壤肥力的标志之一。

（二）土壤植物

土壤植物是土壤的重要组成部分，是土壤有机质的主要来源，高等植物主要是指高等植物的地下部分，其根系的生长有利于增加土壤团聚作用，疏松土壤。

（三）土壤微生物

土壤中普遍分布着数量众多的微生物，重要的类群有细菌、放线菌、真菌、藻类、原生动物及病毒等。其中，细菌数量最多，放线菌、真菌次之，藻类和原生动物数量最少。

1. 细菌　占土壤微生物总数量的 $70\%\sim90\%$，它们个体小、数量大，生物量仅占土壤重的万分之一左右，与土壤接触的表面积特别大，是土壤中最活跃的生活因素，时刻不停地与周围进行着物质交换。细菌在土壤中的分布以表层最多，随着土层的加深而逐渐减少，厌氧性细菌的含量比例，则在下层土壤中增高。细菌在土壤中大部分被吸附于土壤团粒表面，形成菌落或菌团，有一小部分分散在土壤溶液中，绝大多数处于营养体状态，但是代谢的强度和生长的速度时刻受水分、养料和温度的限制。

2. 放线菌　放线菌的数量仅次于细菌，占土壤中微生物总数的 $5\%\sim30\%$，$1g$ 土壤中放线菌的孢子量有几千万至几亿个，在有机质含量高的偏碱性土壤中占的比例更高。它们以分枝的丝状营养体蔓绕于有机物碎片或土粒表面，扩展于土壤孔隙中，断裂成繁殖体或形成分生孢子，数量迅速增加。放线菌的一个丝状营养体的体积比一个细菌大几十倍至几百倍。因此，放线菌数量虽较少，但在土壤中的生物量相近于细菌。放线菌多发育于耕层土壤中，随着土壤深度而减少。

3. 真菌　土壤微生物中的第三大类，广泛分布于耕作层中。真菌的菌丝体发育在有机物残片或土壤团粒表面，向四周扩散，并蔓延于孔隙中产生孢子。土壤真菌大多是好氧性的，在土壤表层中发育。一般耐酸性，在 pH 为 5.0 左右的土壤中细菌和放线菌的发育受限制，真菌仍能生长而提高其数量比例。

4. 藻类　土壤中藻类细胞内含有叶绿素能利用光能，将二氧化碳合成为有机物，它们多发育于土面或近地面的表土层中。在温暖季节中，积水的土面上藻类大量发育，有利于土壤积累有机物质。

5. 原生动物　土壤中的原生动物都是单细胞的，主要包括纤毛虫、鞭毛虫和根足虫等。原生动物形体大小差异很大，通常以分裂方式进行无性繁殖，是能运动的微生物。原生动物以有机物为食料，它们吞食有机物的残片，也捕食细菌、单细胞藻类和真菌的孢子。

（四）土壤微生物的作用

1. 提供土壤养分　土壤微生物将进入土壤的生命残体和其他有机物质分化成为无机物质或小分子有机质，并释放出大量矿物质及无机、有机酸性物质，提供植物生长所需养分。

2. 改善土壤质量　土壤微生物可以有效打破土壤板结，促进团粒结构的形成，改良土壤的通气状况，改善土壤质量。

3. 促进植物生长　土壤微生物中部分菌种具有分泌抗生素和多种活性酶的功能，促进或者刺激植物生长。如土壤微生物生命活动产生的生长激素以及维生素类物质对植物的种子萌发及正常的生长发育能产生良好影响。

4. 防治土壤病虫害　土壤中某些微生物在不同程度上具有抑制病毒和致病性细菌、真菌的作用，在一定条件下可以成为植物病原菌的颉颃体。如某些微生物还能把土壤中有毒的 H_2S、CH_4 等转化成无毒物质，如硫化细菌能将 H_2S 转化为硫酸盐。

四、土壤有机质

在土壤固相组成中，除了矿物质之外，就是土壤有机质，土壤有机质是土壤固相部分的重要组成成分，尽管土壤有机质的含量只占土壤总量的很小一部分，但它对土壤形成、土壤肥力、植物生长环境等方面都有着极其重要的意义。它不仅含有各种营养元素，而且还是土壤微生物生命活动的能源。此外，它对土壤水、气、热等肥力因素的调节，对土壤理化性质及耕性的改善都有明显的作用。

土壤有机质是指土壤中有机化合物及小部分生物有机体的总和。它包括各种动植物的残体、微生物体及其会分解和合成的各种有机质（图 2-7）。

（一）土壤有机质的来源及存在形态

1. 土壤有机质的来源　原始土壤中，最早出现在母质中的有机体是微生物，其主要来源于生长在土壤上的高等绿色植物（包括地上部分和地下的根系），其含量达 80％以上，植物残体中干物质占 25％左右；其次是生活在土壤中的动物和微生物。随着生物的进化及成土过程的发展，动物残体、植物残体及其分泌物就成为土壤有机质的基本来源，如树木、灌丛、草类及其残落物，每年都向土壤提供大量有机残体。

农业土壤有机质的主要来源是植物残茬和根系以及根系分泌物，土壤微生物、动物的分泌物及其遗体，施入的各种有机肥料等。

2. 土壤有机质的形态　通过各种途径进入土壤中的有机质，不断地被土壤动物、微生物分解，所以土壤有机质一般呈三种存在形态。

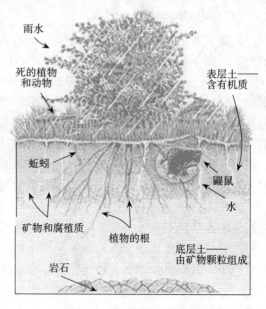

图 2-7　土壤有机质的位置

雨水

死的植物和动物

蚯蚓

矿物和腐殖质

植物的根

岩石

表层土——含有机质

鼹鼠

水

底层土——由矿物颗粒组成

（1）新鲜的有机物质。指土壤中未分解的动植物残体，主要包括刚进入土壤，基本上未受到微生物的分解作用，仍保持原来生物体解剖学特征的那些动植物残体。

（2）半腐解的有机物质。指有机质已被微生物分解，已经失去原来生物体解剖学特征，多呈分散的暗黑色小块。

（3）腐殖质。腐殖质是有机残体在微生物作用下，通过腐殖化过程形成的一类褐色或暗褐色的高分子有机化合物，占有机质总量的 85%～90%，是土壤有机质中最主要的一种形态，对土壤物理、化学、生物学性质都有良好的作用。

（二）土壤有机质的转化

有机质在微生物的作用下，向着两个方向转化，即有机质矿质化和有机质腐殖质化。这两个过程既相互对立，又相互联系，随着土壤中环境条件的改变而相互转化。在土壤肥力中前者是有机质中的养分释放过程，后者是土壤腐殖质的形成过程。两个过程没有截然的界限，矿质化过程的中间产物是合成腐殖质的基本材料，同时腐殖质也可再经矿质化释放出养分（图 2-8）。

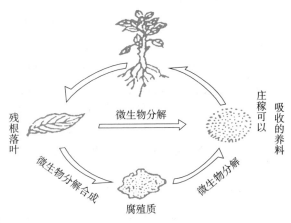

图 2-8　土壤有机质的转化

（夏冬明 . 2007. 土壤肥料学）

1. 有机质的矿质化　土壤有机质的矿质化过程是指有机质在微生物的作用下，分解为简单无机化合物的过程。有机质的矿质化分成两步：首先在微生物水解酶的作用下，高分子有机化合物被分解成小分子有机物；紧接着大部分小分子有机化合物进一步被分解转化为无机物质。其最终产物为无机盐、二氧化碳、H_2O、NH_3 等，同时放出热量，它是释放养分和消耗有机质的过程。

土壤有机质矿质化可为植物和微生物提供速效养分，为微生物活动提供能源，并为土壤有机质的腐殖质化过程准备基本原料。

2. 有机质的腐殖化　土壤有机质的腐殖化过程是指有机质矿质化过程形成的简单的有机化合物与难分解的残留有机物质在微生物的作用下，又重新合成新的更为复杂的、性质稳定的有机化合物，即腐殖质的过程。一般认为它要经过两个阶段：第一阶段是土壤微生物将动植物残体经初步分解后转化为腐殖质的结构单元，如芳香族化合物（多元酚）和含氮化合物（氨基酸）等；第二阶段是在微生物的作用下，将第一阶段形成的组成单元缩合为腐殖质。

腐殖化过程使土壤有机质得到积累，可使养分暂时贮存起来，以后再经过矿质化作用逐步释放出来供植物利用。在农业土壤中，腐殖质分子的大小与熟化程度有关，熟化程度愈高，分子愈复杂、愈大。

在土壤中，一方面新的腐殖质不断形成，另一方面原有的腐殖质也在不断地分解转化，两者处在动态的变化之中。矿质化和腐殖化两个过程互相联系，随条件改变相互转化，矿质化的中间产物是形成腐殖质的原料，腐殖化过程的产物，再经矿化分解释放出养分，通常需调控两者的速度，使其能供应作物生长的养分同时又使有机质保持在一定的水平。

（三）影响土壤有机质转化的因素

土壤有机质转化对于植物生长非常重要，由于土壤有机质在不同条件下，转化方向、速度、产物都不一样，对养分和能量利用以及对土壤性质的作用截然不同，因此，要明确影响土壤有机质转化的因素。

1. 有机质的碳氮比 有机质的碳氮比（C/N）的大小因植物残体的种类、老嫩程度不同而不同。

微生物生命活动需要碳素和氮素，细菌每分解 25 份碳需要 1 份氮素以获取分解时所需要的能量和组成本身细胞的物质，当土壤有机质中 C/N 小于 25∶1 时，才有细菌利用之外多余的 NH_3 供硝化过程的进行或供植物直接利用；而在 C/N 为 10∶1 时，土壤矿质态氮累积更多。所以，有机质的 C/N 是影响植物矿化的一个重要因素。

因此，幼嫩多汁而 C/N 较小的植物残体分解快、易矿质化，释放的氮素多，但形成腐殖质少；而 C/N 较大的植物残体则相反，有机质分解缓慢，易引起微生物与植物争氮，造成植物暂时性的饥饿状态。在常见植物中一般枯老蒿秆的 C/N 为（65～85）∶1，青草的 C/N 为（25～45）∶1，幼嫩豆科绿肥的 C/N 为（15～20）∶1，而通常植物残体中的 C/N 为 40∶1。

2. 土壤温度 微生物分解有机质需要一定的温度，土壤热状况直接影响生物学过程的强弱。一般规律是：

①温度在 30℃，土壤含水量接近于最大持水量的 60%～80%，有机质分解强度最大。

②温度和含水量低于或高于最适点时，都会减弱有机质的分解程度。

③温度和含水量两者之中，一个数值增大，另一个数值同时减小时，有机质的分解强度则受限制因素的制约。

一般在土壤温度较高、湿度较低的情况下，好氧性微生物活跃，有机质分解快，在土壤中积累少；在温度过低、有机质来源少、微生物活性低时，土壤有机质同样不会累积。

3. 土壤通气状况 在通气良好条件下，好氧性细菌和真菌活跃，有机质分解迅速，可完全矿质化，不含氮有机化合物，分解的最终产物是 CO_2、H_2O 和灰分物质。含氮有机化合物的最终产物，主要是硝态氮，易被植物吸收利用。在少氧或无氧的不良通气条件下，有机质分解缓慢，而常积累有机酸，甚至形成还原性物质，如 CH_4、H_2 和 H_2S 等物质。一般认为在好氧和嫌氧分解交替进行时，有利于土壤腐殖质的形成。因此，通气状况直接影响着分解有机质的微生物群落分解的速度和最终产物。

4. 土壤酸碱性 不同微生物都有最适宜的环境反应，酸性环境适宜真菌活动，易产生酸性的富里酸型的腐殖质。中性环境适宜细菌繁殖，在适量水分和钙的作用下，易形成胡敏酸型的腐殖质。在微碱性环境中，空气流通时，宜于硝化细菌活动，有利于硝化作用。

土壤过酸或者过碱对大多数微生物不利，因此，土壤酸碱性也是影响有机质转化的因素之一。

（四）土壤有机质的作用

1. 提供植物生长所需养分 土壤有机质中含有极为丰富的氮、磷、硫等植物营养元素，同时也含有钾、钙、镁、铁等几乎包括植物和微生物所必需的其他各种营养元素。它们的有机化合物是植物营养物质在土壤中的主要存在形式，并使植物营养元素在土壤中得以保存和积累。这些营养元素在矿质化过程中被释放出来，供植物、微生物生活之需。

2. 改善土壤理化性质　有机质均能形成植物生产理想的团粒结构，无论对质地过沙或没有结构的土壤，还是质地过于黏重为大块状结构的土壤。因此，有机质具有使沙土变紧、黏土变松的能力，从而使土壤具有良好的孔隙性、通透性、保蓄性和适宜耕作性。

3. 提高土壤的保肥性　土壤有机质的主要成分是腐殖质，它是一种良好的胶体，带有负电荷，能与阳离子作用生成盐；如果这些营养离子不吸附在腐殖质和土壤胶体的表面，则易随水淋失或者与土壤中的一些阴离子生成植物难以吸收利用的难溶性盐；由于腐殖质的带电量远大于土壤的无机胶体，因此，它具有强大的保肥能力。

4. 促进植物生长发育　土壤有机质可以释放许多物质，对植物有刺激作用。如腐殖质中某些物质，如胡敏酸、维生素、激素等还可刺激植物生长。土壤有机质释放某些酶，加速种子发芽和对养分的吸收，能促进作物生长。

5. 减缓土壤污染　土壤有机质中腐殖质能吸附和溶解某些农药，并能与重金属离子形成溶于水的络合物，随水排出土壤，腐殖质有助于消除土壤中的农药残毒和重金属污染，起到净化土壤的作用，减少其对植物的毒害和对土壤的污染。

6. 促进微生物的活动　土壤有机质是大部分土壤微生物生长所需的碳源和能源，因此，有机质含量越高的土壤，微生物的活性越强，土壤肥力一般也越高。

（五）土壤有机质的调控

土壤有机质在植物生长过程中至关重要，有机质含量多的土壤，其肥力较高，有机质含量较少的土壤情况则相反。

1. 土壤有机质的调控原理　土壤有机质转化中土壤每年因矿质化作用所消耗的有机质（主要指腐殖质）数量占土壤有机质总量的百分数，称为土壤有机质矿化率（度）。

土壤中单位有机物质经过一年后形成的腐殖质的数量，称为腐殖化系数，以碳量计算。一般旱田土壤腐殖化系数为 0.20～0.25。

不同的植物和不同的腐解条件，腐殖化系数有一定差异（表 2-5）。

表 2-5　植物物质当年的腐殖化系数

植物物质	旱　地	水　田
紫云英	0.20	0.26
紫云英＋稻草	0.25	0.29
稻　草	0.29	0.31

要增加土壤中的有机质，就必须使土壤有机质的积累和分解这一矛盾统一起来，以达到既能提高土壤有机质的质量分数，使土壤基本肥力有所保证，又能以适当的分解速度向作物提供必需的养分。主要措施有：一方面要增加土壤有机质的来源，另一方面则需要了解影响有机质积累和分解的因素，以便调节有机质的积累和分解过程，使土壤有机质的积累和消耗达到动态平衡。

2. 增加土壤有机质的途径

（1）增施有机肥料。有机肥的种类和数量都很多，如粪肥、厩肥、堆肥、青草、幼嫩枝叶、饼肥、蚕沙、鱼肥等，可以通过增施有机肥料来提供有机质物质来源。

（2）秸秆还田。作物秸秆含纤维素、木质素较多，在腐解过程中，腐殖化作用比豆科植物进行慢，能形成较多的腐殖质。因此，秸秆直接还田是增加土壤有机质和提高作物产量的一项有效措施。

3. 调节土壤有机质的分解速率　土壤有机质的分解速率和土壤微生物活动是密切相关的，因此我们可以通过控制影响微生物活动的因素，来达到调节土壤有机质分解速率的目的。

（1）调节土壤水、气、热状况。控制有机质的转化，土壤水、气、热状况影响到有机质转化的方向与速度。在生产中常通过灌排、耕作等措施，改善土壤水、气、热状况，从而达到促进或调节土壤有机质转化的效果。

（2）合理的耕作和轮作。合理耕作轮作，既能调节进入土壤中的有机质种类、数量及其在不同深度土层中的分布，又能调节有机质转化的水、气、热条件。在保持和增加土壤有机质的质和量上往往是影响全局的有力措施。群众在长期生产实践中形成的良好粮肥轮作、水旱轮作制等，都是用地养地相结合的农业耕作措施，既利于发挥地力，又提高了有机质质量分数，培肥了土壤。

（3）调节碳氮比率和土壤酸碱度。根据有机质的成分，调节其碳氮比来调节土壤有机质的矿质化和腐殖化过程。在施用碳氮比大的有机肥时，可同时适当加入一些含氮量高的腐熟的有机肥和化学氮肥，经缩小碳氮比，加速有机质的转化。土壤微生物一般适宜在中性至微碱性范围生活，通过改良土壤的酸碱性，以增强微生物的活性，改善土壤有机质转化的条件。

五、土壤水分

土壤水分除能直接供作物直接吸收外，还影响着土壤的其他肥力性状，如矿质养分的溶解、土壤有机质的分解与合成、土壤的氧化还原状况、土壤热特性、土壤的物理机械性与耕性等。因此，土壤水分是土壤肥力诸因素中最重要、最活跃的因素。

土壤水并不是纯水，而是含有多种无机盐与有机物的稀薄溶液，又称土壤溶液，是植物吸收水分的主要来源。土壤水分类型有吸湿水、膜状水、毛管水和重力水（详见模块三相关内容）。

六、土壤空气

土壤空气是土壤的重要组成部分，也是土壤的肥力因素之一。土壤空气基本上是由大气而来，但也有少部分产生于土壤中生物化学过程。土壤空气存在于未被土壤水分所占据的孔隙中，其含量与土壤水分互为消长。因此，凡影响土壤孔隙和土壤水分的因素，都影响土壤的空气状况。

常见肥力高的土壤，其空气数量及不同气体组成的比例情况，均应满足作物正常生长发育的需要。

（一）土壤空气的特点

土壤空气主要来源于大气，其组成基本与大气相似。但由于受土壤中各种生物化学过程的影响，与大气相比，又有本身的特点：

土壤空气中 O_2 的含量比大气低，CO_2 的含量比大气高；土壤空气中的水汽呈饱和状态，而大气则成非饱和状态；土壤空气中有时含有少量的还原性气体，如 CH_4、H_2S、NH_3、H_2 等；土壤空气数量和成分常随时间和空间变化而异。

（二）土壤通气状况与作物生长

1. 影响种子的萌发　通常作物种子萌发需要氧气的含量大于 10%，若土壤通气不良（O_2 含量低于 5%），在土壤中因缺氧进行嫌氧呼吸而产生醛类、有机酸类等物质抑制种子发芽。

2. 影响植物根系生长　在通气良好的土壤中，作物根系生长健壮，根系长、根毛多；通气不良则根系短而粗、色暗，根毛稀少，通常当土壤空气中氧的含量低于 9% 时，作物根系的发育就会受到影响，若降低到 5% 以下，则绝大多数作物根系停止发育。

3. 影响土壤养分状况及抗病性　土壤通气性影响养分转化，从而影响到养分的形态及其有效性。通气不良，易使病菌生长，同时植物抗病力下降，易于感染病虫害。

农业生产上常通过深耕结合施用有机肥料、合理排灌、适时中耕等措施来调节土壤的通气状况，改善土壤水、肥、气、热条件，给植物生长创造适宜的环境条件。

项目三　土壤的基本性质

土壤作为植物生长的基本环境，其各种性质的好坏直接关系到能否为植物提供一个良好的生长环境。土壤固、液、气三相物质的配比及其运动变化却直接或间接地影响着土壤的物理性质、化学性质及生物性质，影响着土壤水、肥、气、热的供应状况，决定着土壤肥力的高低（图 2-9）。

土壤的基本性质包括土壤孔隙性、土壤结构性、土壤耕性、土壤保肥性和供肥性及土壤酸碱性等。

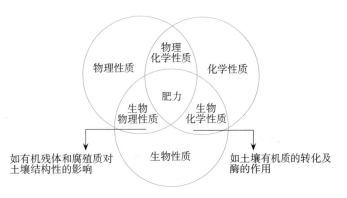

图 2-9　土壤性质与土壤肥力关系
（唐祥宁 . 2009. 园林植物环境）

一、土壤孔隙性

土壤的孔隙性是植物生长的重要土壤条件，亦是土壤肥力的重要指标，关系到土壤中水、气、热状况和养分的调节，以及植物根系的伸展和植物的生长发育。

土壤是一个极其复杂的多孔体系，由固体土粒和粒间孔隙组成，土壤孔隙是指土壤中的土粒与土粒、团聚体与团聚体、土粒与团聚体之间以及团聚体内部形成的空间。土壤孔隙是容纳水分和空气的空间，是物质和能量交换的场所，也是植物根系伸展和土壤动物、微生物活动的地方。

（一）土壤孔隙和土壤孔隙性

土壤孔隙性又称土壤孔性，包括孔隙度（孔隙数量）和孔隙类型（孔隙的大小及其比例），土壤中孔隙数量决定着液、气两相的总量，孔隙类型决定着液、气两相的比例。土壤孔隙复杂多样，无法直接测定，一般根据土壤密度和土壤容重计算求得。

（二）土壤密度、土壤容重和土壤孔隙度

1. 土壤密度 土壤密度是指单位体积内固体土壤（不包括粒间孔隙）的质量，其单位用 g/cm^3 或 t/m^3 表示。

土壤密度数值的大小主要决定于组成土壤的各种矿物的密度（表 2-6）和土壤有机质的含量。由于多数土壤矿物的密度在 $2.60\sim2.70g/cm^3$，土壤有机质的比重为 $1.25\sim1.40$，所以一般取平均值 $2.65g/cm^3$ 作为土粒密度的常用值。在土壤中，由于表层的土壤有机质含量较多，所以，表层土壤的比重通常低于心土及底土。

表 2-6 常见土壤中矿物的密度（g/cm^3）

矿物	土壤密度	矿物	土壤密度
蒙脱石	2.00～2.20	白云母	2.76～3.00
埃洛石（多水高岭石）	2.00～2.20	黑云母	2.76～3.10
正长石	2.54～2.58	白云石	2.80～2.90
高岭石	2.60～2.65	角闪石、辉石	3.00～3.40
石英	2.65～2.66	褐铁矿	3.50～4.00
斜长石	2.67～2.74	磁铁矿	5.16～5.18
方解石	2.71～2.72		

2. 土壤容重 土壤容重是指单位容积土体（包括孔隙在内的原状土）的干重。单位为克/厘米³ 或吨/米³。在实际土壤中，含有孔隙，土粒只占其中的一部分，所以，相同体积的土壤容重的数值小于比重。一般旱作土壤容重大体在 $1.00\sim1.80g/cm^3$，其数值的大小受土壤内部质地、土粒排列、结构、松紧状况的影响，同时还经常受到降水和人为生产活动等外界因素的影响，尤其是耕层变幅较大。

土壤容重是一个十分重要的土壤肥力基本数据，在植物中用途较广。在土壤质地相似的条件下，容重的大小可以反映土壤的松紧度：容重小，表示土壤疏松多孔，结构性良好；容重大则表明土壤紧实、板硬而结构不良。

不同植物对土壤松紧度的要求不完全一样。各种植物由于生物学特性不同，对土壤松紧度的适应能力也不同。对于大多数植物来说，土壤容重在 $1.14\sim1.26g/cm^3$ 比较适宜，有利于幼苗的出土和根系的正常生长。

3. 土壤孔隙度 土壤是个多孔体，土壤孔隙的多少用土壤孔隙度来表示。土壤中所有孔隙容积占土壤总容积的百分数，称为土壤孔隙度，简称孔度。其计算公式为：

$$土壤总孔隙度 = （1 - \frac{土壤容量}{土壤密度}）\times100\%$$

（三）土壤孔隙类型

土壤中的孔隙按照孔径的大小和性质，通常分为非活性孔隙、毛管孔隙和通气孔隙三种类型。

1. 非活性孔隙 非活性孔隙又称无效孔隙、束缚水孔隙。这是土壤中最细的孔隙，其孔径在 $0.002mm$ 以下，保持在这类孔隙中的水分被土粒强烈吸附，植物难以吸收利用；这种孔隙没有毛管作用，也不能通气，植物的细根和根毛不能伸入，微生物也难以侵入，使得其中的腐殖质分解非常缓慢，可长期保存；土壤质地愈黏，非活性孔隙愈多。这种孔隙的总容积很小，一般可以忽略。

2. 毛管孔隙　毛管孔隙的孔径为 0.002～0.020mm，具有显著毛管作用及毛管引力，水分可借助毛管引力保持贮存在这类孔隙中，并依靠毛管力运动，借毛管引力而保持在毛管孔隙中的水分，称为毛管水。毛管水可被植物吸收利用。植物细根、原生动物和真菌等难以进入毛管孔隙中，根毛和细菌可以进入其中。

此类孔隙是土壤中保存有效水分的主要孔隙，毛管孔隙数量具有决定土壤蓄水、保水的能力。

3. 通气孔隙　孔径大于 0.020mm，毛管作用明显减弱，不具有毛管引力，保持水分能力逐渐消失。这类孔隙不能保持水分，水分主要在重力作用下迅速排出。它是水分与空气的通道，经常为空气所占据，故又称为空气孔隙或大孔隙。大孔隙的数量直接影响着土壤透气和渗水能力。通气孔隙发达的土壤可接纳大量的降水或灌溉水，不致造成地表径流和上层滞水。植物根系和真菌可以进入这类孔隙。

（四）土壤孔隙状况与土壤肥力、植物生长的关系

1. 土壤孔隙状况与土壤肥力　土壤孔隙的多少，特别是大、小孔隙的比例直接影响着土壤肥力中的水气状况。土壤疏松时通气性、透水性好，但水分不易保存；而紧实的土壤蓄水少，渗水慢，雨季易产生地面积水与地表径流，往往造成土壤通气不良。

土壤孔隙状况由于影响水、气含量，也就影响养分的有效化和土壤的温度状况，所以土壤的孔隙状况与土壤肥力的关系非常密切。

因此，在实践中，常常采用耕、耙、耱及镇压等措施来调节土壤的孔隙状况，改善土壤的通透性及蓄水能力。

2. 土壤孔隙状况与植物生长　在实际生产中，栽培土壤上部要有利于通气、透水和植物种子的发芽出苗；下部则要有利于保水和根系扎稳。一般适于植物生长的土壤孔隙，上部土壤孔度为 55% 左右，通气孔度达 15%～20%；下部土壤孔度为 50%，通气孔度 10% 左右。但不同植物由于具有不同的生物学特性，对土壤松紧和孔隙状况的要求也略有不同。如李树对紧实的土壤有较强的忍耐力，在土壤容重为 1.55～1.65g/cm³ 的土壤中也能正常生长；而苹果与梨树则要求比较疏松的土壤。

土壤的孔隙状况对植物种子发芽和幼苗出土有很大影响，土壤中大小孔隙比例状况也影响土壤的通气性、保水性和透水性。因此，只有大小孔隙比例协调，植物才能得到适宜的水分和空气，同时也有利于养分供给和植物生长发育。

二、土壤结构性

自然界中各种土壤除质地为纯沙外，各级土粒很少以单粒状态存在，多数是在各种因素的综合作用下，相互团聚、胶结成大小、形状和性质不同的土块、土片等团聚体，称为土壤结构或结构体。土壤结构影响着土壤水、肥、气、热的供应能力，从而在很大程度上反映了土壤肥力水平，是土壤的一种重要物理性质。

土壤结构性是指土壤结构的类型、数量及其在土壤中的排列方式等。各种土壤及其不同层次，往往具有不同的结构体和结构性。

（一）土壤结构的类型和特征

土壤结构类型主要根据结构体的大小、外形以及与土壤肥力的关系划分。常见的土壤结构有以下几种类型（图 2-10）：

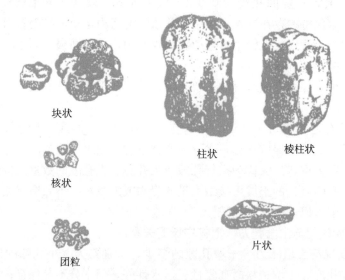

图 2-10   土壤结构体类型

（夏冬明 . 2007. 土壤肥料学）

1. 块状结构   土粒胶结呈不规则的立方体，表面不平，其长、宽、高三轴大体近似。大的直径大于 10cm，小的直径也有 3～5cm，俗称坷垃；直径小于 3cm 的为碎块状、碎屑状结构。

肥力特点：土壤有机质少、质地偏黏的耕作层，耕作不当时最易形成块状结构；团聚体间孔隙大，既漏风跑墒，又蒸发失墒；团聚体内部孔隙太小，不能存水，也不透气，微生物活动微弱，有效养分不易释放；同时还会压苗，导致幼苗不能顺利出土。

2. 核状结构   结构较小，直径 1～3cm，形似核状，表面光滑有胶膜，结构稳定，俗称"蒜瓣土"。核状结构是一种不良结构，多出现在土质黏重而又缺乏有机质的土层中。

肥力特点：土体黏重坚实，耕作困难，通透性差，植物不易扎根。

3. 片状结构   结构体的水平轴特别发达，即沿长、宽方向发展呈薄片状，厚度稍薄，且结构体间较为弯曲者称为鳞片状结构，片状结构的厚度可小于 1cm 到大于 5cm 不等，群众多称之为"卧土"或"平槎土"，这种结构往往由于流水沉积作用或某些机械压力所造成，在冲积性母质中常有片状结构，在犁底层中常有鳞片状结构出现。

肥力特点：土壤结构致密紧实，不利于通气透水，不利于蓄水保墒，还会阻碍种子发芽和幼苗出土。

4. 柱状结构   结构体的垂直轴特别发达，呈立柱状，棱角明显有定形者，称为棱柱状结构，棱角不明显无定形者称为圆柱状结构，其柱状横断面直径小于 3cm 到大于 5cm，一些土壤的底土层中常有柱状结构出现，群众多称之为"立土"。

肥力特点：土壤结构土体紧实，结构体内孔隙少，但结构体之间有明显裂隙，会漏水漏肥。

5. 团粒结构   该结构体指近似球形，疏松多孔的小团聚体，其直径为 0.25～10.00mm。它是植物生长中最为理想的团粒结构，一般粒径为 2～3mm，俗称"蚂蚁蛋"。

肥力特点：团粒结构是一种良好的土壤结构，具有多级孔隙，由单粒到微团粒，再由微团粒胶结成较大的团粒过程，使土壤形成了不仅孔隙度高，而且具有大小孔隙比例适当的孔隙性，能协调水、肥、气、热等肥力因素的关系，耕作也较省力，是植物生长的理想结构。

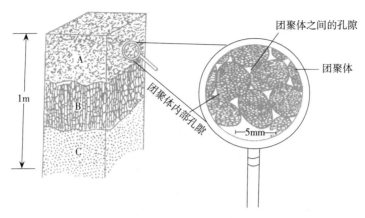

图 2-11　土壤团粒结构

（沈其荣 . 2001. 土壤肥料学通论）

（二）团粒结构与土壤肥力关系

1. 协调水分和空气的矛盾　团粒结构由单粒到微团粒，再由微团粒胶结成较大的团粒。在团粒内部的土粒之间有很多细小的毛管孔隙，团粒与团粒之间有较大的通气孔隙，即团粒结构的多级孔性。有团粒结构的土壤具有适当比例的毛管孔隙和非毛管孔隙，使土壤的固、液、气三相物质的比例适宜；团粒结构能协调水分和空气的矛盾。

2. 协调土壤有机质中养分的消耗和积累的矛盾　团粒结构土壤团粒之间的大孔隙有空气存在，有充足的氧供给，好氧微生物活动旺盛，有机物质分解快，养料转化迅速，可供作物吸收利用。而在团粒内部缺乏空气，进行嫌氧性分解，有机质分解缓慢而使养分得以保存。团粒外部好氧性分解愈强烈，耗氧愈多，扩散到团粒内的氧则愈少，团粒内部嫌氧分解亦愈强烈，养分释放的速率就更慢。所以，团粒结构土壤中的养分是由外层向内层逐渐释放的，达到协调养分消耗和积累的目的。

3. 调节土热状况　团粒结构内部小孔隙保持较多的水分，温度变幅小，团粒间空气多，温度变幅大，可调节土壤温度，有利于植物生长。所以，整个土层的温度白天比沙土低，夜间却比沙土高，使土温比较稳定，有利于需要稳温时期作物根系的生长和微生物的活动。

4. 改良耕性和有利于作物根系伸展　由于团聚体团粒之间接触面较小，大大减弱了土壤的黏结性与黏着性，耕作阻力小，宜耕期长，耕作质量好。土壤疏松多孔，利于苗木种子发芽出土和根系生长，肥料有效性也高。

总之，有团粒结构的土壤，孔隙适度，通气状况良好，保温、保水、保肥性好，具有扎根条件良好，能够从水、肥、气、热等诸肥力因素方面满足作物生长发育的要求，保障植物的生长环境。

（三）促进良好土壤结构的措施

1. 农业措施

（1）精耕细作。耕作主要是通过机械外力作用，使土破裂松散，最后变成小土团。因此，对土壤进行合理耕作，可以创造和恢复结构，适当的耕、耙、耱、镇压等耕作措施，都会收到良好的效果。

（2）增施有机肥料。对于缺乏有机质的土壤来说，必须结合分层施用有机肥，增加土中有机胶结物质。为了增加土与肥的接触面，使土肥相融，促进团聚作用，应尽量使肥料与土壤混合均匀，同时必须注意要连年施用，充分地供应形成团粒的物质基础，这样才能有效地创造团粒结构。

（3）合理灌溉。灌溉方式对结构影响很大，大水漫灌由于冲刷大，对结构破坏最大，且易造成土壤板结；采用沟灌、喷灌或地下灌溉对土壤团聚体破坏很小。并且保证灌后要及时疏松表土，防止板结，恢复土壤结构。

（4）合理的轮作制度。不同作物有不同的耕作管理制度，而作物本身及其耕作管理措施对土壤有很大的影响，正确的轮作倒茬能恢复和创造团粒结构。如块根、块茎作用在土中不断膨大使团粒结构受到机械破坏，而密植作物因耕作次数较少，加之植被覆盖度大，能防止地表的风吹雨打，表土也比较湿润，且根系还有割裂和挤压作用，因此有利于结构的形成。在实际生产中，应根据植物的生物学特性，进行合理轮作倒茬，以维持和提高土壤的结构，达到提高土壤肥力的目的。

2. 施用土壤结构改良剂　用人工制成的胶结物质，改良土壤结构，这种物质称为土壤结构改良剂或土壤团粒促进剂。目前已被试用的有水解聚丙烯腈钠盐，或乙酸乙烯酯与顺丁烯二酸共聚物的钙盐等，其团聚土粒的机制是由于它们能溶于水，施入后与土壤相互作用，转化为不可溶态而吸附在土粒表面，黏结土粒成为有水稳性的团粒结构。在我国用得较广泛的是胡敏酸、树脂胶、纤维素黏胶、藻醣酸等。目前广泛利用当地生产的褐煤、泥炭生产腐殖酸类肥料，能起到很好的结构改良剂作用。

施用改良剂后，土壤中各级水稳性团粒明显增加，容重降低，总孔度增加，空气孔隙增加极明显，能提高土壤贮水率和渗透率，减少水分蒸发，改善土壤物理性，且效果可维持2~3年之久。人工土壤结构改良剂成本高、用量少，目前适合用于盆栽花卉土壤及现代设施栽培土壤。

三、土壤物理机械性与耕性

土壤在受到外力作用时，显现出来各种不同的动力学特征，土壤物理机械性是多项土壤动力学性质的统称，它包括黏结性、黏着性、可塑性、胀缩性以及其他受外力作用后（如农机具的切割、穿透和压板等作用）而发生形变的性质。

（一）土壤物理机械性

1. 黏结性　黏结性是指土粒与土粒之间通过各种引力而相互黏结在一起的性质。这种性质使土壤具有抵抗破碎的能力，也是产生耕作阻力的主要原因之一。土壤黏结性在干燥时主要由于土粒本身的分子引力所引起的，而在湿润时，则土粒间的分子引力要通过粒间水膜的媒介，即水膜的引力作用，所以实际上是土粒—水—土粒之间相互吸引而表现的黏结力。因此，土壤黏粒含量越多，黏结性越强，反之则弱。黏结性的强弱主要决定于土壤中黏粒的含量和土壤中的含水量（图2-12）。

2. 黏着性　黏着性是土壤在一定含水量的情况下，土粒黏着外物表面的性能。土壤黏着性是由水分子和土粒之间的分子引力，以及水分子和外物接触表面所产生的分子引力所引起的，即土粒—水—外物相互间的分子引力引起的（图2-13）。

在耕作时，土壤黏着农具，增加了土粒与金属的摩擦力，增加了耕作阻力，使耕作困难。其强弱也决定于土壤中黏粒的含量和土壤中的含水量。干土没有黏着性，水分过多，土壤也失去黏着能力。

3. 可塑性　土壤可塑性是指土壤在适量水分范围内，可被外力塑成任何形状，当外力消失或干燥后，仍能保持其所获得的形状的性能。干燥的土壤没有可塑性，当含水量逐渐增加时，土壤才表现可塑性，当水分增加到使土壤呈流体状态时，可塑性消失。土壤开始呈现可塑状态时的含水量称为下塑限，土壤失去可塑性而开始流动时的土壤含水量称为上塑限。土壤质地愈黏，可塑性愈强。

4. 胀缩性　胀缩性是指土壤湿时膨胀、干时收缩的性质。土壤质地越黏重，胀缩性越强。胀缩性主要影响土壤的通透性、耕作质量及对根系的机械损伤。当土壤吸水膨胀时，土壤紧实难以透水透气；干燥时土体收缩导致龟裂，会拉断植物根系，透风散墒，植物易受冻害。

（二）土壤耕性

土壤耕性是土壤在耕作时反映出来的

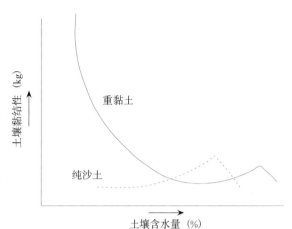

图 2-12　土壤黏结性与含水量关系
（夏冬明 . 2007. 土壤肥料学）

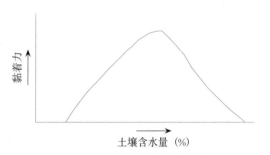

图 2-13　土壤黏着性与含水量关系
（夏冬明 . 2007. 土壤肥料学）

特性。土壤耕性可以反映土壤的熟化程度，直接关系到能否为植物生长发育创造一个合适的土壤环境，是土壤的物理性与物理机械性等的综合表现。

1. 耕作难易　即耕作阻力大小，直接影响劳动效率。土壤耕性如何，表现在耕作难易、宜耕期长短及耕作质量好坏等方面。一般质地黏重、缺乏有机质、结构不良的土壤难耕。

2. 宜耕期长短　即适于耕作时间的长短，也就是耕作时对土壤水分要求的严格程度。耕性良好的土壤，降雨或灌溉后宜耕时间长，对土壤墒情要求不严格，表现为"干好耕，湿好耕，不干不湿更好耕"。耕性不好的土壤，宜耕的土壤含水量范围很窄，表现为"早上软，晌午硬，到了下午锄不动"或"干时硬，湿时泞"。一般沙质土壤比黏质土壤宜耕期长。

3. 耕作质量　即耕作后土壤所表现的状况及对植物生产的影响。耕性不良的土壤不仅耕作困难，达不到规定的耕层深度，而且耕后常起大土块，不易散碎，对种子发芽、出土以及幼苗生长不利；耕性良好的土壤，耕作阻力小，耕后疏松、细碎、平整，便于出苗、扎根，有利于植物生长。

（三）土壤耕性改良措施

1. 防止机械压实土壤　首先，必须避免在土壤过湿时进行耕作；其次应尽量减少不必要的作业项目或者实行联合作业，以减轻土壤压板，降低生产成本；再次根据条件，试行免耕或少耕法，减少机械压板，保持土壤疏松状态。

2. 掌握宜耕期　土壤宜耕期是指保持适宜耕作的土壤含水量的时间。宜耕期长，能在雨后及早下地，有利于农事操作的安排，不误农时；宜耕期短则反之，误农时的可能性就大。

3. 改良土壤耕性　影响土壤耕性最主要因素的是土壤质地、土壤水分与土壤有机质含量。土壤质地决定着土壤比表面积的大小，水分决定着土壤一系列物理机械性的强弱，土壤有机质除影响土壤的比表面积外，其本身疏松多孔，又影响土壤物理机械性的变化，所以应当通过增施有机肥、合理排灌、适时耕作等方法改良土壤耕性。

4. 增施有机肥料　通过增加有机肥料，可以增加土壤团粒结构，增加沙质土的黏结性和黏着性，增强团聚性，减少黏质土的黏结性和黏着性，减少耕作阻力，提高耕作质量。

四、土壤保肥性和供肥性

（一）土壤胶体

土壤胶体是指土壤中最细微的固体颗粒部分，分散在土壤溶液中，它与土壤溶液构成土壤胶体分散体系。胶体颗粒的直径一般在 $1\sim100nm$，实际上土壤中小于 $1\,000nm$ 的黏粒都有胶体的性质。胶体是土壤中最活跃的部分，对土壤物理化学性质和保肥供肥能力起着极其重要的作用。

土壤胶体的组成从内向外可分为微粒核、决定电位离子层、补偿离子层3个部分（图2-14）。其中补偿离子层又可以分为非活性补偿离子层和扩散层内外两层。胶体表面的离子与土壤溶液中的离子发生交换主要是扩散层离子发生的交换。因此，胶体扩散层电荷的种类和多少对胶体的性质有决定性作用。

1. 微粒核　微粒核是胶体的核心和基本物质，由腐殖质、无定形的二氧化硅、氧化铝、氧化铁、铝硅酸盐晶体物质、蛋白质分子以及有机无机胶体的分子群所构成。在表层土壤中，它们多以有机无机复合体的形式为主，而在下层土壤中则以无机矿物质为主。

2. 双电层　微粒核表面的一层分子，通常解离

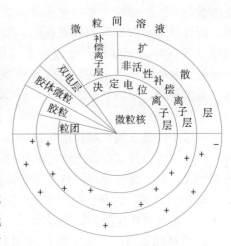

图2-14　土壤胶体构造
（夏冬明 . 2007. 土壤肥料学）

成离子，形成符号相反而电量相等的两层电荷，所以称之为双电层。微粒核也可以从周围溶液中吸附离子而形成双电层，因此这一层就包括两部分：决定电位离子层和补偿离子层。

（1）决定电位离子层。位于双电层内层，由微粒核表面分子解离或从溶液中吸附离子形成的离子层。此层决定微粒核所带的电性。

（2）补偿离子层。位于双电层外层，是决定电位离子层所吸附的带相反电荷的离子层。其中距离微粒核较近，受核的吸引力强，不能自由活动的离子层，称为非活性补偿离子层；而距离微粒核较远，受核的吸引力弱，疏散分布呈扩散状态的称为扩散层。扩散层的离子可以与溶液中的离子进行交换。

（二）土壤胶体的种类

根据胶体微粒核的组成物质不同，可以将土壤胶体分为三大类：

1. 无机胶体　组成胶体微粒核的主要物质是土壤矿质颗粒，可以分为结晶质和非结晶质，主要包括成分复杂的各种次生铝硅酸盐黏粒矿物（一般称为黏土矿物）和成分简单的氧化物及含水氧化物。

2. 有机胶体　胶体微粒核的组成物质是有机物质，其主要成分是土壤腐殖质，虽然有机胶体占到土壤胶体的比例不高，但其活性比无机胶体强，在土壤中容易被土壤微生物分解。

3. 有机-无机复合胶体　该胶体微粒核的组成物质是土壤矿物质和有机质的复合体。一般来讲，土壤有机质并不单独存在于土壤中，而是与土壤矿物质，特别是黏土矿物通过物理和化学的机理结合在一起，形成有机-无机复合体。在土壤中有机-无机复合体是比较活跃的组成部分，对土壤肥力影响较大。因此，越是肥沃的土壤，有机-无机复合体所占的比例越高。

（三）土壤胶体的特性

土壤胶体是土壤固相中最活跃的部分，土壤胶体主要有下面几方面的特性：

1. 土壤胶体的表面性　比表面是指单位质量或单位体积物体的总表面积（cm^2/g）。不同土粒比表面是不同的，从表 2-7 可看出，沙粒和粗粉粒的比表面同黏粒相比是很小的，可以忽略不计。因而大多数土壤的比表面主要决定于黏粒部分，而土壤有机胶体也有巨大的比表面，如土壤腐殖质的比表面可高达 $1\,000cm^2/g$。

表 2-7　不同土粒的比表面

颗粒名称	球体直径（mm）	比表面（cm^2/g）
粗沙粒	1	22.6
中沙粒	0.5	45.2
细沙粒	0.25	90.4
粗粉粒	0.05	452.0
中粉粒	0.01	2 264.0
细粉粒	0.005	4 528.0
粗黏粒	0.001（1 000nm）	22 641.0
细黏粒	0.000 5（500nm）	45 283.0
胶粒	0.000 05（50nm）	452 830.0（45.283m^2/g）

土壤胶体巨大的比表面，能产生巨大的表面能。这些能量能吸附外界分子。因此，土壤胶体数量愈多，比面愈大，表面能也愈大，吸附能力也就愈强。因此，颗粒越细，总表面积越大，比表面值越高。

2. 土壤胶体的带电性　土壤胶体的电荷是指决定电位离子层所产生的电荷种类和数量，根据电荷产生的原因不同分为永久电荷和可变电荷两种。

永久电荷是由黏粒矿物晶体层内发生同晶替代作用所产生的电荷。永久电荷的产生只与矿物结构类型有关，而与土壤溶液及 pH 无关。可变电荷是指土壤胶体中电荷数量和性质随土壤溶液 pH 变化而产生的电荷。不同 pH 时，该电荷可以是负电荷，也可以是正电荷。对于绝大多数的土壤均带负电荷。

3. 土壤胶体的凝聚性与分散性 土壤胶体根据存在状态分为溶胶和凝胶。胶体微粒分散在介质中形成胶体溶液时称溶胶；胶体微粒相互团聚在一起而呈絮状沉淀时称为凝胶。溶胶和凝胶之间可以相互转化，由溶胶转化为凝胶称为凝聚作用；相反由凝胶转化为溶胶，称为分散作用。

土壤胶体的凝聚作用可以促进物质聚集，免于淋失，同时加强土壤的结构性，对保持养分和间接调节土壤水、气、热状况有良好作用，但降低了养分的有效性。而土壤胶体分散作用一般能使土壤养分有效性增强，但易引起养分流失，破坏土壤结构。

(四) 土壤的保肥性和供肥性

土壤的保肥性与供肥性是土壤的重要性质之一。它直接影响植物生长发育、产量和品质。

1. 土壤的保肥性 土壤保肥性是指土壤具有吸附各种离子、分子、气体和悬浮体的能力，即吸收、保蓄植物养分的特性。土壤的保肥性体现土壤的吸收性能，其本质是通过一定的机理将速效养分保留在耕作层内。土壤的吸收性能反映了土壤的保肥能力，吸收能力越强，其保肥能力也强；反之，保肥力则弱。

土壤吸附性能是土壤的重要特性，它使土壤起到"库"的作用，避免土壤养分的流失，达到保蓄养分的目的。常见的吸收形式有以下五种：

(1) 机械吸收保肥作用。指具有多孔体的土壤对进入土体的固体颗粒的机械截留作用。如粪便残渣、有机残体、磷矿粉及各种颗粒状肥料等，主要靠这种形式保留在土壤中。若它们的粒径大于土壤孔径，且在水中不溶解，则可被阻留在一定的土层中。阻留在土层中的物质可被土壤转化利用，起到保肥的作用，其保留的养分能被植物吸收利用。

加强机械吸收的措施：采用多耙多耕可以使土壤孔隙增多，增强土壤的机械吸收，也可以改良漏水田。

(2) 物理吸收保肥作用。指土壤对分子态养分（如氨、氨基酸、尿素等）吸收保持的能力。土壤质地越黏重，物理吸收保肥作用越明显；反之则弱。靠物理吸收保留的养分能被植物吸收利用。如粪水中的臭味在土壤中消失，就是由于土壤吸附了氨分子，减少了氨的挥发。

(3) 化学吸收保肥作用。指土壤溶液中的一些可溶性养分与土壤中某些物质发生化学反应而沉淀的过程。如磷的化学固定，指在一些含钙质的石灰性土壤，含铁、铝的酸性的土壤中施用一些磷酸钙后，会形成一些难溶性磷酸盐，使得植物不易吸收，降低了磷的有效性。另外，化学吸收还具有特殊意义，如能吸收农药、重金属等有害物质，减少土壤污染。

(4) 生物吸收保肥作用。指土壤中的微生物和根系对养分的吸收、保存和积累在生物体中的作用。

加强生物吸收的措施：种植绿肥、施用菌肥、轮作倒茬等。

(5) 离子交换吸收保肥作用。指带有电荷的土壤胶粒能吸附土壤溶液中带相反电荷的离子，这些被吸附的离子又能与土壤溶液中带同性电荷的离子相互交换。它是土壤保肥性最重要的方式，也是土壤保肥性的重要体现形式。包括阳离子交换吸收和阴离子交换吸收两种类型。带负电荷的土壤胶体吸附阳离子与土壤溶液中的阳离子之间的交换，称为阳离子交换吸收作用。

2. 土壤的供肥性　土壤在作物的整个生育期内持续不断的供应作物生长所必需的各种速效养分的能力和特性，称土壤的供肥性。土壤的供肥性能是土壤的重要属性，是评价土壤肥力的重要指标。

土壤供肥性能主要表现在以下三个方面：

（1）植物长相。在生产实践中根据植物的反应，将土壤的供肥性划分为"发老苗不发小苗，前劲小后劲足"；"发小苗不发老苗，有前劲无后劲"；"既发小苗又发老苗，肥劲稳长"三种类型。而其中"发"与"不发"是植物对土壤肥力条件的综合反映，"有劲""无劲"则主要表现土壤供肥强度的特性。

（2）土壤形态。一般耕作层深厚、土色较暗、沙黏适中、结构良好、松紧适度的土壤供肥性能好。

（3）施肥效应。由于不同类型的土壤具有不同的供肥特性，因此各种土壤对肥料养分的要求和反应各异。如沙土，施肥后供肥猛而不持久，而黏土则不择肥、不漏肥、肥劲稳长。

3. 土壤保肥性和供肥性的调节

（1）增施有机肥。增施有机肥料、秸秆还田和种植绿肥，可提高土壤有机质含量；翻淤压沙或掺黏改沙，可增加沙土中胶体含量；适当增施化肥，以无机促有机，均可改善土壤保肥与供肥性。

（2）合理耕作。合理耕作，以耕促肥；合理灌排，以水促肥，也可改善土壤保肥性与供肥性。

（3）改善养分供应状况。通过调节交换性阳离子组成来改变土壤养分供应状况：酸性土壤施用适量石灰、草木灰；碱性土壤施用石膏，可调节其阳离子组成，可改善土壤保肥性与供肥性。

五、土壤酸碱性

土壤酸碱性是土壤重要的化学性质，是成土条件、理化性质、肥力特征的综合反应，也是划分土壤类型、评价土壤肥力的重要指标。

土壤酸碱性是指土壤溶液的反应，它反映土壤溶液中 H^+ 浓度和 OH^- 浓度比例，同时也决定于土壤胶体上致酸离子（H^+ 或 Al^{3+}）或碱性离子（Na^+）的数量及土壤中酸性盐和碱性盐类的存在数量。

中国土壤在地理分布上有"东南酸西北碱"的规律性，大多数 pH 在 4～9。通常把土壤酸碱性划分为以下几个等级（表 2-8）。

表 2-8　土壤酸碱性的分级

（熊顺贵 . 2001. 基础土壤学）

酸　性	pH	中性和碱性	pH
超强酸性	＜3.5	中　性	6.5～7.5
极强酸性	3.5～4.4	碱　性	7.6～8.5
强酸性	4.5～5.4	强碱性	8.6～9.5
酸　性	5.5～6.4	极强碱性	＞9.5

（一）土壤酸性

土壤酸性与土壤溶液中 H^+ 相关，更多的是与土壤胶体上吸附的 H^+、Al^{3+} 数量有密切的关系。土壤中酸性主要来源于胶体上吸附的 H^+、Al^{3+}、CO_2 溶于水形成的碳酸、有机质分解产生的有机酸、氧化作用产生的少量无机酸以及施肥带入的酸性物质等。土壤酸度反映土壤中 H^+ 的数量，根据 H^+ 在土壤中存在的状态，分为活性酸度和潜性酸度。

1. 活性酸度　活性酸度是指土壤溶液中游离的 H^+ 所直接显示的酸度。通常用 pH 表示，它是土壤酸碱性的强度指标。

2. 潜性酸度　潜性酸度是指土壤胶体上吸附的 H^+、Al^{3+} 所引起的酸度。H^+、Al^{3+} 只有被代换到土壤溶液中，才会显示酸性。通常用每千克烘干土中氢离子的厘摩尔数（cmol/kg）表示，它是土壤酸性的容量指标。潜性酸度与活性酸处于动态平衡之中，可以相互转化。根据潜性酸度在测定时所使用的浸提剂不同，又分为交换性酸度和水解性酸度。

（1）交换性酸度。交换性酸度又称代换性酸度，用过量的中性盐溶液，如 1mol/L 的 KCl、NaCl 或 $BaCl_2$ 与土壤作用，将胶体上交换性 H^+、Al^{3+} 代换到溶液中，交换性 H^+ 可使溶液酸性增加，而交换性 Al^{3+} 因水解也使溶液酸性增加。

$$Al^{3+} + 3H_2O \longrightarrow Al(OH)_3 + 3H^+$$

然后，再用酸碱滴定法测得溶液的酸度，这样测得的酸度称为交换性酸度。

（2）水解性酸度。用弱酸强碱盐溶液从土壤中交换出来的 H^+、Al^{3+} 离子所产生的酸度称为水解性酸度。通常所用的弱酸强碱盐为 1mol/L 醋酸钠溶液，浸提后用碱溶液滴定溶液中醋酸的总量即是水解性酸的量。

水解性酸度一般要比交换性酸度大得多，但两者的酸是同一来源，本质上是相同的，都是潜性酸，只是交换作用的程度不同而已。

（二）土壤碱性

中性至碱性的土壤酸碱反应不再受 H^+ 和 Al^{3+} 的控制，土壤酸碱反应主要由溶液中一定数量的碱或胶体吸附的碱金属或碱土金属的阳离子所控制。土壤碱性主要来源于土壤中交换性钠的水解所产生的 OH^- 以及弱酸强碱盐类物质如 Na_2CO_3、$NaHCO_3$ 的水解。

土壤碱性除了用 pH 表示外，还可以用总碱度、碱化度表示。土壤总碱度是指土壤溶液中或灌溉水中碳酸根和重碳酸根的总量，单位为厘摩尔（+）/千克或厘摩尔（+）/升。碱化度是指土壤胶体上吸附的 Na^+ 占土壤阳离子交换量的百分数。

土壤碱化度常被用来作为碱土分类及碱化土壤改良利用的指标和依据。当土壤碱化度为 5%～20% 时，称之为碱化土，当碱化度大于 20% 时称为碱土。

（三）土壤酸碱性对土壤肥力、植物生长发育的影响

1. 影响植物的生长发育　不同的植物生长发育所要求的酸碱范围不同，有些植物喜酸性，如茶花、茉莉；有的植物喜碱性，如白皮松、柏树、杨柳可以在 pH 为 9.0 左右的土壤中生长。大多数植物不能在低于 3.5 或高于 9.0 的环境中生长。

有些植物能对土壤酸碱性起指示作用，这类植物称为指示植物。如酸性土的指示植物是映山红、石松、茶树；盐土的是盐角草、盐生草、盐爪爪；碱土的是碱蓬、牛毛草（表 2-9）。

表 2-9　部分植物所适宜的 pH

（夏冬明 . 2007. 土壤肥料学）

植物名称	pH	植物名称	pH	植物名称	pH	植物名称	pH
茶花	4.5～5.5	柑橘	5.0～6.5	桑	6.0～8.0	槐	6.0～7.0
茉莉	4.5～5.5	杏、苹果	6.0～8.0	桦	5.0～6.0	松	5.0～6.0
唐菖蒲	6.0～8.0	桃	6.0～7.5	泡桐	6.0～8.0	洋槐	6.0～8.0
月季	7.0～8.5	梨	6.0～8.0	油桐	6.0～8.0	白杨	6.0～8.0
郁金香	6.0～7.5	菠萝	5.0～6.0	榆	6.0～8.0	栎	6.0～8.0
菊花	6.5～7.9	草莓	5.0～6.5	侧柏	7.0～8.0	红松	5.0～6.0

2. 影响养分的有效性　土壤细菌和放线菌如硝化细菌、固氮菌和纤维分解细菌等，均适宜于中性和微碱性环境，在此条件下其活动旺盛，有机质矿化快，固氮作用也强，因而土壤有效氮的供应较好。土壤过酸、过碱都不利于有益微生物的活动。如在酸性土中，硝化细菌、固氮菌、磷细菌和硫细菌的活性受抑制，不利于氮、磷、硫的转化。土壤中氮、磷、钾等大量元素和微量元素的有效性均受土壤酸碱性的影响（图 2-15）。

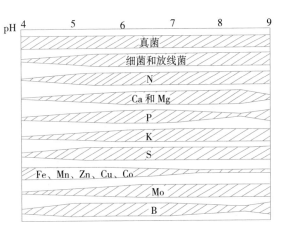

图 2-15　土壤 pH 与微生物活性及养分有效度的关系

（沈其荣 . 2001. 土壤肥料学通论）

3. 影响土壤理化性质　在碱性土壤中，交换性钠离子增多，使土粒分散，结构破坏。在酸性土中，吸附性造成养分淋失、黏粒矿物分解，结构也遭到破坏。在中性土壤中钙、镁离子多，利于团粒结构的形成。

4. 影响土壤微生物的生长发育　微生物对于土壤反应也有一定的适应范围，土壤过酸或过碱都不利于有益微生物的活动。pH 在 6.5～7.5 时，利于细菌的生育；pH 在 7.5～7.8 时，利于放线菌的生育；pH 在 3.0～6.0 时，利于真菌的生育。

5. 酸碱性与土壤类型　土壤的酸碱性与土壤类型有关，红壤土为酸性，黑钙土为微碱性。盐土的 pH 是 8.5，石灰性土壤的 pH 为 7.8～8.5，碱土 pH 在 8.5 以上。

6. 影响植物对养分的吸收　土壤溶液的碱性物质会促使细胞原生质溶解，破坏植物组织。酸性较强也会引起原生质变性和酶的钝化，影响植物对养分的吸收。酸性过大时，还会抑制植物体内单糖转化为蔗糖、淀粉及其他较为复杂的有机化合物的过程。

（四）土壤酸碱性的调节

1. 施肥调节　南方的酸性土壤在调节时可以施用生理碱性肥料，如石灰氮、钙镁磷肥、碳酸铵等；北方碱性土壤较多，碱性土调节时可施用生理酸性肥料，如硫酸铵、过磷酸钙、腐殖酸肥料等。

2. 化学措施

（1）酸性土壤的调节。酸性土壤常施用石灰物质，利用 Ca^{2+} 代换土壤胶体上的 H^+、Al^{3+}。南方常施用生石灰，生石灰碱性很强，在施用时不能与种子或幼苗的根系直接接触，否则易烧死植物根系。石灰使用量的经验做法如表 2-10 所示。

表 2-10　酸性土壤第一年的石灰施用量（kg/hm^2）

（高祥照. 2002. 肥料实用手册）

土壤反应	黏土	壤土	沙土
强酸性（pH4.5～5.0）	2 250	1 500	750～1 125
酸性（pH 5.0～6.0）	1 125～1 875	750～1 125	375～750
微酸性（pH6.0）	750	375～750	375

除石灰外，在沿海地区还可以用含钙质的贝壳改良，草木灰也有改良酸性土壤的作用。碱性土壤可施用硫酸钙、硫黄粉、明矾、硫酸亚铁等，利用 Ca^{2+}、Fe^{3+} 代换土壤胶体上的 Na^+，使土壤酸性增强，碱性降低。

（2）碱性土壤的调节。施用有机肥料，利用有机肥料分解释放出大量的 CO_2 或有机酸降低土壤 pH；施用硫黄、硫化铁、绿矾（$FeSO_4$）等；施用生理酸性肥料，如硫酸钾、氯化钾、硫酸铵、氯化铵等；碱化土、碱土，可施用石膏、硅酸钙，用钙将胶体上的 Na^+ 代换下来，并随水流出土体，从而降低土壤 pH，并改善土壤的物理性状。

项目四　植物生长的土壤环境调控

一、土壤的管理

在实际生产中，常见植物的栽培方式主要有露地栽培与盆土栽培两种方式。这两种方式对土壤的要求基本是一致的，但也稍有区别。露地栽培由于根系可以在土壤中舒展延伸，因此对土壤有一定的要求：土层深厚，通气、透水性良好，酸碱度适宜，质地适中等；对于盆栽植物，由于其栽培的特殊性，则要求根系局限于花盆内，依靠有限的土壤来供应养分和水分，维持其生长发育的需要。

（一）露地栽培土壤的管理

露地栽培土壤的管理主要包括地面平整、除草松土、地面清理及水分蓄积等环节。

1. 地面平整　地面平整一般为露地栽培第一步，在此过程中要注意时间、深度和方法等。

（1）时间的选择。选择适宜的地面平整时间是取得良好的整地效果的重要措施。如植树造林，为发挥蓄水保墒作用，并可保证植树工作的及时进行：在干旱地区，提前整地最好使整地与栽植之间有一个降水较多的季节，一般应提前 3 个月以上；准备秋季栽植时，整地可提前到雨季前；准备春季栽植时，整地可提早到上一年雨季前、雨季或至少上一年雨季。

（2）深度的选择。不同植物对于土壤深度要求不同，因此，整地深度因种植的植物种类不同而有差异，一般要求深耕土壤至 40～50cm，同时要施入大量有机肥料，浅耕一般要求达到 20～30cm。如一二年生花卉整地宜浅，宿根、球根花卉和园林树木宜深。

在园林栽培中，由于许多市政工程场地和建筑地区常遗留大量建筑垃圾等，因此在整地之前应全部清除，并换入肥沃土壤；由于地基夯实，土壤紧实，在整地的同时应将夯实的土壤挖松，并根据设计要求处理地形。

2. 除草、松土　许多建筑工地遗留大量杂草，而且松土能减少土壤水分蒸发，改良土壤通气状况，促进土壤微生物的活动，提高土壤肥力。除草、松土的时机选择在天气晴朗时，或初晴之后土壤不过干又不过湿时进行。对树木而言，由于幼树根系分布浅，松土不宜太深，随着树木的生长，可逐渐加深；土壤质地黏重、表土板结时，可适当深松。要做到里浅外深；树小浅松，树大深松；沙土浅松，黏土深松；土湿浅松，土干深松。一般除草、松土的深度为5～15cm，次数以每年进行2～3次为宜（图2-16）。

图 2-16　绿化工作中给园林植物松土

（二）盆土栽培土壤的管理

盆栽土壤简称盆土，取材于自然界的土壤、动植物残体和某些化学物质，经过制作、调配而成，主要用于园林植物。常见自然土壤主要有泥炭土、园土、腐叶土、素沙土、黄泥、塘泥、沼泽土、谷糠灰等。盆土的配制就是将各种优质自然土、堆肥土等，根据植物的生理特性，按适当比例配合调制，使盆土既通透、排水，又使养分最终保证植物在盆内能够正常生长。

盆土的管理要求：土壤保证清洁，配制好后进行必要的消毒。

常用消毒方法有加热消毒法、日光消毒法和药物消毒法3种。加热消毒法即将配制好的盆土加热持续30min至80℃；日光消毒法即将配制好的盆土平摊在干洁的地上，并暴晒2～3d即可；药物消毒法可将配制好的盆土拌入药物，上面覆盖草防止药物流失，经过2d后揭去覆盖物。常用药物及用法：每立方米拌入40％的甲醛400～500mL，然后将土堆积起来。

二、高产肥沃土壤的培育

高产肥沃土壤具有优良的肥力状况，即能充分、及时地满足和协调作物生长发育所需要的水、肥、气、热等因素的能力，为植物生长的提供良好的生长环境。

1. 高产肥沃土壤的特征　高产肥沃土壤一般都具有良好的理化性状，团粒结构多，固、液、气三相比合理，质地适宜、结构良好、缓冲能力强，土壤大小孔隙比例合理；通透性好，保蓄性能强，耕层土壤容重为1.10～1.25g/cm³；总孔隙度达到50％～60％；具有上虚下实的土体结构的特点，耕作层深厚、疏松、质地较轻、有机质含量高，有机养分与无机矿质养分含量适宜且比例协调，供肥能力强、肥效持久，心土层紧实，保蓄能力强；具有便利的排灌条件、利于耕作，有蓄积养分和水分的能力等；微生物种类符合植物养分转化需要且数量足；土壤中没有污染源及污染物等。

2. 高产肥沃土壤的培育 常见高产肥沃土壤的培养方法为：

（1）土壤施肥措施。由于有机质是对土壤质地、养分含量、理化性质、改良耕作性、保蓄性质等有重要影响的物质，因此，可以通过增施有机肥，提高土壤有机质含量达到提高土壤肥力的目的。

常见施肥方法：种植绿肥、秸秆还田、植物凋落物归田等方法增加有机肥源，推动有机肥的施用。

（2）栽培措施。栽培措施不同对于植物生产环境影响很大，因此在耕作管理中应以用养结合，耕作时应根据条件适时、适度深耕，加速土壤熟化，加深熟化土层的厚度。从植物养分、水分的供求关系出发，达到植物生长过程中的供求平衡。

三、低肥力土壤的改良

低肥力土壤一般多为建筑物废弃地、新垦荒地等，因此，这种土壤质地过沙或过黏、土壤板结、土壤酸化、孔隙性较差，不利于植物的生长。对于低肥力土壤就需要进行改良，常见的改良措施如下：

1. 原地栽培措施 土壤有机质对于改良土壤理化性状具有重要作用，对低肥力土壤应增施有机肥，提高土壤有机质含量，提高土壤的水、气、热状况，增强保肥性和供肥性，达到改善土壤理化性状的目的。

园林树木还应结合施肥深翻，促使土壤形成团粒结构，增加土壤孔隙度，促进土壤熟化，而且合理深翻、断根后可刺激发生大量的新根，提高吸收能力，促使树木健壮，叶片浓绿，形成良好新芽。深翻后土壤的水分和空气条件得到改善，使土壤微生物活动加强，加速土壤熟化，使难溶性营养物质转化为可溶性养分，相应提高土壤肥力。

因此，深翻熟化不仅能够改良土壤，而且能够促进植物生长发育。树木深翻的时间一般以秋末冬初为宜。此时，树木地上部分生长基本停止或者趋于缓慢，同化产物消耗减少，并且已经开始回流积累。

由此可见，深翻深度要因地、因植物而异。对树木而言，在一定范围内，翻得越深效果越好，一般为 60～100cm，最好距根系主要分布层稍深、稍远一些，以促进根系向纵深生长，扩大吸收范围，提高根系的抗逆性。

2. 客土栽培措施 许多园林土壤由于施工建筑、过度开发往往不适宜园林树木生长，这些土壤有沙土、重黏土、沙砾土、酸碱度过大及被工业废水污染的土壤，在清除建筑垃圾后仍然板结、土质不良的土壤，此时应进行客土栽培。常见客土栽培方法如下：

（1）翻淤压沙、翻沙压淤。即在沙土下面有淤黏土，或黏土下面有沙土的土壤，可以采取表土翻到一边，然后通过使底土上反的作用，把下层的沙土或黏淤土翻到表层来使沙黏混合，改良土性（图 2-17）。在"沙压黏"或"黏压沙"时要薄一些，压半风化石块可以厚一些，但不要超过 15cm。连续多年压土，土层过厚会抑制树木根系呼吸，从而影响树木生长和发育，造成根系腐烂，树势衰弱。所以，为了防止接穗生根或对根系的不良影响，一般压土后适当扒土露出根须。

（2）增厚土层、改善环境。通过增加土壤厚度，可以达到增加营养、保护根系、改良土

图 2-17 客土法改良土壤

壤结构等作用，从而改善植物生产环境。如园林树木，在我国南方高温多雨地区，由于降雨多，土壤淋洗流失严重，一般将树木栽种在土墩上，以后再大量培土。在土层薄的地区也可采用培土措施，以促进树木健壮生长。北方寒冷地区一般在晚秋初冬进行压土掺沙，可起保温防冻、积雪保墒的作用。

3. 酸化土壤的改良技术

（1）施用石灰。可以通过石灰的碱性中和酸性，增加土壤盐基饱和度，达到减少酸化的作用。

（2）增施有机肥料。增施有机肥可以减缓土壤酸化的速度。有机质中的—OH、—NH$_2$等可以通过吸附等作用与 H$^+$结合，降低土壤中 H$^+$的浓度。

（3）施用钙镁磷肥。钙镁磷肥在酸性土壤上有良好的肥效，长期施用可以改良过酸土壤，并且达到供给土壤肥效的作用。

实验实训一　土壤样品的采集与制备

【能力目标】

能进行耕作层土壤混合样品的采集与处理。

【材料用具】

取土铲、广口瓶（250mL、500mL）、剖面刀、土壤筛（18目、60目等）、记录笔、尺、布袋（能盛装 1～2kg 土样）、盛土盘（20cm×30cm）、标签、研钵、牛角勺。

【知识原理】

土壤样品的采集与处理是土壤分析工作中的一个重要环节，它是关系到分析结果是否正确、可靠的先决条件。选取分析测定所用的少量土样反映一定范围内土壤的客观情况，因此，必须使所采集与制备的样品具有代表性。

【操作步骤】

1. 土壤样品的采集

（1）选点。土壤样品的采集应根据不同的土壤类型、地形、前茬及肥力情况，因此，选点应选择代表性地块。土壤混合土样的采集必须按照一定的路线和"随机、多点、均匀"的原则进行。布点形式以蛇形较好，只有在地块面积小、地形平坦、肥力均匀的情况下，才用对角线或棋盘式采样。采样数目一般可根据采样区域大小和土壤肥力差异情况，采集5～20个点（图2-18）。

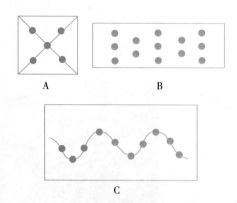

图2-18　土壤样品采集路线
A. 对角线布点法　B. 棋盘布点法　C. 蛇形布点法
（吴国宜.2001.植物生产与环境）

（2）采土。首先除去地面落叶、杂物并将表土2～3mm刮去，采土用土钻或小土铲，打土钻时要垂直插入土内，如用小土铲取样，可用小土铲切取上下厚薄一致的薄片。然后将采集的各点样品集中起来，混合均匀。每一点采取的土样，深度要一致，上下土体要一致，一般为20cm左右。而对于株型比较大、根系分布比较深的果树和林木，采样的深度可分两层，即0～20cm和20～40cm，也可根据特殊要求再增加层次和深度，但一般不要超过1m。

采样的部位也因分析目的的不同而不同，如园林树木，要了解果木、林地土壤的基本肥力情况可以在株行间取土；为了研究施肥，应在树冠垂直向下的地方采样。

（3）样品混合。每个采集点采取一个混合样，要求每个混合样品的质量一般在1kg左右。当土壤土样过多时，可将全部土样放在盘子或塑料布上，用手捏碎混匀后，再用四分法将对角上多余的土弃去，直至达到所需的数量即可（图2-19）。

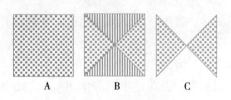

图2-19　四分法分样
A. 平铺土样　B. 划分四份　C. 淘汰一半
（吴国宜.2001.植物生产与环境）

采好的土样可装入塑料袋中，并立即书写标签，一式两份，一份放入袋内，一份贴在袋外。标签上用铅笔写明采样地点、深度、样品编号、日期、采样人、土壤名称等。

2. 土壤样品的制备

（1）去杂。对从野外采回的土壤样品，首先应剔除土壤中的侵入物体，除速测养分、还原性物质测定外，一般应及时将土样进行处理。

（2）风干。将采回的土壤样品立即捏成碎块，铺在通风、阴凉的晾土架、木板或盛土盘中，摊成2～3cm厚的薄层，进行晾干。如果捡出的石子、结核物较多，应称重，并折算出含量百分率。风干过程要注意翻动。

（3）磨细与过筛。将风干后的土样平铺在木板或塑料板上，用木棍碾碎，边磨边筛，直到全部通过18目筛为止；过筛后的土样经充分混匀后，分成两份：一份供质地、pH、吸湿水、速效养分等测定用；另一份继续磨细全部通过60目筛，供测定有机质、全氮含量用。

（4）装瓶贮存。将过筛后的土样充分混匀后，装入有磨口塞的广口瓶中，内外各具一张标签。标签上写明土样编号、采样地点、采样深度、筛号、采样人、采样日期等。

3. 注意事项

①采土过程中禁选取道路边、肥料堆积处采集土壤。

②风干过程中严禁暴晒或受酸、碱等气体及灰尘的污染。

③制备好的土样应避免阳光、高温、潮湿或酸、碱气体的影响与污染。

【作业】

1. 土样的采集和制备过程中应注意哪些问题？

2. 试述四分法分土的注意事项。

实验实训二　土壤质地的测定

【能力目标】

能用简易比重计法测定土壤质地。

【仪器设备、材料用具】

1. 仪器设备　天平（感量 0.1g、0.01g）。

2. 材料用具　沉降筒（1L）、搅拌棒、甲种土壤比重计、温度计、胶头棒。

3. 试剂

（1）0.5mol/L NaOH 溶液。称取 20g 化学纯 NaOH，加蒸馏水溶解后定容至 1L，摇匀。

（2）0.5mol/L 1/2（$Na_2C_2O_4$）溶液。称取 33.5g 草酸钠，加蒸馏水溶解后定容至 1L，摇匀。

（3）0.5 mol/L 1/6（$NaPO_3$）$_6$ 溶液。称取 51g 六偏磷酸钠，加蒸馏水溶解后定容至 1L，摇匀。

【知识原理】

由于不同土粒大小，在溶液中沉降速度也不一样。因此，不同时间、不同深度的悬液表现不同的密度。将土壤中一定量的土粒经物理、化学处理后分散成单粒，制成一定容积的悬液，并使分散的土粒在悬液中自由沉降。在一定时间内，待某一级土粒下降后，用特制的甲种土壤比重计可测得悬浮在比重计所处深度的悬液中的土粒含量（g/L）。经校正后可计算出各级土粒的质量百分数，然后查表确定质地名称。

【操作步骤】

1. 悬液制备　称取通过 1mm 孔径土样 50g 于 400mL 烧杯中，用下列分散剂分散土样：

酸性土壤50g加0.5 mol/L NaOH溶液 50mL；中性土壤 50g 加 0.5mol/L 1/2（$Na_2C_2O_4$）溶液 50mL；石灰性土壤 50g 加 0.5 mol/L1/6（$NaPO_3$）$_6$ 溶液 50mL。

加入化学分散剂后，用带橡皮头的玻璃棒小心研磨样品约 15min，将研磨好的分散土样全部倒入沉降筒中，并用水多次将烧杯中的土样全部洗入量筒中，稀释至 1L。

2. 测定悬液密度　用搅拌棒将制好的悬浮液搅拌几次，并测定其温度，按表 2-11 所列温度、时间和粒径的关系，根据当时的悬浮液和待测的粒径最大值，选定测比重计读数的时间，用特制的搅拌棒再将悬浮液搅拌 1min（上下各为 30 次），搅拌停止，即刻开始计时。

表 2-11　小于某粒径颗粒沉降时间表

温度（℃）	<0.05mm	<0.01mm	<0.005mm	<0.001mm
4	1min 32s	43min	2h55min	48h
5	1min30s	42min	2h50min	48h
6	1min25s	40min	2h50min	48h
7	1min23s	38min	2h45min	48h
8	1min20s	37min	2h40min	48h
9	1min18s	36min	2h30min	48h
10	1min18s	35min	2h25min	48h
11	1min15s	34min	2h25min1s	48h
12	1min12s	33min	2h20min1s	48h
13	1min10s	32min	2h15min1s	48h
14	1min10s	31min	2h15min1s	48h
15	1min8s	30min	2h15min1s	48h
16	1min6s	29min	2h05min1s	48h
17	1min5s	28min	2h00min1s	48h
18	1min2s	27min30s	1h55min1s	48h
19	1min	27min	1h55min1s	48h
20	58s	26min	1h50min1s	48h
21	56s	26min	1h50min1s	48h
22	55s	25min	1h50min1s	48h
23	54s	24min30s	1h45min1s	48h
24	54s	24min	1h45min1s	48h
25	53s	23min30s	1h40min1s	48h
26	51s	23min	1h35min1s	48h
27	50s	22min	1h30min1s	48h
28	48s	21min30s	1h30min1s	48h
29	46s	21min	1h30min1s	48h
30	45s	20min	1h28min1s	48h
31	45s	19min30s	1h25min1s	48h
32	45s	19min	1h25min1s	48h
33	44s	19min	1h20min1s	48h
34	44s	18min30s	1h20min1s	48h
35	42s	18min	1h20min1s	48h
36	42s	18min	1h15min1s	48h
37	40s	17min30s	1h15min	48h
38	38s	17min30s	1h15min	48h

　　3. 比重计读数　在待测的时间到达之前，提前 30s 将比重计轻轻放入悬液中，勿搅动悬液，待静止时间一到，比重计稳定后即读数，记录读数。

　　4. 结果计算

　　（1）土样换算。

$$烘干土重（g）=\frac{干重土（g）}{100+水分含量}×100$$

　　（2）比重计校正。

$$分散剂校正值（g/L）=\frac{分散剂体积（mL）×分散剂溶液的浓度（mol/L）×分散剂的摩尔质量（g/mol）}{1000}$$

　　其中，温度校正值查表 2-12。

表 2-12　比重计读数的温度校正值

悬液温度（℃）	比重计读数减去校正值	悬液温度（℃）	比重计读数减去校正值	悬液温度（℃）	比重计读数加上校正值	悬液温度（℃）	比重计读数加上校正值
6.0	2.2	13.0	1.6	20.0	0	27.0	2.5
6.5	2.2	13.5	1.5	20.5	0.2	27.5	2.6
7.0	2.2	14.0	1.4	21.0	0.3	28.0	2.9
7.5	2.2	14.5	1.4	21.5	0.5	28.5	3.1
8.0	2.2	15.0	1.2	22.0	0.6	29.0	3.3
8.5	2.2	15.5	1.1	22.5	0.8	29.5	3.5
9.0	2.1	16.0	1.0	23.0	0.9	30.0	3.7
9.5	2.1	16.5	0.9	23.5	1.1	30.5	3.8
10.0	2.0	17.0	0.8	24.0	1.3	31.0	4.0
10.5	2.0	17.5	0.7	24.5	1.5	31.5	4.2
11.0	1.9	18.0	0.5	25.0	1.7	32.0	4.6
11.5	1.8	18.5	0.4	25.5	1.9	32.5	4.9
12.0	1.8	19.0	0.3	26.0	2.1	33.0	5.2
12.5	1.7	19.5	0.1	26.5	2.2	33.5	5.5

校正后比重计读数＝比重计原读数－（分散剂校正值＋温度校正值）

（3）计算。

$$小于 0.01 粒径土含量＝\frac{校正后读数}{烘干土重}×100\%$$

（4）查表。查阅土壤质地表，获取被测土壤质地种类。

5. 注意事项

（1）悬液制备中胶头棒洗涤液应全部洗入烧瓶。

（2）悬液制备中研磨好混浊液应全部导入沉降筒。

（3）比重计读数时应保持比重计平稳后方可读数。

6. 相关说明

（1）沉降筒应放在昼夜温差较小处，避免阳光直射影响土粒自由沉降。

（2）搅拌悬液时上下速度均匀，向下触及沉降筒底部，向上有孔金属片不漏出液面，一般到液面下 3～5cm 高度即可。

（3）温度计放入沉降筒中部，准确到 0.1℃。

（4）测定时比重计轻取轻放，尽可能避免摇摆与振动，应放在沉降筒中心，浮泡不能与四周接触。

（5）比重计也能够在尽可能少的时间内放入悬液，一般提前 10～15s，读数后立即取出比重计，放入蒸馏水中冲洗，以备下个读数所用。

（6）比重计读数以弯液面上缘为准。

【作业】

1. 为什么土壤酸碱性不同采用的分散剂不同？

2. 比重计读数受哪些因素影响？

实验实训三　土壤容重及土壤孔隙度的测定

【能力目标】

能测定毛管孔隙度，会计算大小孔隙比例。

【仪器设备、材料用具】

1. 仪器设备 天平（感量 0.1g、0.01g）、恒温干燥箱。

2. 材料用具 带盖环刀、小铝盒、小铁铲、刮土刀、木槌等。

【知识原理】

利用已知容积的环刀，采集自然状况的土壤，使土壤充满环刀内，称量后测定土壤含水量，根据含水量计算单位容积土壤的烘干土质量，即可计算土壤容重。

测得土壤容重后，可计算土壤孔隙度。此处土壤密度取 2.65g/cm³。

【操作步骤】

1. 称重 先检查环刀与上、下盖及环刀托是否配套，检查无误后将环刀擦净并确认环刀容积，其次称量环刀质量（精确至0.1g），同时称量已洗净烘干的铝盒质量（精确至 0.01）（图 2-20）。

2. 采样 选择有代表性的土壤，首先用小铁铲铲平土表，将环刀托套在环刀无刃口的一端，环刀刃口向下，均衡地用力压环刀托把，将环刀垂直压入土中，切勿摇晃或倾斜，以免改变土壤的自然状态（图 2-21）。

在采集过程中，遇到土壤较硬，可用木槌轻轻敲打环刀托把，待环刀全部插入土壤中，而且土面即将触及环刀托盖的顶部（可由环刀托盖上的小孔窥见）时，停止下压。

3. 取土 用小铁铲把环刀周围的土壤挖去，取出环刀，使环刀两端均有多余的保持自然状态的土壤。将环刀翻转过来，刃口向上，用削土刀迅速刮去黏附在环刀外壁上的土壤，然后用削土刀在刃口一端从边缘向中部削平土面，使之恰与刃口齐平，刃口端盖上环刀底盖，再次翻转环刀，使刃口端向下，取下环刀托，削平无刃口端的土面，并盖好顶盖。

4. 测定含水量 方法见模块三实验实训一 土壤含水量的测定。

5. （1）土壤容重计算。

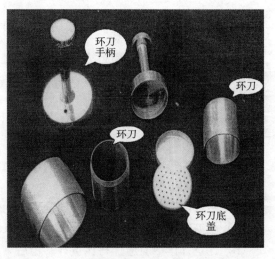

图 2-20 环 刀

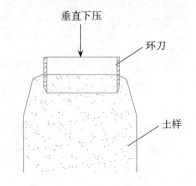

图 2-21 环刀采样方法

$$土壤容重（d，g/cm³）= \frac{M-G \times 100}{V(100+W)}$$

式中，M——环刀及湿土合计质量，g；

G——环刀质量，g；

V——环刀容积，cm³；

W——土壤含水量，质量％。

（2）土壤孔隙度计算。

$$土壤总孔隙度＝\left(1-\frac{土壤容重}{土壤密度}\right)\times100％$$

6. 注意事项

（1）采样前环刀一定擦干净。

（2）采样中环刀应均衡地垂直压入土中，切勿摇晃或倾斜。

（3）削土刀在取土时与应与环刀刃口齐平。

【作业】

1. 测定土壤容重时，为什么应保持土壤的自然状态？

2. 土壤容重与密度有什么区别？

实验实训四　土壤酸碱度的测定

【能力目标】

会测定土壤酸碱度。

【仪器设备、材料用具】

1. 仪器设备　天平（感量 0.1g）、酸度计（附甘汞电极、玻璃电极或复合电极）、磁力搅拌器。

2. 材料用具　高型烧杯（50mL）、量筒（25mL）、洗瓶、滤纸、玻璃棒等。

3. 试剂

（1）pH4.01 标准缓冲溶液。称取经过 105℃烘干 2～3h 的苯二甲酸氢钾（$KHC_8H_4O_4$，分析纯）10.21g，用蒸馏水溶解后，定容至 1 000mL。

（2）pH6.87 标准缓冲溶液。称取经过 120℃烘干的磷酸二氢钾（KH_2PO_4，分析纯）3.39g 与无水磷酸氢二钠（Na_2HPO_4，分析纯）3.53g，溶于蒸馏水中，定容至 1 000mL。

（3）pH9.18 标准缓冲溶液。称取硼砂（$Na_2B_4O_7\cdot10H_2O$，分析纯）3.80g，溶于无 CO_2 的冷却蒸馏水中，定容至 1 000mL。此溶液的 pH 容易变化，应注意保存。

（4）1mol/L 氯化钾溶液。称取氯化钾（KCl，化学纯）74.6g，溶于 400mL 蒸馏水中，用 10％氢氧化钾和稀盐酸溶液调节 pH 至 5.5～6.0 范围内，然后稀释至 1L。

【知识原理】

用水（pH<7 的酸性土壤用 1mol/L 氯化钾溶液）浸提或盐溶液提取土壤水溶性或代换性氢离子，再应用指示电极（玻璃电极）和另一参比电极（甘汞电极）测定该浸出液的电位差。由于参比电极的电位是固定的，因而电位的大小取决于试液中的氢离子活度，在酸度计上可直接读出 pH。

【操作步骤】

1. 操作方法

（1）土壤水浸提液 pH 的测定。称取过 1mm 筛孔的风干土样 25.0g 于 50mL 高型烧杯中，用量筒加入无二氧化碳的蒸馏水 25mL，放在磁力搅拌器上剧烈搅拌 1～2min，使土粒充分分开，放置 30min，用 pH 计测定。

（2）土壤的 KCl 盐浸提液 pH 的测定。当酸性土用盐浸提液测定时，测定方法将酸性土壤采用 1mol/L 氯化钾，中性和碱性土壤采用 0.01mol/L 氯化钙溶液代替无二氧化碳蒸馏水外，其余操作步骤与水浸提取液同。

2. 注意事项

（1）玻璃电极注意事项。玻璃电极在使用前必须进行"活化"处理，可用蒸馏水浸泡 24h 或用 0.1mol/L 的 HCl 溶液浸泡 12～24h。电极不用时，应浸泡在蒸馏水中；如果长时间不用，应将表面吸干，存放在盒中。电极球泡易破损，使用时必须特别小心、仔细、谨慎。电极表面不能有油污，忌用浓硫酸或铬酸洗涤液清洗。电极使用一定时间后，应进行校正。

（2）饱和甘汞电极注意事项。电极应随时从电极侧口补充饱和 KCl 溶液。不用时可存放在饱和 KCl 溶液中，长时间不用时，应将橡皮塞、胶套上好，保存在盒内。使用前应取下橡皮塞和胶套，内充溶液应见 KCl 晶粒，无气泡，液面应接甘汞电极。

（3）土壤土样不应磨得过细，以通过 18 目筛孔径为宜，加水搅拌后平衡时间，对 pH 测得值有影响，以平衡 0.5h 为宜。pH 玻璃电极插入土壤悬液后应轻微摇动，以除去表面的水膜，加速平衡。饱和甘汞电极最好插在上部清液中。

水土比影响测定结果，在结果报告时应加以标明。在保证电极能顺利插入土壤悬液的前提下，应尽量降低水土比，水土比越接近田间水分状况其结果越有意义。

【作业】

1. 采用电位法测定土壤酸碱度时，以蒸馏水和氯化钾溶液做浸提剂，分别测得的土壤酸碱度有什么区别？

2. 电位法测定土壤酸碱度，应注意哪些事项？

【资料收集】

收集了解当地土壤资料，了解土壤肥力、土壤矿物质、土壤质地等基本情况，查阅《中国农业百科全书·土壤卷》《本省（自治区、市）土壤普查资料》等资料。

【信息链接】

通过查阅《土壤》《土壤肥料》《土壤学报》《水土保持通报》等专业杂志或上网浏览与本模块内容相关的文献。

【习做卡片】

通过实地调查或田间试验，将农业技术措施对土壤理化性质影响的信息制成卡片，以积累资料。

【练习思考】

1. 名词解释

土壤、土壤肥力、土壤粒级、土壤质地、土壤生物、土壤微生物、土壤有机质、有机质矿质化过程、有机质腐殖化过程、土壤有机质矿化率、腐殖化系数、土壤孔隙性、土壤密度、土壤容重、土壤孔性、土壤孔隙度、土壤结构体、土壤团聚体、土壤水分、土壤空气、

土壤耕性、土壤黏结性、土壤黏着性、土壤可塑性、土壤胶体、土壤酸性、土壤碱性、土壤保肥性、土壤供肥性

2. 土壤质地有哪些类型？分析其对植物生产的影响。

3. 土壤有机质对植物生产有哪些作用？

4. 土壤有机质是如何转化的？怎样调节有机质的转化方向？

5. 如何调节土壤有机质的含量？

6. 土壤团粒结构的特性是什么？

7. 理想的土壤结构是什么？如何培育团粒结构？

8. 土壤胶体有哪些特性？对土壤肥力有什么影响？

9. 土壤酸碱性对植物生产有什么影响？

10. 调节土壤酸碱性的技术措施有哪些？

11. 高产肥沃土壤的什么特点？如何对低产土壤进行改良？

【阅读材料】

土 壤 的 形 成

1. 土壤圈和土壤的形成过程　土壤圈是地圈系统的重要组成部分，是有特殊结构和功能的地球系统的一个圈层。土壤圈是覆盖于地球表面和浅水域底部的土壤构成的一种连续体或覆盖层，其位置处于地圈系统，即气圈、水圈、生物圈与岩石圈的交接界面，它既是这些圈层的支撑者，又是它们长期共同作用的产物。

在土壤圈的形成过程中，受到大气圈、岩石圈、水圈、生物圈等其他圈层的很大影响，在土壤构成的巨大空间中，经过长时间的作用，土壤圈中逐步形成了各种类型的不同土壤。在相当长的时间跨度内，这些影响土壤形成和分布规律的自然因素，称为成土因素，包括气候、母质、地形、生物、时间等五个方面。

土壤在诸多成土因素作用下，形成一系列土壤，而土壤剖面是这些因素的具体表现。

土壤剖面是指从地面向下挖掘所裸露的一段垂直切面，深度一般在 2 米以内。土壤垂直断面中土层（可包括母岩）序列的总和。

不同类型的土壤，具有不同形态的土壤剖面。土壤剖面可以表示土壤的外部特征，包括土壤的若干发生层次、颜色、质地、结构、新生体等。在土壤形成过程中，由于物质的迁移和转化，土壤分化成一系列组成、性质和形态各不相同的层次，称为发生层。发生层的顺序及变化情况，反映了土壤的形成过程及土壤性质。

土壤剖面发生层一般分为表土层、心土层和底土层。底土层中，还包括潜育层。表土层也称腐殖质-淋溶层，是熟化土壤的耕作层；在森林覆盖地区有枯枝落叶层。心土层也称淀积层，由承受表土淋溶下来的物质形成。底土层也称母质层，是土壤中不受耕作影响、保持母质特点的一层。潜育层也称灰黏层，是在潜水长期浸渍下经潜育化作用形成的土层，土色蓝绿或青灰色，质地黏重，通气不良，养分转化慢。观察和了解土壤剖面是认识土壤、分析鉴定土壤肥力，制订耕作措施的最重要方法之一。

2. 土壤的分布规律　土壤作为"历史自然体"，是特定的历史-地理因子的产物，因此，土壤的形成、发展和变化与地理环境密切相关，土壤类型多随着空间转移而变异，因此，土

壤分布具有规律性。

（1）土壤水平地带性分布。因纬度和距海远近不同，引起热量和湿润度差异，形成不同的土壤带（或土被带），因此导致土壤类型的分布与演替同地理位置（纬度、经度）的变化相一致，这种现象称为土壤水平地带性分布。

土壤分布按纬度（南北）方向逐渐变化的为土壤纬度地带性分布，纬度地带性分布大致沿纬线（东西）方向延伸；而沿经线（南北）方向延伸，按经度（东西）方向排列的属土壤经度地带性分布。从全球范围看，由于各大陆自然条件的差异，土壤带的排列方向也各有不同。在中国土壤的水平分布既具有沿纬度方向，也有沿经度方向变化的特点。东部沿海地区属湿润型土壤带，土壤分布基本上与纬度相符，由南而北有砖红壤、赤红壤、红黄壤、黄棕壤、棕壤（或褐土）、暗棕壤、灰化土带。但西北内陆干旱、半干旱地区，土壤分布基本上沿经度方向排列，自东而西有灰黑土、黑钙土、栗钙土、棕钙土，最后为灰漠土和灰棕漠土带。

（2）土壤垂直地带性分布。土壤类型随地形海拔的高度变化而呈现有规律的变化。将土壤随地形高低自基带面向上（或向下）做依次更迭的现象称为土壤垂直地带性分布。如在欧洲阿尔卑斯山的土壤其垂直带为山地棕壤、腐殖质碳酸盐土、山地灰化土和高山草甸土；而南美洲安第斯山北坡为山地砖红壤、山地红壤和山地棕壤。

（3）土壤地域性分布。在地带性土壤带范围内，由于地形、母质、水文、成土年龄以及人为活动影响，使土壤发生相应变异，形成非地带性土壤（或称隐域性土和泛域性土），出现地带性和非地带性土壤的镶嵌或交错分布现象。如在红壤地带的丘陵、河谷平原中，可见到红壤和水稻土、潮土交错分布；在中国南方由于人为改造自然的结果，呈现出阶梯式、棋盘式和框垛式土壤区域。

模块三　植物生长与水分环境调控

【学习目标】

　　了解土壤和大气中水分存在的状态，理解植物在生长发育时期对水分的需求，了解土壤水分、水土保持的基本知识。掌握植物的吸水方式、气孔运动规律及蒸腾作用的特点。能测定土壤含水量、土壤田间持水量，会观测空气湿度、降水量和蒸发量，能对水分环境进行综合评价和调控。

项目一　水与植物生长发育

一、植物对水的需求

　　植物的生长离不开水，一般植物含水量占鲜重的 70%～90%。没有水就没有生命，水分不仅是植物体原生质的主要成分，而且也是细胞内各种代谢反应的良好介质，同时水分作为反应原料参与光合、呼吸、有机物的合成与分解等多种代谢反应。足够的水分能使细胞维持一定的膨压，有利于细胞的分裂与伸长，保持植物的固有姿态。

（一）水对植物的生理作用

　　活体植物都含有一定数量的水分。但不同种类的植物，或同一植物的不同生育时期以及不同器官，其含水量有很大差别。如水生植物含水量较陆生植物高，阴地植物又比阳地植物含水量大。不同器官的含水量也有很大差异。一般说来，愈是生命活动旺盛的部分含水量愈多，如茎尖和根尖的含水量可高达 80%～90%，树干含水量常常维持在 40%～50%，风干种子则仅含 10%～15%，其生命活动已降至极低水平。

　　水分在植物生活中占重要地位，除了它直接或间接地参与生理生化变化外，还由于它的许多物理化学特性为植物的生活提供了有利条件。

　　1. 水是原生质的重要组成成分　原生质的含水量一般在 70%～90%。由于水分子具有极性，组成原生质胶体的大分子物质有较强的水合能力，水以形成水膜的方式维持着胶体系统的稳定性。当水分充足时，原生质胶体处于溶胶状态，保证进行活跃的生理生化变化；当植物发生水分亏缺时，原生质胶体状态改变，趋于凝胶，生命活动也随着减弱；若植物失水过多，导致原生质胶体结构受损甚至损坏，植物也趋于死亡。

　　2. 水分维持了植物细胞及组织的紧张度　植物水分充足便处于紧张状态，使植物体维持其挺拔姿态，利于进行各种生命活动。如根系下扎，便于吸水吸肥；叶片展开，利于充分接受阳光，进行光合作用；保卫细胞的紧张使气孔张开，能顺利地进行气体交换；花的开放便于传粉受精等。

　　3. 水是进行代谢活动的最好介质　植物体内的代谢活动都是在水溶液中进行的。土壤中的无机和有机营养只有溶于水中才能被植物吸收；植物与环境间的气体交换，氧气或二氧化碳均必须呈水溶状态才能出入细胞；植物体内物质的输送也要呈水溶状态。可见，水是最理想的生命介质，植物体与环境之间的物质交换是借液流来实现的。

4. 水可作为某些代谢过程的原料或参与者　在植物的光合作用中，水是原料之一。此外，很多生物化学反应如呼吸作用的许多环节以及大分子水解等过程都需要水分子直接参与。

5. 水可以调节植物的体温　水的比热大，富含水分的植物体不致因环境温度的骤变而改变；水的汽化热高，在植物散失水分过程中，水由液态变为气态需要吸收大量热量，可使植物体温下降，免于受强烈日照而灼伤。同时，水的热导性好，使得整株植物的各个部位温度维持平衡。

6. 水分影响植物生长　无论是细胞分裂还是伸长，都需要有足够的水分供应，所以当植物遇干旱缺水，就直接影响生长过程，造成减产。

此外，水在植物的生态环境中亦具有很重要的作用。可以利用水的物理化学特性，如用水调温、调湿和改善土壤与大气的温度条件等来调节植物的生态条件。在作物栽培中，常以越冬灌水来提高冬小麦抗寒力，水稻栽培中的烤田则可调节土壤通气状况，并可促进植株扎根和肥料的分解。

（二）植物需水规律

1. 植物对水分的吸收　植物对水分的吸收主要有渗透作用和吸胀作用两种方式。

（1）渗透作用。植物细胞形成液泡以后，主要靠渗透作用进行吸水，其根本原因是与水势有关。这种现象可通过实验来说明。

用半透性膜紧扎在长颈漏斗上，向漏斗内注入葡萄糖溶液，然后浸入清水中，使漏斗内的液面与外液的液面相等，整个装置就是一个渗透系统（图 3-1）。

在这个系统中水分子可以通过半透膜自由移动，而糖分子不能通过半透膜，糖液的水势比蒸馏水低，水分子总的运动趋势是烧杯中的水通过半透膜向漏斗内扩散，从而使漏斗中的水量增加、玻璃管的液面升高。这种水分通过半透膜的扩散现象，称渗透作用。

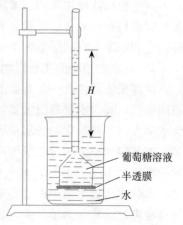

图 3-1　观察渗透现象的装置

（陈忠辉 . 2001. 植物生理学）

随着玻璃管内糖液液面的升高，管内的静水压力增大，从而产生了压力势，它使溶液的水势增加，同时由于水分的不断渗入，漏斗中的糖液浓度不断下降，也使糖液的水势增加。直至压力势和糖液的渗透势的绝对值相等时，两者对溶液水势的影响相互抵消，这时膜内的水势为 $\Psi_w - \Psi_g + \Psi_p = 0$，即漏斗内糖液的水势等于膜外蒸馏水的水势，于是膜内外水分子的移动处于动态平衡，玻璃管内的液面不再升高。

如果半透膜两边都是溶液，这时水由溶液浓度低（渗透势高）的一方向溶液浓度高（渗透势低）的一方渗透。因为水是从水势高的一方向水势低的一方渗透，直至半透膜两边溶液的水势相等为止。

植物细胞是一个渗透系统，成长的植物细胞外面被细胞壁包围着，细胞壁主要由纤维素组成，它是一种水和溶质分子都能渗过的透性膜，活细胞的质膜和液泡膜是具有选择透性的膜，水分子容易透过，而溶质分子不易通过，其性质接近半透膜，这两层膜包括整个原生质层在内，可当作半透膜看待。液泡中的液体是具有一定浓度的溶液，表现出一定的渗透势，活细胞是一个渗透系统。当细胞和外界溶液接触时，便会发生渗透作用，与外界溶液发生水分交换，水分移动的方向决定于细胞内外的水势差。如果把细胞浸在高浓度的溶液中，外界溶液的渗透势比细胞的水势低，细胞内水分向外渗透，液泡失水体积缩小，原生质体也随着缩小，细胞壁的伸缩性有限，最初随原生质体一起收缩使整个细胞体积缩小。当原生质体继续缩小，细胞壁不能继续收缩，随即原生质体与细胞壁逐渐分开，开始只是在细胞的角上先分离，后来，分离的部分越来越大，最后完全分开，原生质体缩成球形（图 3-2）。细胞由于液泡失水而使原生质体和细胞壁分离的现象称为质壁分离，这个现象可以说明原生质层具有半透膜的性质，植物细胞是个渗透系统。

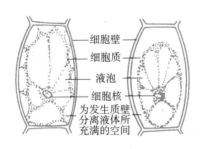

细胞壁
细胞质
液泡
细胞核
为发生质壁
分离液体所
充满的空间

图 3-2　植物细胞的质壁分离
（陈忠辉 . 2001. 植物生理学）

如果把发生了质壁分离的细胞从高浓度溶液中移入低浓度溶液或清水中，外界水势高于细胞的水势，水向细胞内渗透，液泡吸水体积增大，整个原生质体恢复到原来的状态，这一现象称为质壁分离复原。应当指出，原生质层不是理想的半透膜，实际上溶质也可以缓慢地通过原生质层进入液泡，因此在高浓度溶液中，开始会发生质壁分离，随着溶质逐渐进入细胞，降低了细胞的水势，外界水分就逐渐进入细胞，最后也会使质壁分离复原。

利用质壁分离的方法可以测定细胞的渗透势，也可以判断细胞的死活，因为只有活细胞才有半透膜的性质，才能产生质壁分离现象。

植物体内水分的进出由细胞与周围环境之间的水势决定，水总是由水势高的部位向水势低的部位移动。相邻细胞间的水分移动方向是由两者的水势差决定的。

植物体相邻细胞之间水分的移动方向，也是决定两细胞之间水分移动的方向（图 3-3）。图中 A 细胞的溶质势为 $-12 \times 10^5 \, \text{Pa}$，压力势 $6 \times 10^5 \, \text{Pa}$，水势为 $-6 \times 10^5 \, \text{Pa}$；B 细胞的溶质为 $-10 \times 10^5 \, \text{Pa}$，压力势 $2 \times 10^5 \, \text{Pa}$，水势为 $-8 \times 10^5 \, \text{Pa}$。前者水势高，后者水势低，因此水分从 A 细胞流向 B 细胞。由此可见，不仅水分进出细胞决定于细胞与外液间存在的水势差，而且在相邻细胞间水分移动也决定于水势差，并由高水势区向低水势区运转。当多个细胞连在一起时，其间存在着水势梯度，那么水分总是从水势高的细胞向水势低的细胞运转。

因此，在正常情况下植物根系从土壤中吸

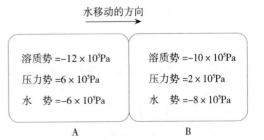

水移动的方向 →

溶质势 =-12×10^5 Pa	溶质势 =-10×10^5 Pa
压力势 =6×10^5 Pa	压力势 =2×10^5 Pa
水　势 =-6×10^5 Pa	水　势 =-8×10^5 Pa
A	B

图 3-3　两个相邻细胞间水分移动的图解
（陈忠辉 . 2001. 植物生理学）

收水分，由地下部运至地上部，总是沿着水势梯度由根向叶输送。

（2）吸胀作用。干燥种子之所以会大量而快速地吸水，是因为亲水胶体吸水膨胀的缘故。

干燥种子的细胞中，细胞壁的成分纤维素和原生质成分蛋白质等生物大分子都是亲水性的，而且都处于凝胶状态，它们对水分子的吸引力很强，这种吸引水分子的力称为吸胀力。因吸胀力的存在而吸收水分子的作用称为吸胀作用。蛋白质类物质吸胀力最大，淀粉次之，纤维素较小。因此，大豆等富含蛋白质的豆类种子吸胀力很大，禾谷类种子的吸胀力较小。

一般来说，细胞形成中央液泡之前主要靠吸胀作用吸水。如干燥种子的萌发吸水、果实种子形成过程中的吸水、根尖和茎尖分生区细胞的吸水等，主要是吸胀吸水。吸胀过程中的水分移动方向，也是从水势高的区域流向水势低的区域。细胞内亲水物质通过吸胀力而结合的水称为吸胀水，它是束缚水的一部分。

2. 植物的需水量　植物的一生中，需水量因植物干重的增加和水分的消耗而变动。各种植物一生中都有一定的需水量。植物在生长过程中，需水量的变化规律是由小到大，因为植物个体不断长大，蒸腾面积也不断增加，所以需要水分就相对增多。如早稻苗期，由于蒸腾面积较小，水分消耗不大，进入分蘖期后，蒸腾面积扩大，气温也逐渐转高，水分消耗量也明显加大；到孕穗开花期耗水量达最大值；进入成熟后，叶片逐渐衰老脱落，耗水量又逐渐减少。

3. 植物需水临界期　植物需水临界期指植物生活周期中，对水分最敏感的时期。这个时期供水充足与否对植物的产量形成影响极为明显。一般而言，植物的水分临界期多处于花粉母细胞四分体形成期，这个时期一旦缺水，就使性器官发育不正常。如小麦一生中有两个水分临界期，第一个是孕穗期，这期间小穗分化，代谢旺盛，性器官的细胞黏性与弹性均下降，细胞液浓度很低，抗旱能力最弱，如果缺水，小穗发育不良，特别是雄性生殖器官受阻或畸形发展；第二个是从开始灌浆到乳熟末期，这个时期营养物质从母体各部输送到籽粒，如果缺水，一方面影响旗叶的光合速率和寿命，减少有机物的制造，另一方面使有机质液流运输变慢，造成灌浆困难，空瘪粒增多，产量下降。其他植物也有各自的水分临界期，如玉米在开花至乳熟期，豆类、花生、油菜在开花期，向日葵在花盘形成至灌浆期，马铃薯在开花至块茎形成期，棉花在开花期、铃期等。

4. 植物最大需水期　植物的一生中，苗期、成熟末期需水都比较小，而在植物生长中后期，需水最多。如大豆最大需水期是开花至鼓粒期，占其一生总需水量的45％～50％，这一时期是大豆营养生长与生殖生长同时并进期，光合作用、呼吸作用、蒸腾作用、物质吸收转化与运输分配均达到高峰，干物质积累迅速增加，大量的营养物质向生殖器官转运。

二、蒸腾作用

水既是植物体的重要组成物质，又是植物生活中不可缺少的条件。植物一生中需要消耗大量的水分才得以维持生活。一般，一株向日葵或玉米一生需水200kg以上。消耗的水分并非完全用于组成植物体本身，只有0.15％～0.20％用于组成植物体，绝大部分（约99.80％以上）是通过蒸腾作用散失掉了。植物通过地上部的器官（主要是叶）以蒸汽状态散失水分的过程称蒸腾作用。这个过程既受外界条件影响，也受植物体本身的结构和生理状态的控制与调节，因而较一般物理蒸发复杂得多。

（一）蒸腾作用的意义

蒸腾作用是植物吸水和水分向上运输的主要动力之一，能降低植物及叶面的温度，可以引起木质部的液流上升，有助于根部吸收的无机离子以及根中合成的有机物转运到植物体的各部分，满足生命活动需要，同时还有利于气体交换。

（二）蒸腾作用的特征

1. 蒸腾作用的方式　蒸腾作用的主要方式有两种：

（1）通过植物叶片上的气孔进行蒸腾，称为气孔蒸腾。

（2）通过角质层的蒸腾，称为角质蒸腾。一般植物成熟叶片的角质蒸腾仅占蒸腾量的5%～10%。

木本植物茎枝上的皮孔也可以蒸腾，称为皮孔蒸腾。但是皮孔蒸腾的量只占全蒸腾量的0.1%左右，因此，气孔蒸腾是植物蒸腾作用的最主要形式。

2. 蒸腾作用的指标　往往将蒸腾作用的强弱作为植物水分代谢的一个重要生理指标，在一定程度上反映植物水分代谢的状况或植物对水分利用的效率。常用的指标是：

（1）蒸腾速率。指植物在一定时间内，单位叶面积蒸腾的水量，一般以克/（米^2·时）表示。大多数植物的蒸腾速率白天为 $0.5\sim2.5g/(m^2 \cdot h)$，夜间是 $0.1g/(m^2 \cdot h)$。

（2）蒸腾效率。指蒸腾失水 1kg 时所形成的干物质的克数。植物蒸腾效率越大，表示对水分的利用越经济。

（3）蒸腾系数。指形成 1g 干物质所消耗水分的克数，它是蒸腾效率的倒数，大多数植物蒸腾系数在 100～500，蒸腾系数越小，植物对水分的利用效率越高。

3. 影响蒸腾作用的外界条件　蒸腾作用不仅受植物本身形态结构和生理状况的影响，同时也受外界环境条件的影响。

（1）光照。光照是影响蒸腾作用的主要外界条件。光照使叶温升高，加速叶肉组织水分蒸发，提高叶肉细胞间隙的蒸气压，光照使大气温度上升而使大气中的相对湿度下降。一般叶温常比气温稍高些，这样更增大了叶内外的蒸气压，有利于加速水蒸气向外扩散。同时光照使气孔开放，减少蒸腾的阻抗，加速了蒸腾作用。

（2）大气湿度。大气相对湿度和蒸腾强度有密切关系。正常叶片的气孔下腔的相对湿度一般在91%左右，当大气相对湿度在40%～48%时，叶内外的蒸汽压差较大，蒸腾作用能顺利进行。如外界相对湿度增大，叶内外蒸汽压差减小，蒸腾强度就要减弱。天气干旱，由于叶内外蒸汽压差扩大，蒸腾速率加速。

（3）温度。当土壤温度升高时，有利于根系吸水，促进蒸腾作用的进行。当气温增高时，增加了水的自由能，水分子的扩散速度加快，使植物的蒸腾速率加速。因此，在一定范围内温度升高，蒸腾作用加强。

（4）风。微风促进蒸腾，因为风能将气孔外边的水蒸气吹散，补充一些相对湿度较低的空气，扩散层变薄或消失，叶外的扩散阻力减少，蒸腾作用加强。可是，强风反而使蒸腾作用减弱。因为强风可引起气孔关闭，同时使叶片温度下降。

蒸腾作用受许多环境因子综合影响，其中光是主导因子。因为光影响温度，温度又影响湿度。一般在晴朗无风的夏天，土壤水分供应充足，空气又不太干燥时，作物一天的蒸腾变化情况是清晨日出后，温度升高，大气湿度下降，蒸腾作用随之增强，一般在 14 时前后达到高峰；14 时以后由于光照逐渐减弱，植物体内水分减少，气孔逐渐关闭，蒸腾作用随之下降，日落后蒸腾作用降到最低点。

项目二　植物生产的水分环境

一、大气水分

大气中的水分是大气组成成分中最富于变化的部分。水分含量多少对植物的生长发育起着重要的作用。大气中水分的存在形式有气态、液态和固态。多数情况下，水分是以气态存在于大气中，三种形态在一定条件下可相互转化。

（一）空气湿度

空气湿度是表示空气中水汽含量和潮湿程度的物理量。在自然环境中不断地进行着水分循环，水分由下垫面蒸发变成水汽分布于大气中，在大气中凝结聚集成云，然后又以降水的形式降至地面。

1. 空气湿度的表示方法　最常用的有以下几种：

（1）水汽压。大气中由水汽所产生的分压强称为水汽压。

水汽压的日变化有两种类型，即单波形和双波形。单波形是水汽压一天内有一个峰值和一个谷值。湿度的峰值、谷值和温度一样，峰值在午后，谷值在清晨。这种类型多出现在海洋上，沿海地区和大陆乱流不强的秋冬季节也可出现（图3-4虚线）。双波形是水汽压一天内有两个高值、两个低值。两个低值分别出现在清晨温度最低时和午后乱流最强时；两个高值分别出现在9～10时和21～22时，这时温度不低，蒸发较快，乱流输送较弱，是空气中水分子聚集条件较好的时刻。这种类型多出现在大陆上乱流较强的夏季（图3-4实线）。

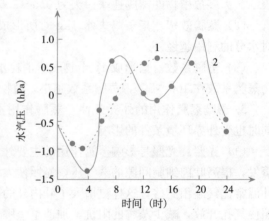

图3-4　水汽压的日变化
1. 秋季（单峰型）　2. 夏季晴日（双峰型）
（闫凌云．2001．农业气象）

在温度一定的条件下，一定体积的空气中能容纳的水汽分子数是有一定限度的。如果空气中的水汽量正好达到或超过某一温度下空气所能容纳水汽的限度，则水汽已达到饱和或过饱和，这时的空气称为饱和空气。饱和空气中的水汽压，称饱和水汽压。饱和水汽压随温度的升高而很快增大。饱和水汽压除与温度有关外，还与物态、蒸发面的形状、液体的浓度等因子有关。冰面的饱和水汽压比水面的小，凹面的饱和水汽压比平面的小，平面的又比凸面的小。随着表面曲率的增加，饱和水汽压增大，水的饱和水汽压比溶液的大，溶液浓度增加，饱和水汽压减少。

（2）相对湿度（r）。指空气中实际水汽压（e）与同温度下饱和水汽压（E）的百分比，即 $r=\dfrac{e}{E}\times100\%$。相对湿度表示空气中水汽的饱和程度。在一定温度条件下，E 不变时，水汽压愈大，空气愈接近饱和。当 $e=E$ 时，$r=100\%$，空气达到饱和，称为饱和状态；当 $e<E$ 时，即 $r<100\%$，称为未饱和状态；当 $e>E$ 时，即 $r>100\%$ 而无凝结现象发生时，也称饱和状态。

（3）饱和差（d）。指在一定温度下，饱和水汽压和实际水汽压之差。饱和差表示空气中的水汽含量距离饱和的绝对数值。一定温度下，e 愈大，空气愈接近饱和，当 $e = E$ 时，空气达到饱和，这时候 $d = 0$。

（4）露点（r）。气温愈低，饱和水汽压就越小，所以对于含有一定量水汽的空气，在气压不变的情况下降低温度，使饱和水汽压与当时实际水汽压值相等，这时的温度就成为该空气的露点温度，简称露点，单位用℃。实际气温与露点之差表示空气距离饱和的程度。如果气温高于露点，则表示空气未达饱和状态；气温等于露点时，则表示空气已达到饱和状态；气温低于露点，则表示空气达到过饱和状态。

2. 空气湿度的变化规律

（1）绝对湿度的日变化。绝对湿度的日变化有两种类型。

①单波型日变化。即绝对湿度的日变化与温度的日变化一致。一天中有一个最大值和一个最小值。最大值出现在午后温度最高的时候即 14～15 时，最小值出现在日出之前。单峰型的日变化，多发生在温度变化不太大的海洋、海岸地区及寒冷季节的大陆和暖季潮湿地区。

②双波型日变化。在一天中有两个最大值和两个最小值，两个最大值分别出现在 8～9 时和 22～21 时。两个最低值分别在日出前和 15～16 时。双峰型的日变化常出现在温暖季节的大陆上（图 3-5）。

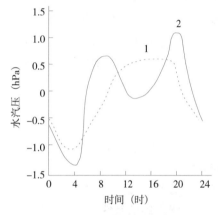

图 3-5 绝对湿度的日变化
1. 单峰型 2. 双峰型
（闫凌云 . 2001. 农业气象）

（2）绝对湿度的年变化。绝对湿度的年变化与气温的年变化相似。一年中绝对湿度最大值出现在气温最高的月份，一般在 7 月；最小值出现在气温最低的月份，一般在 1 月。在海洋或海岸地方，绝对湿度最大值出现在 8 月，最小值一般在 2 月。

（3）相对湿度的日变化。相对湿度的日变化与气温的日变化相反。相对湿度与水汽压及气温有关。当气温升高时，水汽压及饱和水汽压都随之增大，但是饱和水汽压的增大要比水汽压快，因而水汽压与饱和水汽压的百分比就变小，也就是相对湿度变小。反之，气温降低时，相对湿度就增大。所以，一天中相对湿度的最大值出现在气温最低的清晨，最小值出现在 14～15 时（图 3-6）。

（4）相对湿度年变化。相对湿度的年变化一般与气温的年变化相反。温暖季节相对湿度小，寒冷季节相对湿度大。但在季风区由于夏季有来自海洋的潮湿空气，冬季有来自大陆的干燥空气，因此使相对湿度的年变化与温度年变化相似。

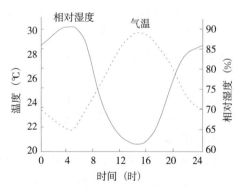

图 3-6 相对湿度的日变化
（闫凌云 . 2001. 农业气象）

（二）水分蒸发

1. 水面蒸发 水面蒸发是一个复杂的物理过程，它受好多气象因子影响。水温愈高，蒸发愈快。因水温增高，水分子运动加快，逸出水面的可能性增大，因而进入空气中的水分子就多。饱和差大，蒸发就快。饱和差大，表示空气中水分子少，水面分子就易溢出进入空气中。风速愈大，蒸发愈快。风能使蒸发到空气中的水分子迅速扩散，减少蒸发面附近的水汽密度。气压愈低，蒸发愈快。水分子溢出水面进入空气中要反抗大气压力做功，气压愈大，气化时做功愈多，水分子气化的数量就愈少。

2. 土壤蒸发 土壤水分蒸发到大气中的过程，称为土壤蒸发。土壤水分的蒸发过程比较复杂，其蒸发速度除受气象因子和土壤温度的影响外，还决定于土壤的性质、表面状况及地形、方位等。土壤水分蒸发随着土壤由湿变干，一般分为三个阶段。

（1）第一阶段。土壤由于降水、灌溉或土壤毛细管吸水作用，土表层土壤水分充分湿润时，土壤蒸发主要发生在土表，其蒸发速率与同温度的水面蒸发相似。影响水面蒸发的气象因子同样影响土表的蒸发速率。在这个阶段，可以采取松土切断毛细管减少蒸发。

（2）第二阶段。这时土表层已因蒸发而变干，蒸发面下降。土壤内部蒸发的水汽通过表土层的孔隙进入大气。这一阶段土壤蒸发速率已经减小，蒸发速率受水分从土壤下层向上转移速度的限制，而受气象因子的影响减小。这个阶段可采取镇压的措施来保墒，减少土表的孔隙度，改变土壤透气性，保持土壤水分。

（3）第三阶段。土壤含水量已经很低，植物已开始萎蔫，这时土壤毛细管吸水作用已经停止。在这阶段，土壤蒸发主要受水汽从下层土壤向表层扩散速度的影响，而扩散速度主要取决于土壤的孔隙度和土粒大小，这时土表干土层已相当厚，必须及时灌溉才能满足植物对水的需要。

（三）水汽凝结

1. 水汽凝结的条件 水汽由气态转变为液态的过程称为凝结。大气中的水汽发生凝结的条件是大气中的水汽要达到饱和或过饱和状态，必须具有凝结核。

（1）水汽达到饱和。大气中的水汽达到饱和或过饱和的途径有两种：

①在一定温度下增加大气中的水汽含量，使水汽压增大。

②在水汽含量不变的条件下，使气温降低到露点或露点以下。

一般导致水汽凝结有四种方式：暖空气与较冷的下垫面接触、辐射冷却、两种温度不同而且都快要饱和的空气相混合，空气上升发生绝热冷却。

（2）凝结核。在水汽发生凝结过程中起着核心作用的小质点，称为凝结核。进入大气中的氯化物、硫化物、氮化物和氨等都是吸湿性很强的凝结核。此外，大气中的尘粒和微小的有机物，也能把水汽分子吸附在它们表面形成小水滴或小冰晶。

2. 水汽凝结物 露、霜、雾、云等称为地面和地面物上的凝结物。

（1）地面水汽的凝结物。露和霜是地面和地面物表面辐射冷却，温度下降到空气的露点以下时，空气接触到这些冷的表面，而产生的水汽凝结现象。如露点高于 0℃，就凝结为露；如果露点低于 0℃，就凝结为霜。

露和霜形成于强烈辐射的地面和地面物表面上，形成露和霜的条件是在晴朗、无风或微风的时候，热导率小的疏松土壤表面。凡是辐射能力强、表面积大且粗糙的地面，晚间冷却较强烈，易于形成露或霜，低洼的地方和植株的枝叶面上，夜间温度较低而且湿度较大，所以露和霜较重。

（2）大气中的凝结物。

①雾。当近地气层温度降低到露点以下时，水汽发生凝结成水滴或冰晶，弥漫成乳白色带状，使水平方向上的能见度减小的现象称为雾。

雾按其成因不同，可以分为多种，最常见的有辐射雾和平流雾。

a. 辐射雾。由于夜间地面和近地面空气的辐射冷却而形成。这种雾大多发生在晴朗、无风或微风，同时空气中又有足够水汽含量。日出后因地面开始增温而逐渐消失。辐射雾出现的范围小，最强烈的辐射雾在大陆上以春季或秋季为最多。在潮湿的草地上以及低洼的地方，辐射雾出现的机会较多，而且较强。

b. 平流雾。由暖湿空气移到冷的下垫面上时形成的。这种雾的范围广而且浓厚，在昼夜任何时间里都可形成。在寒冷的季节里，海洋上的暖湿空气移到大陆上时，能形成平流雾。冷、暖洋流汇合的地带，一年四季都可出现平流雾。

平流雾的形成条件：一是暖空气的湿度较大；二是气层层结较稳定；三是暖湿空气与冷下垫面的温差较大，这样可使暖空气温度有较大的下降，利于达到饱和，且利于形成平流逆温；四是适中的风速，风速一般为 $2\sim7m/s$。因为风速过小不能保证暖湿空气以一定速度吹向冷气下垫面，同时也不能产生适当的垂直混合。

平流雾的特点是日变化不明显，一天中任何时间均可能出现或消散。雾的厚度较大，可达几十米至几千米。范围也广，可达数百公里。海上平流雾持续时间长，有时可达几天。陆上平流雾则往往是先暖湿平流后辐射冷却形成平流辐射雾。

②云。云是自由大气中的微小水滴或冰晶或者两者混合组成的可见悬浮物。云的形成基本条件有：一是充足的水汽；二是有足够的凝结核；三是使空气中的水汽凝结成水滴或冰晶时所需的冷却条件。

形成云的主要原因是空气的上升运动把低层大气的水汽和凝结核带到高层，由于绝热冷却而产生降温。当温度降低到露点以下时，空气中的水汽达到过饱和状态，这时水汽便以凝结核为核心，凝结成微小的水滴或冰晶，即是云。反之，空气的下沉运动，由于绝热增温而使云消散。

（四）降水

云中的水分以液态或固态的形式降落到地面上的现象，称为降水。包括雨、雪、霰、雹等。

1. 降水条件　降水产生于云中，有云未必有降水。云滴要成为雨滴下降到地面，云滴是非常小的，其直径在 $5\sim50\mu m$，下降速度慢。因空气浮力及上升气流作用而悬浮于空中，要使云层产生降水，必须使云滴增大到其受重力下降的速度超过上升气流的速度，并在下降过程中不被全部蒸发。因此，降水的条件：

①要有充足的水分。

②要使气块能够抬升并冷却凝结。

③要有较多的凝结核。

2. 降水的种类

（1）按降水物态形状分类。

①雨。从云中降到地面的液态水滴，直径一般为 $0.5\sim7.0mm$。雨滴下降的速度与直径

有关，雨滴越大，其下降速度也越快。

②雪。从云中降到地面的固态降水。当云层温度很低时，云中有冰晶和过冷却水同时存在，水汽、水滴表面向冰晶表面移动，在冰晶的角上凝华，使冰晶逐渐增大而降落到地面。雪大多呈六出分枝的星状、片状或柱状晶体。不很冷的时候，很多雪花合成团像棉絮状。降雪时天空大多是均匀密布的云层。

③霰。由白色或灰白色不透明的圆锥形或球形的颗粒状固态降水，直径 2～5mm，比较松软，易被捏碎。霰是冰晶降落到过冷水滴的云层中，互相碰撞合并而形成，或是过冷却水在冰晶周围冻结而成的。由于霰的降落速度比雪花大得多，着落硬地常反跳，霰常见于降雪之前。

④雹。由透明和不透明的冰层组成的固体降水物。雹是由霰粒在云中继续增大而形成的，其大小不一。它常发生在温暖季节有强烈上升气流的积雨云中。

（2）按降水性质分类。

①连续性降水。降水时间长，强度变化较小，降水范围较大，常降自雨层云中。

②阵性降水。降水持续时间短，强度大，常突然开始和停止，降水范围较小，而且分布不均匀，多降自积雨云中。

③毛毛状降水。极小的滴状液体降水，降水强度极小，通常降自层云或层积云。

（3）降水的表示方法。

①降水量。从云中降下来的液态水或融化后的固态水，在水平面上未经蒸发、渗透、流失所聚积的水层厚度称为降水量，以毫米为单位。

②降水强度。单位时间内的降水量。降水强度是反映降水急缓的特征量，单位是毫米/天或毫米/小时。按降水强度的大小可将降水分为若干等级（表 3-1）。

表 3-1　降水等级的划分标准

（宋志伟 . 2011. 植物生长环境）

种类	等级	小（mm）	中（mm）	大（mm）	暴（mm）	大暴（mm）	特大暴（mm）
雨	12h	0.1～5.0	5.1～15.0	15.1～30.0	30.1～60.0	≥60.1	—
	24h	0.1～10.0	10.0～25.0	25.1～50.0	50.1～100	100.1～200.0	>200.0
雪	12h	0.1～0.9	1.0～2.9	≥3.0	—	—	—
	24h	≤2.4	2.5～5.0	>5.0	—	—	—

在没有测量雨量的情况下，我们也可以从当时的降雨状况来判断降水强度（表 3-2）。

表 3-2　降水强度的判断标准

（宋志伟 . 2011. 植物生长环境）

降水强度等级	降 雨 状 况
小雨	雨滴下降清晰可辨，地面全湿。落地不四溅，但无积水或洼地积水形成很慢，屋上雨声微弱，檐下只有雨滴
中雨	雨滴下降连续成线，落硬地雨滴四溅，屋顶有沙沙雨声，地面积水形成较快
大雨	雨如倾盆，模糊成片，四溅很高，屋顶有哗哗雨声，地面积水形成很快
暴雨	雨如倾盆，雨声猛烈，开窗说话时，声音受雨声干扰而听不清楚，积水形成特快，下水道往往来不及排泄，常有外溢现象
中雪	积雪深达 3cm 的降雪过程
大雪	积雪深达 5cm 的降雪过程
暴雪	积雪深达 8cm 的降雪过程

二、土壤水分

土壤水分是土壤的重要组成部分，是植物吸水的主要来源。土壤的水分主要来自降水、灌溉和地下水。它以固态、液态和气态三种形态存在。植物直接吸收利用的是液态水，它是植物在土壤中进行各种活动不可缺少的条件。土壤水并非纯净水，而是稀薄的溶液，不仅溶有各种溶质，而且还有胶粒悬浮或分散于其中。土壤水的变化对土壤肥力起着重要的作用。

（一）土壤水分的形态及对植物的有效性

1. 土壤水分的形态 根据水分在土壤中的物理状态、移动性、有效性和对植物以及对其他生物的作用，可以把土壤水分分为吸湿水、膜状水、毛管水、重力水、气态水等不同的形态。

（1）吸湿水。由于固体土粒表面的分子引力和静电引力对空气中水汽分子的吸附力而被紧密保持的水分称为吸湿水。其厚度只有 2～3 个水分子层，受到土粒成千上万个大气压的吸引，分子排列紧密，密度在 1.2～2.4，平均达 1.5，无溶解力，不导电，冰点低，达－7.8℃，不能自由移动，也不能为植物利用。

土壤吸湿水的多少，一方面决定于周围的物理条件，主要是大气湿度与温度。大气湿度愈高，温度愈低，土壤吸湿水量愈多。在饱和水气中土壤吸湿水可达最大值，这时的含水量为最大吸湿量，称为吸湿系数。另一方面，土壤吸湿水多少还决定于土壤特性，主要是土壤质地、腐殖质含量等。土壤分散性越高，吸湿水含量也就越高（图 3-7）。

（2）膜状水。由土粒吸附周围的液态水，在土粒周围形成一层膜状的液态水即膜状水。膜状水的内层紧靠吸湿水，受吸附力强，随着水膜加厚吸附力逐渐减弱。膜状水能以缓慢的速度向液态转移，只有少部分能被植物吸收利用。通常在膜状水没有完全被消耗之前，植物已呈凋萎状态。当植物产生永久性凋萎时的土壤含水量，称为凋萎系数。它包括全部吸湿水和部分膜状水，是可利用水的下限。凋萎系数难以实际测定，常以测定的吸湿系数除以 0.68 作为凋萎系数的近似值。膜状水到达最大时的土壤含水量称为土壤的最大分子持水量，它是土壤借分子吸附力所能保持的最大土壤含量水，它包括吸附水汽加上液态水所形成的全部吸湿水和膜状水，其值为吸湿系数的 2～4 倍（图 3-8）。

图 3-7 土壤吸湿水形成模式
（邹良栋. 2004. 植物生长与环境）

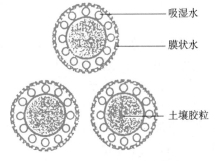

图 3-8 土壤膜状水形成模式
（邹良栋. 2004. 植物生长与环境）

（3）毛管水。由土粒间孔隙所表现的毛管力保持在土壤孔隙中的水称为毛管水。毛管水是土壤中最宝贵的水分，也是土壤的主要保水形式。这是因为：第一，毛管水数量多，分布广，全部是有效水，能被植物直接吸收利用，是生产上最有用的水分；第二，移动速度快，它可以向上下左右、四面八方较干土层不断地补给水分，及时地输送到根部附近，因此又称为速效水，只有极少数分布在极细小的毛管中的水分，移动性较差，称为迟效水；第三，毛管水有溶解养分的能力，随着毛管水移动，同时完成营养物质的输送任务。毛管水分悬着毛管水和上升毛管水两种。

①悬着毛管水。在地下水位很深的地区，降水或灌水之后，由于毛管力保存在土壤上层中的水分称为悬着毛管水。它与地下水无水压上的联系，不受地下水升降的影响，好像悬着在上层土中一样。当悬着毛管水达到最大数量时的土壤含水量称为田间持水量。它代表在良好排水条件下灌溉后的土壤所能保持的最高含水量。

②上升毛管水。地下水随毛管上升而被保持在土壤中的水分称为上升毛管水。土壤靠毛细管上升作用所能保持的最大水量称为土壤的毛管持水量。毛管上升水与地下水有水压上的联系，随着地下水位的变动而变化。当地下水位适当时，上升毛管水可达根分布层，是植物所需水分的重要来源之一。当地下水位很深时，它不能达到根分布层，不能发挥补给植物水分的作用。如果地下水位过浅则会引起湿害。

毛管水是土壤中可以移动的对植物最有效的水分，而且毛管水中还溶解有可供植物利用的易溶性养分，所以毛管水的数量对植物生长发育有重要意义。

毛管水的数量因土壤质地、腐殖质含量及结构状况不同而有很大差异。有机质含量低的沙质土，大孔隙较多，毛管孔隙少，仅土粒接触处能保持一部分毛管水，所以毛管水很少。在结构不良、过于黏重的土壤中，孔隙细小，所吸附的悬着水几乎都是膜状水。沙黏适当，有机质含量丰富，特别是具有良好团粒结构的土壤，其内部具有发达的毛管孔隙，可以吸收大量水分，毛管水量最大（图 3-9）。土壤毛管水的活动性能与土壤湿度有很大的相关性，土壤愈干，水分的活动愈小；反之，土壤愈湿，其中毛管水就愈易活动，也就愈易转运到相邻的比较干燥的土层中去。

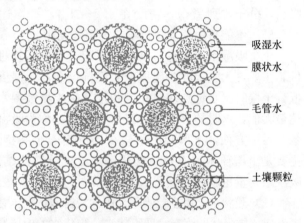

图 3-9　土壤吸湿水、膜状水、毛管水形成模式
（邹良栋 . 2004. 植物生长与环境）

（4）重力水。当土层的下部不受地下水顶托，土壤含水量超过田间持水量的那部分水量在重力作用下从土壤中垂直向下移动，这部分水称为重力水。土壤暂时为重力水所饱和时的含水量称为饱和持水量。

重力水渗入到下层较干燥的区域时，一部分转化为其他形态的水，如毛管水，另一部分水继续下渗，但水量逐渐减少，最后完全停止下渗。重力水下渗到地下水面时就转化为地下水，并抬高地下水位。

重力水能在重力影响下向下或侧向移动。在强烈地流入土壤表面时，可观察到两种现象：水分的渗吸和表面径流。土壤渗水性愈小，土壤愈潮湿；植被愈差、地形坡度愈大，地表径流也就表现的愈强烈。土壤冲刷与可溶性物质的流失是重力水地表径流的直接结果。假若土壤已相对干燥，那么，在水从地表进入土壤时，最初占优势的是重力水的土壤渗吸。渗吸是由重力、水分毛管扩散和薄膜扩散的共同作用下引起的。因此，渗吸的方向不只是向下，而且部分从出现自由水的地点向各个方向渗吸。

（5）气态水。土壤空气中任何时候都存在有水汽，它与土壤空气形成气态混合物。在大多数情况下，土壤空气被水汽饱和达 100%，这时土壤中水汽的含量约为 0.001%。只有在土壤湿润程度小于所谓最大吸湿量时，土壤空气的湿度才低于100％。温度增高时，土壤空气中水汽压力随着增大，温度降低导致空气被水汽饱和和水汽凝结。水汽不断地在土壤中形成，不断地从这一部分土层进入另一部分土层，并以凝结或吸附方式，不断地转变为其他形态的水。负温引起气态水特别强烈和快速地凝结与冻结成冰。在大气压力、温度、湿度变化的影响下，气态水被迫随着土壤空气在土壤中移动，或者由于水汽压力梯度的存在，以扩散的方式积极地移动。水分以气态运动时，营养物质和盐类自然不迁移，但是气态水形成过程经常伴随着原先存在于溶液中的物质在蒸发层中的积累。

2. 土壤水分对植物的有效性

（1）土壤水分常数。指在一定土壤水吸力水平下保持的含水量或是指一种水分形态向另一种水分形态过渡时的含水量。对某一土壤来说，土壤所能保持的各种水分形态类型的最大数值变化很小或基本恒定，称为土壤水分常数。吸湿系数、凋萎系数、最大分子持水量等都是常见的水分常数。土壤水分常数反映了土壤的持水量和含水量的大小，对研究土壤水分状况及其对植物有效性有重要意义。

（2）土壤水分的有效性。土壤中各种形态的水分中可以被植物吸收利用的水分称为有效水；不能被植物吸收利用的水分称为无效水。土壤水分对植物是否有效，主要取决于土壤对水分的保持力及植物根系的吸水力。因此多数土壤水分必须在土壤中流动一段路程，才能达到根部。当土壤水分含量充分，土壤水吸力较小时，植物吸水容易。随着水分的蒸发和被植物吸收，根际土壤水分越来越少，土壤水吸力越来越大，植物吸水就会越来越困难。如果没有水从附近流向根际，最后土壤水吸力将趋向于和植物根部水吸力平衡，植物吸水就会停止。要使附近水流向根部，不仅要它的水吸力低于植物根部，还要有足够速率流向根部，以补偿植物蒸腾的需要。如果流动速率不能满足植物的需要，植物就会萎蔫。如果将萎蔫植物置于水汽饱和的大气中12h仍不能恢复，这时土壤的含水量范围称为萎蔫系数（或称为永久萎蔫点）。大量实验表明，达萎蔫范围时土壤水吸力平均约15Pa。所以一般以土壤达15Pa时的含水百分率当作萎蔫系数。萎蔫系数可以看作是土壤有效水的下限。

土壤有效水的上限，在旱地中一般认为是田间持水量。田间持水量代表着旱地耕层土壤对抗重力所保持的最大水量。土壤水分达到田间持水量时其能量水平已接近自由水，吸力在1/3Pa左右，这时水分有效性最高（图3-10）。

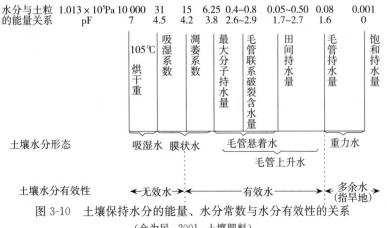

图3-10　土壤保持水分的能量、水分常数与水分有效性的关系

（金为民．2001．土壤肥料）

(二) 土壤含水量的表示方法

表示土壤含水量的方法很多，常用的有以下几种：

1. 质量百分数 指土壤中水分质量占烘干土质量的百分数，是常用的土壤含水量表示方法。可用下式表示：

$$土壤含水量=\frac{湿土质量-烘干土质量}{烘干土质量}\times100\%$$

2. 容积百分数 指土壤水分容积占土壤容积的百分数。它可以表明土壤水分占据土壤孔隙的程度和土壤中水、气的比例。在常温下土壤水的密度为 $1g/cm^3$。土壤水的容积百分数可用下式表示：

$$\frac{土壤水分}{容积百分数}=\frac{湿土质量-烘干土质量}{烘干土质量}\times\frac{土壤容}{质量}\times100\%=\frac{质量}{百分数}\times土壤容重$$

如：土壤含水量为 20%（重量百分数），土壤容重为 1.2，其水分容积百分数＝20%×1.2＝24%。

又如：该土壤孔隙度为 55%，则空气所占的容积＝55%－24%＝31%。

3. 相对含水量 指土壤含水量占田间持水量的百分数。可用下式表示：

$$土壤相对含水量=\frac{土壤实际含水量}{田间持水量}\times100\%$$

4. 贮水量 指一定面积和深度土层内水的容积，以土壤贮水量（m^3/单位面积）表示。

项目三　植物生产的水分环境调控

土壤中的水分主要来自降水和人工灌溉，进入土壤中的水分一部分贮存在耕作层，一部分下渗到底层，大部分以水汽通过蒸发和蒸腾进入大气，少量成为植物体的成分。

土壤保持水分，主要靠土粒的总表面积及土粒之间的毛管孔隙，因此在生产上通过合理的耕作措施，改善土壤的物理性状，调节水、气矛盾，为植物生长发育创造良好的环境条件。合理深耕能打破犁底层，加厚土层，增加土壤总孔度和空气孔度，增加土壤蓄水和透水性。深耕结合施用有机肥，能有效地提高土壤肥力。也可以通过增施有机肥料、种植绿肥、合理轮作等措施提高土壤有机质含量。创造良好的土壤结构和孔隙状况，增加土壤的蓄水性和透水性，使土壤保持较多的有效水，减少地面径流，更多地保蓄和利用自然降水。

良好的土壤结构，就能促进水分渗透，减少土壤地表蒸发，防止土壤冲刷，节约用水，消除杂草，充分发挥有效水的效能。根据植物需水的规律和土壤供水的特点，充分利用适时、适量的灌溉并与施肥有机地结合起来，既能提高水分利用率，又能提高养分利用率。如若土壤水分过多应及时排除，否则会造成植物的呼吸困难，使根系死亡，影响根对水分的吸收。

一、集水与蓄水

降落在陆地的水分，一部分汇集于江河，形成地表径流；另一部分渗入土壤岩石，成为地下径流，两者经常相互转化。所以，要防止径流流失，有效利用这部分水量就要建一些蓄水工程。

1. 水库　指在山沟或河流的狭口处建造河栏、河坝形成的人工湖泊。水库有防洪、蓄水、灌溉、供水、供电等作用。水库规模通常按库容大小划分。一般可分为大型水库、中型水库、小型水库3种。

2. 塘坝　介于水库和方塘之间的蓄水设施。

3. 方塘　自然形成的沟和人工堆成的坑地，一般蓄水能力较小，只能用于养殖，很少用于灌溉。

降水产生的地面径流不能及时排出就会形成积水，如不采取措施就要形成涝灾。解决的办法就是要在易形成积水的地区修建排水站，及时将积水排出。因此，不但要兴建一些水利工程，更重要的是在河流流域内广大面积上开展水土保持工作。

二、节水灌溉

目前采用的节水灌溉方法主要有以下几种：

1. 地下灌溉　利用修筑在地下埋设有孔塑料管，将水引入田间，借毛细管上升作用由下而上湿润耕层土壤。这种方法，减少了土壤水分的蒸发，节约用水，又不使土壤板结，保持土壤疏松和透气性。

2. 喷灌　将具有一定压力的水喷射到空中形成细小水滴，洒落在植物的茎叶上和地面上的一种灌水方式。喷灌具有很多优点：节约用水；管道埋于地下减少沟渠的面积；喷水量比较均匀，容易控制，避免水、土、肥的流失；能调节田间小气候，冲洗掉茎叶上的灰尘，节省劳动力。但喷灌受风力影响较大，在3～4级以上风力时，部分水滴在空中被风吹走，使喷灌的均匀性变差。

3. 滴灌　利用具有一定压力的灌溉水通过管道和管道滴头，把灌溉水一滴一滴地滴入植物根部附近，在重力和毛细管作用下渗入土壤，不破坏土壤结构，避免了输水损失和深层渗漏，同时也减少了土壤蒸发损失。因此，滴灌的优点就是省水、省工、省肥、省地，达到增产目的。

三、少耕免耕

1. 少耕　少耕的方法主要有以深松代翻耕，以旋耕代翻耕、间隔带状耕种等。松土播种法就是采用戳形或其他松土器进行松土，然后播种。带状耕作法是把耕翻局限在行内，行间不耕地，植物残茬留在行间。

2. 免耕　由少耕发展而来，主要是运用化学除草技术，采取秸秆覆盖以保持土壤自然构造和团粒结构，减少土壤水分蒸发，增加土壤贮水量，增加土壤有机质，创造植物良好的生态环境。

免耕具有优点为省工省力；省费用、效益高；抗倒伏、抗旱、保苗率高；有利于集约经营和机械化作业。

四、地面覆盖

地面覆盖是指利用各种覆盖物，采取不同的覆盖方式，对植物进行保护性种植的一种形式。地面覆盖的种类有：

1. 地膜覆盖　可提高地温，抑制土壤蒸发、保墒，稳定耕层含水量，改善土壤营养状况，有显著的增产作用。

2. 化学覆盖 利用化学药剂，喷洒到土壤表面，形成一层覆盖膜，抑制土壤水分蒸发，并有增温保墒作用。

3. 秸秆覆盖 将秸秆覆盖于已翻耕过或免耕的土壤表面，有利于改善土壤结构，协调养分分配状况，保持水土不被流失，提高降水的保蓄能力。

五、耕作保墒

耕作保墒的主要措施包括适当深耕、中耕松土、表土镇压、创造团粒结构体、植树种草、水肥耦合、化学制剂保水节水等。

六、水土保持

（一）水土保持的意义

水土保持可营造水土保持林，调节径流；防止侵蚀，改善小气候；保护生物的多样性，减少水、旱、泥沙灾害；增加蓄水能力，提高防水资源的有效利用。

（二）水土保持的途径

1. 等高梯田（水平梯田） 将陡坡变成带状平地，可以防止雨水侵蚀冲刷，使耕作、管理等得到大的改善。

建设高标准等高梯田，是搞好水土保持，保证作物高产、稳产的主要措施。通过修筑等高梯田，缩短坡长，降低坡度，可以有效控制水土流失。开垦等高梯田，除注意做好工程措施外，应结合做好生物措施，注意保护好原有的植被，留好草带，以减少地表径流，取得更好的水土保持效果。

2. 撩壕 按等高线挖成等高沟，把挖出的土在沟外侧堆成土埂，这就是撩壕。撩壕可分为通壕与小坝壕两种。

（1）通壕。通壕的沟底呈水平式，因而壕内有水时，能均匀分布在沟内，水流速度缓慢，有利于水土保持。

（2）小坝壕。形式基本与通壕相似。在沟中每隔一定距离做一小坝，用以挡水和减低水的流速，故名小坝壕。此种方式较通壕优越，当水少时，水完全可以保持于沟内，水多时，则溢出小坝，朝低向缓慢流去。

3. 鱼鳞坑 近似半月形的坑穴，坑面低于原地面成水平面，一般长径为 $0.7\sim1.5$m，短径为 $0.6\sim1.0$m，深 $30\sim50$cm，外侧有 $20\sim30$cm 高的埂。适用于水土流失严重、地形破碎的山地。

鱼鳞坑是以株距为间隔，沿等高线测定栽植点，并以此为中心，由上坡取土垫于下坡，修成外高内低的半圆形土台，台面外缘用石块或土块堆砌。在筑鱼鳞坑的同时，可以以栽植点为中心挖穴，填入表土并混入适量的有机肥料，而后栽植植物。

4. 农田防护林 营造农田防护林，就要合理布设治沟工程和坡面截流工程。建立防护林体系，增加植被覆盖度，提高土壤肥力和大气湿度，防止土壤侵蚀。所以，要保护好沙生植被，保护好原有森林，重点营造农田防护林和工矿镇绿化；把农田防护林、防风固沙林、经济林、用材林结合起来，形成防护林体系。以灌木为主，草、灌、乔相结合，充分发挥其防风固沙、改善气候、改良土壤、美化环境的作用。

实验实训一 土壤含水量的测定

【能力目标】

能利用烘干法和酒精燃烧法测定土壤含水量。

【仪器设备、材料用具】

1. 仪器设备 烘箱、天平（感量为 0.01g）、分析天平（感量为 0.000 1g）。

2. 材料用具 铝盒、干燥器、量筒、火柴、石棉网（100cm²）、皮头滴管、铁锹、小刀、玻璃棒、95％酒精等。

【知识原理】

烘干法在 105℃±2℃温度下，水分从土壤中蒸发，将土壤样品烘至恒定质量，在此温度条件下，可使土壤吸湿水从土壤中蒸发，而不破坏结构水。通过烘干前后质量之差，可计算出土壤含水量。

酒精燃烧法是利用酒精在土壤中燃烧放出的热量使土壤水分蒸发干燥，通过燃烧前后质量之差，计算土壤含水量。

【操作步骤】

1. 烘干法

（1）取带盖铝盒洗净，编号，放在 105℃±2℃的烘箱中烘干，用坩埚钳取出放入干燥器中冷却至室温，然后在分析天平上称重（W_1），注意底、盖编号配套，以防混淆。

（2）称取风干土 5g 左右，均匀平铺在铝盒中，称取质量（W_2）。

（3）将铝盒盖子打开，放入烘箱中，铝盒盖放在铝盒的旁侧或倾斜放在铝盒上。在 105℃±2℃温度下烘 8h 左右。

（4）用坩埚钳将铝盒及盒盖取出，并将铝盒盖盖在铝盒上，立即放入干燥器中，冷却 20～30min，使冷却到室温，称取质量。再烘 2h，冷却，称至恒重（W_3）（前后两次称取质量之差不大于 3mg）。

（5）计算结果。

$$土壤含水量 = \frac{风干土质量 - 烘干土质量}{烘干土质量} \times 100\%$$

$$土壤含水量 = \frac{W_2 - W_3}{W_3 - W_1} \times 100\%$$

风干土重换算成烘干土重：

$$烘干土重 = 风干土质量 \times 土壤含水量$$

2. 酒精燃烧法

（1）将已干燥的铝盒称取质量（W_1）。

（2）取新鲜土 10g 左右，放入铝盒中，称取质量（W_2，精确至 0.01g）。

（3）向铝盒中滴加酒精，直到浸没全部土面为止，并在桌面上将铝盒敲击几次，使土样均匀分布于铝盒中。

（4）将铝盒放在石棉网，点燃酒精，在即将燃烧完时，用小刀或玻璃棒轻轻翻动土样，以助其燃烧。待火焰熄灭，样品冷却后，再滴加 2mL 酒精，进行第二次燃烧，再冷却，称重。一般情况下，要经过 3～4 次燃烧后土样才可达到恒定质量（W_3）。

（5）计算结果。同烘干法。

【作业】

1. 计算土壤含水量为什么要以烘干土为基础数？
2. 某土壤吸湿水含量为 4.5%，若称取风干土质量为 1.008 4g，求其烘干土质量。

实验实训二 土壤田间持水量的测定

【能力目标】

能利用烘干法和酒精燃烧法测定土壤田间持水量。

【仪器设备、材料用具】

1. 仪器设备 天平（感量为 0.01g）、烘箱。

2. 材料用具 环刀（100cm³）、滤纸、纱布、橡皮筋、玻璃皿、剖面刀、铁锹、小锤子、烧杯、滴管、铁框或木框（1m×1m 或 2m×2m、高 20～25cm）、水桶、铝盒、土钻等。

【知识原理】

田间持水量在地势高、水位深的地方是毛管悬着水最大含量，但在地下水位高的低洼地区，它则接近毛管持水量。它的数值反映土壤保水能力的大小。实际测量时常采用实验室法和田间测定法。

其测定原理是在自然状态下，加水至毛管全部充满，取一定量湿土放入 105～110℃烘箱中，烘至恒定质量。水分占干土质量分数即为土壤田间持水量。

【操作步骤】

1. 实验室法

（1）选点取土。在田间选择挖掘的土壤位置，用小刀修平土壤表面，按要求深度将环刀向下垂直压入土中，直至环刀筒中充满土样为止，然后用土刀切开环周围的土样，取出已充满土的环刀，细心削平刀两端多余的土，并擦净环刀。注意用环刀取土时要保持土壤的原样，不能压实，否则引起数值不准确。

（2）湿润土样。在环刀底端放大小合适滤纸 2 张，用纱布包好后用橡皮筋扎好，放在玻璃皿中。玻璃皿中事先放 2～3 层滤纸，将装土环刀放在滤纸上，用滴管不断地滴加水于滤纸上，使滤纸经常保持湿润状态，至水分沿毛管上升而全部充满达到恒定质量为止（W_2）。

（3）测定含水量。取出装土环刀，去掉纱布和滤纸，取出一部分土壤放入已知质量的铝盒（W_1）内称取质量，放入 105～110℃烘箱中，烘至恒重，取出称取质量（W_3）。

（4）结果计算。

$$质量田间持水量=\frac{湿土质量-烘干土质量}{烘干土质量}\times100\%$$

$$容积田间持水量=质量田间持水量\times容积$$

2. 田间测定法

（1）选择地点。在田间选择代表性的地块，其面积为 1m×1m 或 2m×2m，将地表弄平。地点选择时要注意代表性，应远离道路、大树、坑、建筑物等。

（2）筑埂。在四周筑起内外两层坚实的土埂，土埂高 20～25cm，内外埂相距 0.25m

（沙质土）或 1m（黏土），内外土埂之间为保护带，带中地面应与内埂中测区一样平。注意筑埂时一定要拍实，防止渗漏或串水。

（3）计算灌溉所需水量并灌水。一般按总孔隙度的 1 倍计算，然后按照需水量进行灌水，为防止水分蒸发，灌水后要用秸秆、塑料布进行及时覆盖。

（4）取样。灌水后沙壤土及轻壤土 1～2d，重壤土及黏土 3～4d，在所需深度用土钻进行取样。于测定区，按正方形对角线打钻，每次打 3 个钻孔，从上至下按土壤发生层分别采土 15～20g。

（5）测定含水量。将所采土壤迅速装入已知质量（W_1）的铝盒中盖紧，带回室内称取质量（W_2），在电热板上干燥，再放在烘箱中经 105℃烘至恒定质量（W_3），计算含水量。

（6）重复测定。1～2d 后再次取样，重复测定一次含水量，至土壤含水量的变化小于 1.0%～1.5%时，此含水量即为田间持水量。

（7）结果计算。同实验室法。

【作业】

分别用实验室法和田间测定法测定田间持水量。

实验实训三　空气湿度的观测

【能力目标】

会观测空气湿度。

【空气湿度观测仪器的构造原理】

干、湿球温度表是由两支型号完全一样的普通温度表组成的，放在同一环境中（如百叶箱）。其中一支用来测定空气温度，就是干球温度表，另一支球部缠上湿的纱布，称为湿球温度表。当空气中的水汽未饱和时，湿球温度表纱布上的水分就会蒸发。水分蒸发时要消耗热量，所以，湿球温度表的示度要比干球温度表低，空气愈干燥，蒸发愈快，示度低得愈多，干球与湿球的温度差愈大。反之，温度高，干、湿球温度差就小。只有当空气中的水汽达到饱和时，干、湿球温度才相等。

如果近似地只求相对湿度一项，可根据湿球温度与干球温度的差值，借助《湿度查算表》得到当时的空气相对湿度。

【湿球温度表的使用】

为使湿球示度正确，对湿球纱布、包缠方法、用水等有一定的要求。

1. 湿球包缠纱布　用工厂生产的吸水性能良好的专用纱布。要把湿球温度表从百叶箱内取出，先把手洗净后，再用清洁的水将温度表的球部洗净，然后将长约 10cm 的新纱布在蒸馏水中浸湿，使上端紧贴无皱折地包卷在水银球上（包卷纱布的重叠部分不要超过球部圆周的 1/4）。包好后，用纱线把高出球部上面的纱布扎紧，再把球部下面的纱布紧紧靠着球部扎好（不要扎得过紧），并剪掉多余的纱线。纱布的下部浸到一个带盖的水杯内，杯口距离湿球球部约 3cm，杯中盛蒸馏水，供湿润湿球纱布用。

2. 湿球用水　如果没有蒸馏水，可用清洁的雨雪水，但要用纸或棉花过滤。只有在确无办法的情况下才能用河水，但必须烧开、过滤、冷透至与当时的空气温度相近。井水、泉水禁止使用。水杯内的蒸馏水要经常添满，保持清洁，一般每周更换一次。

3. 湿球纱布结冰处理 当湿球纱布开始冻结后，应立即从室内带一杯蒸馏水对湿球纱布进行溶水，待纱布变软后，在球部下 2~3mm 处剪断，然后把湿球温度表下的水杯从百叶箱内取走，以防水杯冻裂。

气温在−10.0℃或以上时，湿球纱布结冰时，观测之前必须先进行湿球溶冰。溶冰用的水，温度不能过高，相当室内温度，能将湿球冰层溶化即可，将湿球球部浸入水杯中把纱布充化浸透，使冰层完全深化；如果湿球温度表的示度很快上升到 0℃，稍停一会再上升，就表示冰已溶化。然后把水杯移开，用杯沿将纱布头上的水滴除去。观测时如湿球纱布已冻结，应在湿球读数右上角记一"B"字。

【观测和记录】

干球温度表、湿球温度表的观测和记录与空气温度观测相同。将观测数据准确地记载在表 3-3 中。

表 3-3　空气相对湿度观测记录表

观测地点：　　　　　　　　　　　　年　月　日

观测时间（时、分）				
干球温度表读数（℃）				
湿球温度表读数（℃）				
干、湿球温度表读数差值（℃）				
查表得相对湿度（%）				

观测员：　　　　　　　　　　　　　　　　　　　　　　实训指导教师：

【空气相对湿度的查算】

在植物生产中空气相对湿度较为常用，为了方便起见，可以制成空气相对湿度查算表（表 3-4），从中查取相对湿度。

表 3-4　空气相对湿度查算表（%）

t_w	Δt														
	0.0	1	2	3	4	5	6	7	8	9	10	11	12	13	14	15
35	100	93	87	80	75	70	66	61	58	54	50	47	44	41	39	36
34	100	93	87	80	75	70	66	60	57	53	50	46	43	40	38	35
33	100	93	87	80	75	70	65	60	57	53	49	46	43	40	37	35
32	100	93	86	80	74	69	65	60	56	52	49	45	42	39	36	34
31	100	93	86	79	74	69	64	59	55	51	48	44	41	38	35	33
30	100	93	86	79	73	68	63	59	54	50	47	43	40	37	34	32
29	100	93	86	79	73	68	63	58	54	50	46	42	39	36	33	31
28	100	92	85	79	73	67	62	57	53	49	45	42	38	35	33	30
27	100	92	85	78	72	67	61	57	52	48	44	41	37	34	32	29
26	100	92	84	77	72	66	61	56	51	47	43	40	36	33	30	28
25	100	92	84	77	71	65	60	55	50	46	42	39	35	32	29	27
24	100	92	84	77	71	65	59	54	49	45	41	38	34	31	28	26
23	100	91	84	76	70	64	58	53	48	44	40	36	33	30	27	24
22	100	91	83	76	69	63	57	52	47	43	39	35	32	29	26	23
21	100	91	83	75	68	62	56	51	46	41	38	34	30	27	24	22
20	100	91	82	75	68	61	55	50	45	40	36	33	28	26	23	20
19	100	91	82	74	67	60	54	49	44	39	35	31	28	24	22	
18	100	90	81	73	66	59	53	48	42	38	34	30	26	23	20	
17	100	90	81	73	65	58	52	46	41	36	32	28	25	21		

（续）

t_w	Δt														
	0.0	1	2	3	4	5	6	7	8	9	10	11	12	13	14	15
16	100	90	80	72	64	57	51	45	40	35	30	26	23	20		
15	100	89	80	71	63	56	50	43	38	33	29	25	21			
14	100	89	79	70	62	55	48	42	36	31	27	23	19			
13	100	89	78	69	61	53	46	40	35	30	25	21				
12	100	88	78	68	60	52	45	39	33	28	23	19				
11	100	88	77	67	58	50	43	37	31	26	21	17				
10	100	88	76	66	57	49	41	35	29	23	19					
9	100	87	75	65	55	47	39	33	26	21						
8	100	87	74	64	54	45	37	30	24	18						
7	100	86	73	62	52	43	35	28	21							
6	100	85	72	61	50	41	33	25	19							
5	100	85	71	59	48	39	30	23	16							
4	100	84	70	57	46	36	27	20								
3	100	84	68	56	44	34	24	16								
2	100	83	67	54	41	31	21									
1	100	82	66	54	39	28	18									
0	100	81	64	49	36	25	14									
−1	100	80	62	47	33	21										
−2	100	79	60	44	30	17										
−3	100	78	58	41	26											
−4	100	77	56	38	22											
−5	100	75	53	36	18											
−6	100	74	51	31	14											
−7	100	72	48	27												
−8	100	71	46	23												
−9	100	69	42	18												
−10	100	67	38	13												

注：t 为干球温度；t_w 为湿球温度；Δt 为干湿球温度差（单位均是℃）。例如：干球 26℃，湿球 22℃。则 $\Delta t = 4$℃，查表湿球温度 22℃与 Δt 是 4℃的交点相对湿度是 69%。

【作业】

1. 当干湿球温度表的两个读数值相近（或相差很大）时，说明什么现象？

2. 在读数之前要检查什么？满足什么条件才能观测？

实验实训四 降水量与蒸发量的观测

【能力目标】

会观测降水量和蒸发量。

【材料用具】

雨量器、虹吸雨量计、小型蒸发器和专用量杯。

【降水量观测仪器的构造原理】

1. 雨量器 主体为金属圆筒，目前我国所用的雨量器筒口直径为 20cm，它包括盛水器、储水器、漏斗和储水瓶。每一个雨量器都配有一个专用的量杯，不同雨量器的量杯不能混用。

盛水器为正圆形，器口为内直外斜的刀刃形，其作用是防止落到盛雨量器以外的雨水溅入盛水器内。

专用雨量杯上的刻度，是根据雨量器口径的比例确定的，每一小格为 0.1mm，每一大格为 1.0mm（图 3-11）。

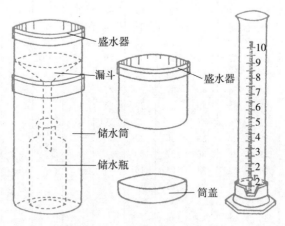

图 3-11　雨量器及量杯
（邹良栋.2004.植物生产与环境）

2. 虹吸式雨量计　用来测定降水连续变化的仪器。主要有盛水器、浮子室、自记钟、虹吸管等组成。

当雨水通过盛水器进入浮子室后，浮子室的水面就升高，浮子和笔杆也随之上升，于是自记笔尖就随着自记钟的转动在自记纸上连续纪录降水量的变化曲线，而曲线的坡度就表示降水强度。当笔尖达到自记纸上限时，浮子室室内的水就从虹吸管排出，笔尖也降落到零线位置。若仍有将水，笔尖又随之上升，笔尖每升降一次可记录 10mm 降水量。

3. 小型蒸发器　为一口径 20cm、高约 10cm 的金属圆盆，口缘做成内直外斜的刀刃形，并附有蒸发罩以防鸟兽饮水（图 3-12）。

图 3-12　小型蒸发器
（宋志伟.2011.植物生长环境）

【操作步骤】

1. 雨量器的安装与观测

（1）安装。将雨量器水平地固定在观测场上，器口距离地面的垂直高度为 70cm。

（2）观测与维护。一般每天 8 时和 20 时进行观测，观测时，将瓶内的水倒入量杯，用食指和拇指夹住量杯上端，使量杯自由下垂，视线与杯中水的凹月面最低齐平，读取刻度。

在气温较高的季节，降水停止后应及时进行补充观测，以免水分蒸发过快影响观测的准确性；当强水强度大时，也应该增加观测次数，以免雨水溢出储水瓶影响观测的准确性；如果观测时仍在下雨，则应该启用备用雨量器，以确保观测结果的准确性。

降雪时，要将漏斗、储水瓶取出，使降雪直接落入储水筒内，也可以将盛雨器换成盛雪器。对于降雪，必须用专用台称称重，或加盖后在室温下等待固态降水物融化，然后，用专用量杯测量。不能用烈火烤的方法融化固体降水。

记录时，当降水量＜0.05mm或观测前虽有微量降水，因蒸发过快，观测时没有积水，量不到降水量，均记为0.00mm；当0.05mm≤降水量≥0.1mm时，记为0.1mm。

注意经常清洗盛雨器和贮水瓶。

2. 虹吸式雨量计的安装与观测

（1）安装。安装在雨量器附近，盛水器口离地面的高度以仪器自身高度为准，器口就保持水平。

（2）观测与维护。观测时从自记纸上读取降水量值。一日内有降水时（自记迹线≥0.1mm），必须每天换自记纸一次。无降水时，自记纸可8～10d换一次，在换纸时，人工加入1.0mm的水量，以抬高笔尖，避免每天迹线重叠。

自记记录开始和终止的两端须做时间记号，可轻抬自记笔根部，使笔尖在自记纸上画一短垂线；如果记录开始或终止时有降水，则应用铅笔作时间记号。

如果在自记纸上有降水记录，面换纸时没有降水，应在换纸前加水做人工虹吸，使笔尖回到零线；如果换纸时正在降水，则不做人工虹吸。

对于固体降水，除了随降随融的固体降水要照常观测外，应停止使用，以免固体降水物损坏仪器。

3. 小型蒸发器的安装与观测

（1）安装。小型蒸发器安装在雨量器附近，终日受阳光照射的位置，并安装在固定铁架上，口缘离地70cm，保持水平。

（2）观测。首先观测原量及蒸发量，用专用量杯测量前一天20时注入蒸发器内20mm清水（今日原量）经24h蒸发后剩余的水量，并做记录。然后倒掉余量，重新量取20mm（干燥地区和干燥季节须量取30mm）清水注入蒸发器内（次日原量）。

（3）计算蒸发量。

$$蒸发量＝原量＋降水量－余量$$

（4）记录。记录时，因降水或其他原因致使蒸发量为负值时，则记为0.0mm，蒸发器内水量全部蒸发完时，记为＞20.0mm（如原量为30.0mm，则记为＞30.0mm）。

【作业】

进行降水量和蒸发量的测定并做记录。

实验实训五　植物生长的水分环境状况综合评价

【能力目标】

能够准确地对当地植物生长的水分环境状况进行综合评价。

【操作步骤】

1. 当地水资源调查　通过当地水利部门调查当地植物生长的水资源量；调查当地植物生长的水资源的空间分布规律；调查当地植物生长的水资源的时间分布规律。

2. 当地水质调查　通过当地水文、地质、环保部门调查当地植物生长的水质状况；调查当地发生的地质灾害、河流断流、湿地变化等情况（表3-5）。

表 3-5　水质等级

（宋志伟 . 2011. 植物生长环境）

水质等级	使用功能
Ⅰ类水	主要适用于源头水及国家自然保护区
Ⅱ类水	主要适用于集中式生活饮用水水源地一级保护区、珍稀鱼类保护区、鱼虾产卵场等
Ⅲ类水	主要适用于集中式生活饮用水水源地二级保护区、一般鱼类保护区及游泳区
Ⅳ类水	主要适用于一般工业用水区及人体非直接接触的娱乐用水区
Ⅴ类水	主要适用于农业用水区及一般景观要求水域

3. 水分利用情况调查　通过当地水利、农业部门调查当地农业用水灌溉制度；调查当地灌溉系统及灌溉方式、用水量；调查当地地下水位变化、水土流失情况。

4. 水分灾害情况调查　通过当地农业部门调查当地的主要水分灾害；调查当地洪、旱灾害危害的程度。

5. 植物生长环境资料观察　收集当地植物生长的土壤含水量、田间持水量的测定资料；收集当地植物生长的空气湿度测定资料；收集当地植物生长的降水量、蒸发量的资料。

6. 当地植物生长的水环境状况综合评价　根据以上调查资料，进行全面分析、归纳当地影响植物生长的水环境状况，做出综合评价。

实验实训六　植物生长的水分环境调控

【能力目标】

能正确地提出植物生长的水分环境的调控方案。

【操作步骤】

1. 当地利用集水蓄水技术调控水分情况调查　通过到水利、农业、林业等部门访谈技术人员，访问当地有经验的种植能手，查阅有关杂志、书籍、网站等收集相关资料等方式，调查当地如何利用一些集水蓄水技术等调控措施进行植物生长水分环境调控。

2. 当地利用节水灌溉技术调控水分情况调查　调查当地如何利用一些灌溉技术措施进行植物生长水分环境调控。

3. 当地利用耕作保墒技术调控水分情况调查　调查当地如何利用一些耕作保墒技术措施进行植物生长水分环境调控。

4. 当地利用水土保持技术调控水分情况调查　调查当地如何利用水土保持技术措施进行植物生长水分环境调控。

5. 制定当地植物生长水分环境调控方案　根据以上调查资料，制定合理调控当地植物生长水分环境调控方案，撰写一份调查报告。

【要求】

1. 选择技术人员一定要是长期从事这方面科学研究和技术推广经验的人员。

2. 选择的农户一定要有长期实践经验。

3. 通过网站、杂志、书籍获得的资料和数据一定要客观、真实、可靠。

【作业】

制定一份合理调控当地植物生长水分环境调控方案，撰写一份调查报告。

【资料收集】

收集了解当地降水资料，并结合农业生产实际进行分析。

【信息链接】

可以查阅《中国农业气象》《气象科技》《气候与环境研究》《应用气象学报》《×××气象》等专业杂志，也可以通过上网浏览查阅与本模块内容相关的文献。

【习做卡片】

了解当地某一作物正常生长发育所需的水分条件，做成学习卡片。

【练习思考】

1. 名词解释

渗透作用、需水量、需水临界期、蒸腾作用、土壤蒸发、水汽凝结物、降水量、降水强度、土壤水分常数、相对含水量

2. 水在植物生命活动中有哪些重要作用？

3. 什么是空气湿度？空气湿度高低对植物有什么影响？如何调节空气湿度？

4. 土壤水分有哪几种？什么是有效水？什么是土壤墒情？

5. 植物需水规律是什么？如何合理灌溉？

6. 喷灌、滴灌有什么特点？

7. 农业生产上可采用哪些措施进行土壤水分保蓄与调节？

【总结交流】

撰写一份当地植物生长的水分环境状况综合评价的调查报告，分小组进行交流讨论。

【阅读材料】

农 谚 与 雨 水

1. 天上钩钩云，地上雨淋淋 "钩钩云"指的是像钩子或标点符号中逗号一样的云，属高云，称为钩卷云。当天空出现成片的钩卷云时，这预示着新的天气系统（如锋面、低气压槽、气旋）将要移来影响本地，未来天气将转阴雨天气。

2. 云绞云，雨淋淋 "云绞云"指的是天空中有往不同方向移动的上下云层相交。这种现象的出现，一是说明云层多、云层厚，空气中有大量水汽促使云的发展；二是说明空气中气流非常混乱，不是盛行单一气流，而不同方向的气流的运动容易产生扰动；三是说明大气非常不稳定，扰动性强。"云绞云"的天气一般出现在锋面上，预示天气系统复杂，会形成大范围的阴雨天气，有时还会造成雷雨。

3. 火烧乌云盖，大雨快来到 在夏季的傍晚，还有积雨云在旺盛的发展。积雨云的底部由于云层较厚，光线透射不了，因而显得特别黑；而积雨云的顶部在斜阳的照耀下呈现红色，这就是"火烧乌云盖"。这种乌云的特点是在傍晚太阳下山时还一直处于旺盛发展阶段，

而且乌云与西边的地平线连成一片。这些都说明这不是局地对流，而是有低压系统即将移来，本地将有雷雨发生。

4. 早阴阴，午阴晴，半夜阴天不过明　从大气的稳定度日变化来看，早晨太阳出来前应当是一天中最稳定的时刻，因此早上一般不容易生成云而形成阴天。如果早上就出现满天云层密布，天气阴暗，这说明将有低气压系统影响本地，天气要变差，所以说早上阴天还要一直阴下去，天气一时不会好转。如果早上天气是好的，天空无云，中午变成阴天，那是白天热力作用而产生的局部对流云，最多下短暂的雷阵雨，雨过天就放晴。"半夜阴天不过明"与"早阴阴"原理相同，是说半夜里阴天不到天明就要下雨。

5. 东北风，雨太公　"太公"即指祖父，指夏季和春季里，东北风如果刮得太急，紧接着就会下雨，好像风是雨的祖父一样。这是由于东北风是冷气流，南下时接触了比较热的洋面或陆面，使空气内部发生了上冷下暖的对流现象，也就有了成云致雨的条件了。

6. 月亮长毛，有雨明朝　月亮"长毛"一般是指碧空无云，晴好天气下月亮发芒现象。它既不是晕，也不是华，而是月亮透过丰富的水汽时，被水滴或空气中微粒散射而产生的现象。月光发芒现象说明空气中水汽丰富和有大量吸湿性大颗粒，同时也表明大气处于不稳定，有乱流现象存在。这些都满足了降水的基本条件，天气将可能转坏。

（摘自农谚 800 句）

模块四　植物生长与温度环境调控

【学习目标】

了解温度在植物生命活动中的作用、温度与农业生产的关系；弄清春化作用、植物生长发育的基点温度、植物的温度生态类型、积温、农业界限温度、植物温周期现象等概念；了解土壤温度、空气温度的时空变化规律；熟悉调节温度的农业技术措施；能进行空气温度和土壤温度的观测。

项目一　温度与植物生长发育

一、温度在植物生命活动中的作用

植物生长发育对温度条件有一定的要求。在适宜的温度范围内，植物的生理活动、生化反应能顺利进行，生长发育正常。温度过低或过高，则会导致植物生长减慢、停止，发育不正常，甚至死亡。

温度对植物生命活动的作用主要表现在三个方面：

（1）在常温下温度的变化对植物生长发育的影响。

（2）温度变化对植物生物产量和产品品质的影响。

（3）温度过高或过低对植物的伤害。

在0～35℃的常温范围内，植物随着温度的上升而生长加快，温度降低则生长减慢。究其原因，就在于在一定的范围内温度上升，植物体的细胞膜透性增强，对植物生长发育所必需的养分、水分和二氧化碳的吸收能力增强，植物的各种生理活动如光合作用、呼吸作用、蒸腾作用等也相应增强。

温度对植物产品的品质也有着十分重要的影响，其中以温度变化的影响最为突出。如草莓在形成红色和甜味时要求中等到较高的温度，但在形成特有的香味时则要求10℃左右的温度。在10℃左右温度条件下结成的果实，其香味就较浓。温度变化还常常和其他气象要素的日变化结合，对植物品质发生综合影响。温度日较差大有利于糖分积累，这是因为白天温度高时，往往有较强的光照，有利于植物的光合作用；而晚上温度较低，呼吸消耗减少，这样就促进了有机物质的积累。这就是新疆哈密瓜和吐鲁番葡萄香甜举世闻名的主要原因。同样，温度还会给植物的品质带来不利影响。如番茄开花受精遇低温幼果发育不良易形成畸形果；春播小萝卜在倒春寒年份也会因分杈、纤维多而食用品质下降。

温度过高或过低都会引起植物受伤害甚至死亡。如水稻在抽穗开花期间遇到平均气温连续2～3d 20℃（粳稻）的低温天气，就会使籽粒不实或不孕，增加空秕率，影响产量；小麦、油菜遭受的冻害会导致产量下降甚至植株死亡。

二、温度与农业生产

温度是农业环境的一个重要因子，不但直接影响植物的生命活动，而且通过对土壤和水体及其对其他农业环境的影响而间接影响植物，温度影响病虫害的发生、发展，温度还影响着许多农事活动的进行。

（一）土温对农业生产的影响

1. 对水分的吸收　当土壤温度较低时，增加了水的黏滞性，降低了细胞膜的透性。同时对植物吸水的影响又间接影响着气孔阻力，从而限制了光合作用。

2. 对养分的吸收　低温会明显减少植物对多种养分的吸收。土温不但影响根系活动，而且还影响土壤养分的转化和微生物对土壤养分的利用。

3. 对块茎、块根形成的影响　土温对块茎、块根形成有很大的影响。如马铃薯苗期土温高，生长虽旺盛但产量并不高。试验表明，如中期温度高于 28.9℃ 就不能形成块茎，以 15.6～22.9℃ 最适于块茎的形成。有人研究得出结论，土温低块茎个数多而小，土温适宜时块茎个数少而薯块大。土温过高则个数少、块茎小、减产严重。土温日较差的大小还会对薯块的形状产生影响。

（二）温度对农业昆虫发生、发展的影响

许多昆虫的生命过程以及生命过程的某些阶段是在土壤中度过的。因此土温对昆虫尤其是地下害虫的发生发展有直接的影响，从而间接影响植物的生长发育。如沟金针虫，当 10cm 土温达到 6℃ 左右时，开始向地面活动，当 10cm 土温达到 17℃ 左右时活动最盛，并为害种子和幼苗，高于 21℃ 时又向土壤深层活动。

（三）温度对农事活动的影响

1. 温度对耕作的影响　温度过高土壤水分蒸发快，黏重土壤易板结不便于耕作。北方冬季要抢在土壤封冻前耕翻耙耱，早春也要等化冻到一定程度后才能耕种。

2. 温度对种子发芽、出苗的影响　不同的植物种子所要求的土壤温度不同。如水稻发芽所需的最低温度为 10～12℃，玉米为 8～10℃，而小麦、油菜为 1～2℃。在其他条件适宜的前提下，土温愈高，种子发芽速度愈快。当然，土温过高对种子发芽也不利。了解种子发芽所需要的最低温度是确定植物适宜播种期的重要依据之一。一般以地表 5cm 土温来确定作物适宜播种期所要求的最低温度指标。

3. 温度对肥效的影响　早春温度较低时土壤中的有机磷释放缓慢，有效磷含量低。高温季节高温能促使土壤中的迟效磷转化为速效磷，因此，植物一般不会发生缺磷现象。所以，有些地区把磷肥集中施在秋播作物上，即使下茬作物不施磷肥，土壤中释放的速效磷也足够。另外土壤的供氮能力与温度也有一致性。化肥施用上，碳酸氢铵等易挥发的化肥应避免在高温下存放时间过长。

4. 温度对农药药效的影响　一般温度高，农药的杀虫效果好，当然挥发也快。因此要利用有利时机迅速集中用药。温度低时药效慢，残留期也相对较长。

三、春化作用

植物在通过每一个发育阶段时，都要求一定的温、光、水、肥等综合外界条件，但其中有一个条件起主导作用，若这个条件不能满足植物的要求，即使其他条件最好，植物也不能通过不同阶段的质变即阶段发育过程。其中，有一些一二年生的植物在其性器官形成前要求一定的低温，如果春播一直在高温条件下，就只能进行营养生长，而不开花结实。这种植物在苗期需要经过一段低温时期才能开花结实的特性称为春化作用，这一发育阶段称为春化阶段。

春化要求的温度以及所需经历的时间因植物种类、品种等而有差异。如小麦、油菜等作物品种，按春化作用的要求可分为冬性、半冬性和春性三类，现以小麦为例加以说明。

1. 冬性品种　春化阶段的适宜温度为0～3℃，低于－4℃或高于5℃春化都停止进行。春化时间在35d以上。不满足春化条件，不能正常抽穗。

2. 半（弱）冬性品种　春化阶段的适宜温度为3～15℃，经历15～35d。

3. 春性品种　春化阶段的适宜温度为5～20℃，经历5～15d。

水稻、棉花等喜温作物没有春化现象，相反高温可促进其生育转变。如棉花，即使在幼龄期遇到高温也会显著提高开花结实，从而缩短生育期。

有许多植物，在种子吸水膨胀后开始萌动时被春化，尤以萌发早期最为有效。一些植物需要以营养体状态经受寒冷，也有一些植物，茎尖分生组织是春化的感受部位。因此，感受低温的部位因植物而异，而且春化作用只发生在具有分裂能力的细胞内。在春化过程中，如把植物置于较高温度条件下，春化效应就被解除。解除春化效应只发生在短时期的春化过程中，春化状态一旦完全建立，就能稳定下来，高温便不再起作用。

四、植物生长发育的基点温度

植物的生命活动需要在一定的温度范围内才能进行，植物的每一生命活动都有其最高温度、最低温度和最适温度，称为三基点温度。在最适温度下，植物的生命活动最强，生长发育速度最快；在最高和最低温度下，植物停止发育，但仍能维持生命。如果温度继续升高或降低，就会对植物产生不同程度的影响，所以在植物温度三基点之外，还可以确定使植物受害或致死的最高温度与最低温度指标，即最高致死温度和最低致死温度，合称为五基点温度（图4-1）。

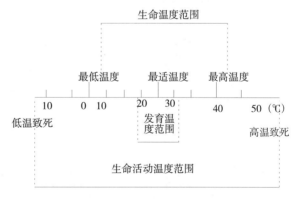

图4-1　植物生命活动的基本温度示意
（齐尚红．2007．农业生产与温度的关系）

植物发育阶段对温度的要求最严格，温度范围最窄，一般在10～35℃，而最适于发育的温度范围一般在20～30℃，生长所要求的温度范围比较宽，在5～40℃，植物保持生存的温度范围则更宽，大致在－10～50℃。

不同植物的三基点和五基点温度是不同的。一般来说，起源于高纬、寒冷地区的作物比较耐寒，如小麦，三基点温度范围较低；而起源于低纬、温暖地区的作物则比较喜热，如水稻，三基点温度范围较高。几种主要作物的三基点温度如表4-1所示。

表 4-1　几种作物的三基点温度（℃）

（王晓明 . 2009. 作物栽培）

作物	最低温度	最适温度	最高温度
油菜	3～5	20	28～30
小麦	3～4.5	25	30～32
黑麦	1～2	25	30
大麦	3～4.5	20	28～30
燕麦	4～5	25	30
豌豆	1～2	20	30
蚕豆	4～5	35	30
甜菜	4～5	28	28～30
玉米	8～10	32	40～44
水稻	10～12	30	38～42
棉花	12～14	30	40～45
烟草	13～14	28	35

同一种植物不同发育时期，由于组成器官和生理功能上的区别，其三基点温度也是不同的（表 4-2）。

表 4-2　主要作物不同生育期的三基点温度（℃）

（陈瑞生 . 1999. 植物生产与环境）

作物	生育期	最低温度	最适温度	最高温度
水稻	发芽期	10～12	25～30	40
	苗期	12～15	26～30	40～42
	分蘖期	15～16	25～32	40～42
	抽穗成熟期	15～20	25～30	40
小麦	出苗期	1～2	15～22	30～32
	分蘖期	2～4	13～18	18
	拔节期	10	12～16	24～25
	抽穗开花期	9～11	18～20	32
	灌浆期	12～14	18～22	26～28
	成熟期	<15	20～25	30
棉花	发芽期	10～12	25～30	36
	出苗期	15	18～22	
	现蕾期	19	25	
	开花期	15	25	35
	吐絮期	16	25～30	
玉米	幼苗期	10～12	28～35	
	抽穗开花期	18	24～25	38
	成熟期	16		25
甘薯	幼苗期	16	28～30	35
	茎叶生长期	15	18～20	
	块根膨大期	10	22～23	
油菜	幼苗期	10	12	
	开花期	5～10	14～18	25
	成熟期	6	18～20	25

植物生长发育的不同生理过程的三基点温度也是不同的。如进行光合作用和进行呼吸作

用的三基点温度就不同。一般植物进行光合作用的最适温度比进行呼吸作用的最低温度要低一些。光合作用的最低温度为 0～5℃，最适温度为 20～25℃，而最高温度则为 50℃。当温度超过光合作用的最适温度后，光合强度减弱，而呼吸强度仍很强，势必会增加有机物的消耗而减少有机物的积累。

从上述表格和文字的叙述中可以看出植物三基点温度有如下的一些规律：

①生长发育的最适温度比较接近最高温度。

②最高温度多在 30～40℃。除了在炎热气候地区的作物生长期内，一般地区气温长时间持续在 30～40℃的机会并不多，因而对作物所造成的不利影响实际上并不大。

③最低温度与最适温度的差值虽较大，但在作物生育过程中，最低温度比最高温度容易出现，因此，低温对农业生产的影响往往比高温大。

了解植物的温度三基点，可以根据各地的温度变化规律，确定作物品种的选用，掌握适宜的播栽期等，以提高作物生产能力。

五、植物的温度生态类型

温度也存在着不同的生态类型。根据植物对温度的不同要求，一般可细分为五类：

1. 耐寒的多年生植物　包括黄花菜、茭白、藕等。它们的地上部分能耐高温，但一到冬季，地上部分枯死，而以地下的宿根越冬，一般能耐 0℃以下的低温。

2. 耐寒的一二年生植物　包括大蒜、大葱、菠菜，以及白菜的某些品种。能忍受 −1～−2℃的低温，短期内可耐 −5～−10℃的低温。其同化作用最为旺盛的温度为 15～20℃。

3. 半耐寒植物　包括豌豆、蚕豆、萝卜、胡萝卜、芹菜、莴苣以及甘蓝、大白菜等。它们不能忍受长期 −1～−2℃的低温。在长江流域以南地区，均可露地越冬，华南各地还能冬季露地生长。它们的同化作用以在 17～20℃的温度条件下最旺盛；超过 20℃时，同化作用减弱，超过 30℃时，同化作用所积累的有机物质几乎全部被呼吸所消耗。

4. 喜温植物　包括黄瓜、辣椒、番茄、茄子、菜豆等。其最适温度为 20～30℃，当温度超过 40℃时，则生长几乎停止。而当温度在 15℃以下时，又会出现授粉不良，导致落蕾落花增加。因此，这类植物在长江以南地区可以春播和秋播，北方则只能以春播为主。

5. 耐热植物　包括西瓜、冬瓜、南瓜、丝瓜、甜瓜、豇豆、刀豆等。它们在 30℃左右时光合作用最旺盛，而西瓜、甜瓜及豇豆等在 40℃的高温下仍能生长。在全国范围内都是春季播种、秋季收获，生长于一年中温度最高的季节。

六、积　　温

在植物生活所需要的其他因子都得到基本满足的条件下，植物在完成某个或全部生育期时，还需要一定的热量。这个热量通常是用相应时段内逐日平均气温的累积值来表示的。这个累积温度，称为积温。积温常用来作为研究植物发育对热量要求和评价某一地区热量资源的一种指标。

1. 生物学下限温度　生物学下限温度又称生物学零度，是植物有效生长的起始温度。一般来说，三基点温度的最低温度就是生物学下限温度。各种植物的生物学下限温度是不完全相同的。一般粗略地认为：温带植物的生物学下限温度为 5℃，亚热带植物为 10℃，热带植物为18℃。

2. 活动积温 高于生物学下限温度的日平均温度称为活动温度。植物（或昆虫）某一生育期或全生育期内活动温度的总和称为活动积温。

例如：棉花的某一个品种，从播种到出苗，这一阶段的生物学下限温度是12.0℃，播种后5d出苗，这5d的日平均气温分别为16.8℃、15.4℃、10.8℃、14.6℃、18.9℃。这5d中，10.8℃低于生物学下限温度12.0℃，不能计算在内，其余4d的温度均高于生物学下限温度，都是活动温度，因此，这4d的活动温度的总和65.7℃就是这一棉花品种从播种到出苗的活动积温。

不同作物、作物的不同类型以及不同的生育期所要求的活动积温是不同的。主要作物的不同类型所需大于10℃的活动积温如表4-3所示。

表4-3 主要作物的不同类型所需的＞10℃的活动积温（℃）

（闫凌云. 2002. 农业气象）

作物	类型		
	早熟型	中熟型	晚熟型
水稻	2 400～2 500	2 800～3 200	
棉花	2 600～2 900	3 400～3 600	4 000
冬小麦		1 600～2 400	
玉米	2 100～2 400	2 500～2 700	＞3 000
高粱	2 200～2 400	2 500～2 700	＞2 800
谷子	1 700～1 800	2 200～2 400	2 400～2 600
大豆		2 500	2 900
马铃薯	1 000	1 400	1 800

活动积温常用来表示某一地区热量资源的大小。若了解了某地的活动积温，便可以决定种植哪些植物（作物），采用什么熟制，如何进行品种搭配等（表4-4）。

表4-4 ≥10℃活动积温以及作物熟制

温度带	≥10℃积温	作物熟制	主要作物	作物熟制	范围
寒温带	小于1600℃	一年一熟	春小麦、大麦、马铃薯等	一年一熟。早熟的春小麦、大麦、马铃薯等	黑龙江省北部、内蒙古东北部
中温带	1600～3400℃	一年一熟	春小麦、大豆、玉米、谷子、高粱等	一年一熟。春小麦、大豆、玉米、谷子、高粱等	东北和内蒙古大部分、新疆北部
暖温带	3400～4500℃	两年三熟或一年两熟	冬小麦、甘薯、玉米、谷子等	两年三熟或一年两熟。冬小麦复种荞麦等，或冬小麦复种玉米、谷子、甘薯等	黄河中下游大部分地区和新疆南部
亚热带	4500～8000℃	一年两到三熟	冬小麦、水稻、油菜等	一年两熟到三熟。稻麦两熟或双季稻，双季稻加冬作油菜或冬小麦	秦岭、淮河以南，青藏高原以东
热带	大于8000℃	一年三熟	水稻、热带作物等	水稻一年三熟	云南、广东、台湾的南部和海南

3. 有效积温 活动温度与生物学下限温度之差称为有效温度。植物（或昆虫）的某一

生育期或全生育期内有效温度的总和称为有效积温。

在上例中，4d 的温度各减去生物学下限温度的总和，就得到这一棉花品种从播种到出苗的有效积温。即：$(16.8-12.0)+(15.4-12.0)+(14.6-12.0)+(18.9-12.0)=17.7℃$。

不同作物以及作物不同的生育期所要求的有效积温是不同的。主要作物主要生育期所需的有效积温如表 4-5 所示。

表 4-5　主要作物主要生育期所需的有效积温（℃）

（李振陆 . 2006. 植物生产环境）

作物	生育阶段	有效积温
水稻	播种—出苗	30～40
	出苗—拔节	600～700
	抽穗—黄熟	150～300
冬小麦	播种—出苗	70～100
	出苗—分蘖	130～200
	拔节—抽穗	150～200
	抽穗—黄熟	200～300
春小麦	播种—出苗	80～100
	出苗—分蘖	150～200
	分蘖—拔节	80～120
	拔节—抽穗	150～200
	抽穗—黄熟	250～300
棉花	播种—出苗	80～130
	出苗—现蕾	300～400
	开花—吐絮	400～600

有效积温常用来表示作物对热量条件的要求。由于活动积温包含了低于生物学下限温度的那部分无效积温，因此，温度越低无效积温的比例越大。所以用以反映植物对热量条件的要求是有效积温比活动积温更稳定些。有效积温可以作为预测作物物候期、成熟期以及病虫害发生期等的重要依据之一。

当然，实践表明，积温也只能近似地反应植物对温度的要求。同一植物品种要完成同一生育阶段所需的积温，在不同地区、不同年份、不同播期条件下常有差异。这是因为影响植物生育的气象因子不仅仅是气温，太阳辐射、光周期、温度日较差、土壤温度和土壤湿度等因子均会对植物的生长发育产生一定的影响。另外，积温法是把温度和植物生长发育之间的关系看成了直线关系，而实际上是曲线关系。所以，在采用积温法时，要针对地区性这一具体问题，不可轻易引用自然条件和生产条件差异较大的外地积温指标，而应经过多年的试验，弄清本地区的积温指标，并以此来指导当地的农业生产。

在实际工作中，为了尽量避免使用积温所出现的一些问题，农业科技工作者也采取了一些补救措施。如计算积温时，剔除高于生物学上限温度的日平均气温、按作物生育期逐段计算积温、充分考虑作物对光周期的反应等。

七、农业界限温度

对农业生产具有普遍意义，标志着某些重要物候现象或农事活动的开始、终止或转折，对农业生产有指示或临界意义的日平均温度，称为农业界限温度。农业界限温度以日平均气温稳定通过（开始或终止）某一温度为标准。农业上常用的界限温度有 0℃、5℃、10℃、15℃、20℃，它们的农业意义为：

1. 0℃ 土壤冻结或解冻，农事活动终止或开始。秋季 0℃稳定终止时，冬小麦开始越冬，土壤开始冻结。春季稳定通过 0℃时，土壤开始解冻，早春作物开始播种。生产上常用日平均气温 0℃以上的持续日数表示农耕期。

2. 5℃ 春季稳定通过 5℃时，多数树木开始生长。5℃为早春作物播种，小麦积极生长的界限温度。秋季 5℃稳定终止时，秋播小麦开始进入抗寒期。生产上常用 5℃以上持续日数表示植物的生长期或生长季。

3. 10℃ 为一般喜温植物生长的起始温度，喜温作物（水稻、棉花等）开始播种与生长；也是喜凉植物积极生长的温度，是大多数植物开始进入活跃生长的界限温度。常用 10℃以上的持续时期表示植物的生长活跃期。

4. 15℃ 为喜温植物开始快速生长、热带植物组织分化的界限温度。常用 15℃以上的持续时间表示喜温植物的积极生长期。

5. 20℃ 热带作物开始积极生长期，也是水稻安全抽穗开花的指标。

八、植物温周期现象

由于气温有年变化和日变化，所以作物在长期的适应过程中，产生了对年温和日温变化的要求，这种对温度周期性变化的要求或反应，称为温周期现象。作物的温周期包括年温周期和日温周期两种。

温带植物，它们的生长过程随着季节的变化，表现为明显的周期变化规律，这就是年温周期现象，大多数作物在温度开始升高时发芽、出苗、现蕾（幼穗分化），夏、秋季高温下开花结实，形成了与温度变化节律相对应的物候节律。我国古代劳动人民创造的二十四节气，对农事活动具有重要的参考意义。

日温周期现象主要表现为昼夜温差，即一天内的最高气温与最低气温的差值。除了某些植物，如生长在深水和温泉中的植物以外，绝大多数植物在不超过作物所能忍受的最低、最高温度范围内，昼夜温差越大，越有利于有机物质的积累，作物产量就越高、品质越好。这是因为白天光合作用与呼吸作用同时进行，而夜间只进行呼吸作用，所以在植物生长适宜的温度范围内，白天温度高一些有利于干物质的积累，夜间温度低一些，则可以减弱呼吸消耗。一般热带植物要求昼夜温差为 3～6℃，温带植物为 5～7℃。

昼夜变温对植物生长有明显的促进作用。Went 的著名试验表明：番茄的生长与结实在昼夜变温下（白天 26.5℃，夜间 7.0～19.0℃）要比恒温（26.5℃）下要好得多（图 4-2）。

生产上，可以据此适当调节播

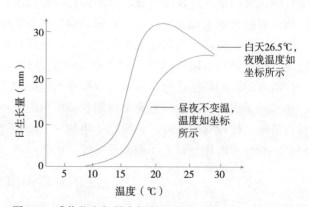

图 4-2 番茄茎生长量在恒温和变温下的比较（据 Went）

（赵兰枝 . 2007. 农业气象学）

期，充分利用热量条件，把作物成熟阶段尽可能调整到当地昼夜温差最适宜的时期，亦可人为通过采用变温管理等方式，来提高作物的产量和品质。如在保护地蔬菜栽培时，常运用这一原理，采取变温管理的方法来提高蔬菜的产量和品质。如生产黄瓜和番茄时，上午将温度控制在 28～30℃ 范围内，以提高光合作用效率；下午温度可适当降低；到了前半夜，黄瓜将温度控制在 16℃，番茄将温度控制在 10℃ 左右；而到后半夜，黄瓜将温度控制在 10℃，番茄将温度控制在 5℃ 左右。通过这四段的变温管理，不仅可以提高黄瓜和番茄的产量和品质，而且能节省能源。

项目二　植物生长的环境温度

一、土壤温度

土壤冷热的程度称为土壤温度，简称地温，一般为地面温度和不同深度的土壤温度的统称。土壤温度影响着植物的生长发育和土壤的形成，是影响土壤肥力的重要因素之一。

（一）地面热量平衡

地面温度变化主要是由地面热量收支不平衡所引起的。地面热量的收入与支出之差，称为地面热量平衡。其为正值时，即热量收入大于支出时，土壤就会增热升温；其为负值时，土壤会冷却降温。

地面热量的收入与支出之差（Qs）是由四个方面的因素所决定的。

①以辐射方式进行的热量交换，即地面辐射平衡（R）。

②地表面层与下层土壤间的热量交换（B）。

③地表面层与近地面气层间的热量交换（P）。

④通过水分的凝结和蒸发进行的热量交换（LE）。

白天，地表面层吸收的太阳辐射超过地表面层有效辐射，地面辐射平衡（R）为正值。地表面层温度高于贴近气层和下层土壤的温度，产生以温度高的一方向温度低的一方的热量传递。地面将热量传给空气及下层土壤。土壤水分蒸发也要耗去部分潜热（LE）。

夜间，地面辐射平衡（R）为负值，地面失去热量，地表面层温度低于邻近气层和下层土壤的温度，P 和 B 项热量输送方向恰好与白天相反。同时水汽的凝结也放出潜能（LE）给地表面层（图 4-3）。

在图 4-3 中，箭头指向地面的是收入项，示意地面得到热量，Qs 为正值；箭头由地面指向空气或下层土壤是支出项，示意地面失去热量，Qs 为负值。即相对地面而言，白天 R 为正，P、B、LE 项为负，夜间 R 为负，P、B、LE 项为正。因此，地表层热量收支情况可用下列方程表示：

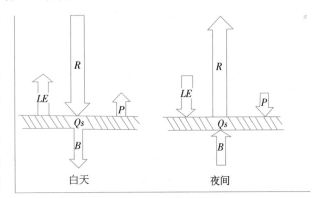

图 4-3　地面热量收支示意
（赵兰枝.2007. 农业气象学）

$$Qs = R - P - B - LE$$

式中，Qs 为正值时，表层土壤得到热量，温度升高，于是下层土壤和近地面空气也随之增热升温；当 Qs 为负值时，表示表层土壤失去热量而降温，于是下层土壤和近地面空气也随之冷却降温。地表面层热量差额 Qs 的绝对值越大，则地表面层升温或降温也越明显。当 Qs 等于零时，地面热量收支相等，地面温度保持不变。

（二）土壤热特性

1. 土壤热容量 土壤热容量是反映土壤容热能力大小的物理量。可分为质量热容量（C_m）和容积热容量（C_u）两种。前者是指单位质量土壤温度升高（或降低）1℃所需吸收（或放出）的热量，单位是焦/（克·℃），又称土壤比热。后者是指单位容积土壤温度升高（或降低）1℃所需吸收（或放出）的热量，单位是焦/（厘米³·℃）。由土壤热容量的定义可知：当土壤获得的热量相同时，热容量大的土壤不容易升温，而热容量小的土壤容易升温；当土壤丢失的热量相同时，热容量大的土壤不容易降温，而热容量小的土壤容易降温。所以，热容量大的土壤不易增温，也不容易降温，温度变化平缓；热容量小的土壤容易增温，也容易降温，温度变化剧烈。在干燥土壤中，土壤容积热容量（C_u）等于土壤质量热容量与土壤容重（d_u）之乘积。土壤是由固体、水和空气组成的，其固（土壤矿物质、土壤有机质）、液、气三相物质的热容量各不相同（表 4-6）。

表 4-6　在 20℃ 1013.25hPa 时土壤不同组分的热特性

（赵兰枝.2007.农业气象学）

物质	密度（g/cm³）	质量热容量 [J/（g·℃）]	容积热容量 [J/（cm³·℃）]	热导率（λ） [J/（cm·s·℃）]
土壤矿物质	2.65	0.73	1.93	0.029
土壤有机质	1.30	2.50	2.71	0.020
土壤水分	1.0	4.19	4.19	0.005
土壤空气	0.0012	1.0000	0.0013	0.0002

由表 4-6 可以看出，土壤中空气的热容量最小，而水的热容量最大，其容积热容量为空气的 3 000 多倍。土壤中固体成分的热容量，也比水小得多。对于一块固定的土壤而言，土壤中的固体成分是相对稳定的，而土壤中的空气和含水量则会有很大的变化。土壤空气存在于土壤孔隙之中，故常以土壤孔隙度来判断土壤中空气含量的大小。因此土壤热容量的大小就取决于土壤孔隙度的大小和土壤含水量的多少。一般来说，土壤热容量随着土壤水分的增加而增大，随着土壤空气的增加而减小。潮湿紧密的土壤热容量大，故昼夜升温、降温缓慢；反之，干燥疏松的土壤，空气多、水分少，土壤热容量小，故昼夜升温、降温明显。农业生产上，常通过耕翻、镇压、灌水、排水等农业技术措施，来改变土壤的热性质，从而调节土壤温度进而调整作物的生长和发育。

2. 土壤热导率 土壤吸收一定的热量后，一部分用于它本身的升温，一部分传送给邻近的其他土层。土壤热导率是表示土壤传热能力大小的物理量，是指在单位厚度（1cm）土层，温差为 1℃时，每秒钟经单位断面（1cm²）通过的热量，单位是焦/（厘米·秒·℃）。由热导率的定义可知：当土壤上下层之间存在温差时，热导率大的土壤能迅速地将温度较高的土层内的热量传到温度较低的土层内；热导率小的土壤，土层之间热量传递的速度慢。热导率大的土壤，白天随着温度的升高，可以将热量迅速向深层土壤传导，所以地表升温慢；夜间，随着土表温度降低，则可以迅速将深层土层的热量传到地表，使地表温度不至于下降太快。热导率大的土壤，表层不易升温，也不易降温，温度变化平缓。

热导率的大小同样与土壤的固、液、气三相物质的组成有关（表4-6）。由表4-6可知：土壤空气的热导率最小，土壤固体的热导率最大，是土壤空气热导率的40～140倍；土壤孔隙度小，土壤湿度大，土壤热导率大；反之，土壤孔隙度大，土壤湿度小，土壤热导率小。

3. 土壤吸热性和土壤散热性 土壤的吸热性是指土壤吸收太阳辐射能的性能，土壤吸热性的强弱取决于土壤颜色、土壤湿度和地面状况等。土壤颜色越深、土壤湿度越大、地面状况凹凸不平，吸热性就越强。土壤散热性是指土壤向大气散失热量的性能。土壤散热性主要与土壤水分蒸发和土壤的热辐射有关。土壤水分蒸发会散失大量热量，降低土温。因此，土壤水分蒸发越强烈，土壤散失的热量也越多。

（三）土壤温度的变化

从对地面热量收支的情况分析可知，土温决定于土壤热量收支大小，而土壤热量的收支又取决于太阳辐射的到达量，太阳辐射具有以日、年为周期的变化规律。所以，土壤温度也具有日、年的周期变化。这一变化特征，通常以最高温度与最低温度的差值（称为日较差或年较差）和最高温度与最低温度出现的时刻（称为位相）来表示。

1. 土壤温度的日变化 土壤表面温度的日变化是每天日出之后，随着时间的推移，太阳辐射照度不断增强，中午（12时）前后达到最强，这时土壤得到的热量多于支出的热量，土壤不断积累热量，直到13时前后，土壤得到的热量和支出的热量才达到动态平衡状态，土壤就不再积累热量，此时的地面温度达到一天中的最高值；以后随着太阳辐射照度的减弱，以及夜间太阳辐射的消失，地面温度不断下降，直到第二天日出前夕，地面温度降至一天中的最低值，呈现单峰型的日变化特征（图4-4）。

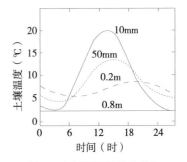

图4-4 土壤温度的日变化
（姜会飞.2005.农业气象学）

大量观测表明，土壤温度日较差以土壤表面为最大。随着深度的增加，日较差很快地减小，至80～100cm，日较差为0，该深度以下称为日恒温层。同时，随着深度的增加，最高温度和最低温度出现的时刻也逐渐落后，大约每加深10cm，落后2.5～3.5h。产生上述现象的原因有：

①在热量传递过程中，各层土壤均需消耗热量。

②热量的传递本身需要时间。

土壤日恒温层的深度不是固定不变的。它随着纬度、季节、土壤热特性等不同而不同。如纬度低，日恒温层就深一些，夏季的日恒温层深于冬季，热导率大的土壤日恒温层就深些。

土壤温度日较差的大小，主要决定于地面热量收支差额和土壤热特性。同时还受季节、纬度、地形、土壤颜色、天气条件和覆盖情况等因子影响。如土壤温度日较差随着纬度增高而减小，凹地大于平地，深色土大于浅色土，晴天大于阴天，无覆盖的大于有覆盖的等。

2. 土壤温度的年变化 在北半球，中、高纬度地区，土壤温度呈现单峰型的年变化规律。图4-5是不同土壤深度土壤温度的年变化情况。由图可以看出，地表温度最高的月份出现在7～8月，最低的月份出现在1～2月，随着深度的增加，最高温度、最低温度出现的时间向后推迟，大约深度每增加1m，最高温度、最低温度出现的时间向后推迟20～30d。土壤温度的年较差也随深度加深而减少，至一定深度，年较差为 0，该深度以下称为年恒温层。年恒温层随着纬度的增高而加深，低纬在 5～10m，中纬度 15～20m，高纬度 25m。

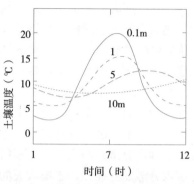

同时，中纬度地区土壤温度在一年中最热月和最冷月出现的时间也是随着土壤深度的加深而推迟。每深 1m 推迟 20～30d。这一特点在农业生产上具有重要意义。如北方在冬季可以在地窖里贮藏薯类、果品、蔬菜等，以防止冻害。

土壤温度年较差的大小受纬度、地表状况和天气条件等因子的影响。土壤温度年较差随纬度增高而增大（表 4-7），与土壤温度的日较差相反，这是由于太阳辐射的年变化随纬度增高而增大的缘故。

图 4-5　不同深度土壤温度的年变化
（姜会飞.2005.农业气象学）

表 4-7　不同纬度的土壤温度年较差

（闫凌云.2002.农业气象）

地区	广州	长沙	汉口	郑州	北京	沈阳	哈尔滨
纬度	23°08′	28°12′	30°38′	34°43′	39°48′	41°46′	45°41′
年较差	13.5	29.1	30.2	31.1	34.9	40.3	46.4

3. 土壤温度的垂直变化　由于土壤中各层热量昼夜不断地进行交换，使得土壤温度的垂直分布具有一定的规律，大致可归纳为 3 种类型（图 4-6、图 4-7）：

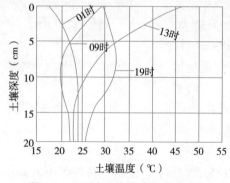

图 4-6　一天中土壤温度的垂直分布
（赵兰枝.2007.农业气象学）

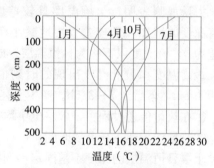

图 4-7　一年中土壤温度的垂直分布
（赵兰枝.2007.农业气象学）

（1）日射型。土壤温度随深度的增加而降低的类型。一般出现在白天和夏季，可用每天 13 时和每年 7 月的土壤温度垂直分布为代表。

（2）辐射型。土壤温度随深度的增加而升高的类型。一般出现在夜间和冬季，可用每天 1 时和每年 1 月的土壤温度垂直分布为代表。

（3）过渡型。过渡型也称混合型。土壤上下层的垂直分布分别具有日射型和辐射型的特征。多出现于日出后、日落前或春、秋季节。分别以每天的 9 时、19 时和每年的 4 月、10 月的土壤温度垂直分布为代表。

4. 土壤的冻结与解冻　当土壤温度降到0℃以下时，土壤中水分与潮湿土粒发生凝固或结冰，使土壤变得非常坚硬，这就是土壤冻结。冻结后的土壤称为冻土。

土壤冻结与天气条件、地势、土壤结构、地表状况、植被状态及土壤温度等有关。积雪覆盖和有植被，可使土壤冻结较浅，湿度大的土壤冻结浅而晚，高地较低地冻结深，北半球冻土深度自北向南逐渐减小。

春季随着土壤温度的升高，土壤逐渐解冻。解冻时，是由上而下和由下而上两个方向同时进行的。但在多雪的冬季，土壤冻结不很深，解冻常常依靠的是土壤深层上传的热量，而从下而上进行。

存在于土壤缝隙中的水分冻结成冰晶，冰晶体膨胀，扩大挤压土壤，土壤空隙增大，解冻后，土壤变得疏松，有利于土壤中空气的流通和水分渗透性的提高，从而增加了土壤的透气、透水性。在地下水位不深的地区，冻结能使下层水汽向上扩散，从而增加耕作层的水分贮存量。但在春季土壤尚未解冻时，降水常常不能渗入土层，从而增加了地表的水分流失。土壤冻结时，可使根系发达的乔木抗风性增强。但在春季气温较高的情况下，植物地上部分蒸腾作用加强，耗水量增加，而在冻土中的根系还不能从土壤中吸收到水分，从而会造成生理干旱，引起植物枯萎或死亡。此外，在土壤冻结和解冻的过程中，会出现一个冻结和解冻交替进行的时期，极易将植物的根系拉断，甚至把植株幼苗抬出土层，导致植株死亡。在潮湿、黏重的土壤上，这种现象比较容易发生，栽培上应注意预防措施。

二、空气温度

空气冷热的程度称为空气温度，简称气温。

(一) 空气中的热量交换

空气的增温和降温主要取决于地面和低层空气的热交换、空气和空气间的热交换以及空气在运动过程中所发生的绝热变化。

1. 地面和低层空气的热交换　由于空气对太阳辐射的吸收很少，而且大气层又厚，所以太阳辐射对大气的加热作用很小。空气温度的变化主要是地面和低层空气热量交换的结果。

白天地面吸收太阳辐射能以后升温，地面升温后一方面将紧贴地面的空气层烤热，并将热量以乱流的方式传到上层空气；另一方面地面又不断的向外放射出长波辐射（热辐射），大气对地面的长波辐射吸收能力很强，当大气吸收的长波辐射比其自身释放出的多时，空气获得热量表示为增温。地面增温后，一部分热量还会以空气流动的方式进入大气之中，使空气增温；另一部分热量用于地面水分蒸发，水蒸气携带潜热进入大气之中，在高层水汽发生凝结时，潜能释放而使空气增温。夜间，当大气吸收的地面辐射比放出的长波辐射小时，大气失去辐射能而降温，同时通过空气的流动和空气中水汽在地表面的凝结又将一部分热量传给地面，而降低自身的温度。

由此可知，空气得热就升温，失热就降温。空气升温、降温的多少，受地面性质、纬度、季节、海拔、地形以及天气条件等许多因子的影响。

2. 空气和空气间的热交换　通过对流、乱流和平流这三种方式实现空气和空气间的热量交换。

（1）对流。大规模有规律的上升和下降的气流称为对流。对流是使热量传递给高层空气的最重要的方式。对流一般发生在地面强烈增热或上层大气有冷空气流入时，地面热空气被迫上升，而由其他地方的冷空气来补充，结果就出现了上升和下降的对流运动。对流的结果，使上下层空气互相混合，低层空气的热量得以输送到高空。

（2）乱流。小规模无规律性的气流或涡流称为乱流。乱流是由于地面粗糙不平所引起的。乱流作用的结果，是使大气层在范围不大的垂直方向和水平方向上发生热量交换。乱流是地球表面向大气传输热量的重要方式。

（3）平流。空气大规模在水平方向上的运动称为平流，也就是通常所说的风。空气的水平运动会引起水平方向上热量的交换，而使气温发生变化。如只要西伯利亚的冷空气向我国移来，我国大部分地区气温就会下降；相反，如果南方的暖空气移到我国北方，北方就会变暖，气温升高。冷空气向暖的地方流动称冷平流，暖空气向冷的地方流动称暖平流。对某一个地区而言，受冷平流影响，气温会下降，冷空气越强，降温就越明显；受暖平流影响，气温就上升，暖空气越强，升温就越明显。

3. 空气的绝热变化　空气块不与外界发生热量交换，仅由于外界压力的变化，使该空气块膨胀或压缩，引起温度的变化，这种过程，称为绝热变化过程。

空气块在上升过程中，因外界气压减小，气块体积膨胀，对外做功。由于气块与外界无热量交换，做功所需的能量，只能由其本身内能来负担，因而气块降温。这种气块因绝热上升而使温度下降，称为绝热冷却。反之，气块绝热下沉时，因外界气压增大，气块体积被压缩，外界大气对气块做了功，所做的功全部用于增加它的内能，从而使得气块温度升高，这种因绝热下沉而增温的现象，称为绝热增温。

（二）空气温度的变化

由于大气温度的高低决定于大气的热量收支，大气的热量主要来自地面，而地面的热量又是在不断变化着的，所以空气温度也在变化，由于地球的自转和公转，使得到达地面的太阳辐射具有周期性的日变化和年变化，从而使空气温度也发生日变化和年变化。这种变化在50m以下近地气层中表现最为明显。此外，在空气平流的影响下，空气温度也会产生非周期性变化。

1. 空气温度的日变化　由于低层大气的热量主要来源于下垫面，所以气温的日变化与土温的日变化相似，也是在一天中有一个最高值和一个最低值，但它们出现的时间比土壤温度落后。最高值出现在14时前后，最低气温则出现在日出前后。同时，气温的日较差也比土壤表面温度日较差小，而且离地面越远，日较差越小。最高气温、最低气温出现的时间也推迟。

总体而言，农业生产上希望有较大的气温日较差，这样有利于作物优质高产，如马铃薯、甘薯、小麦、葡萄等，就是这类作物。日较差大，白天温度较高，夜间温度较低，这样，白天光合作用制造的糖类多，而夜间呼吸消耗少，所制造的糖类积累就多，从而实现优质高产。

气温日较差是一个地区天气和气候状况的特征值。它的大小受海拔、纬度、季节、地形、下垫面性质和天气条件等因素的影响。

（1）海拔。随着海拔高度的增加，气温日较差减小。如济南（海拔55.1m）平均日较差为10℃，而靠近济南的泰山（海拔1 500m左右），平均日较差仅6.2℃。

（2）纬度。由于一天中太阳高度角的变化是随纬度的增高而减小的，故随纬度的增加日较差减小。如赤道地区的平均日较差为12℃，温带地区为8~9℃，极圈地区仅为3~4℃。

（3）季节。一般夏季气温日较差大于冬季，这是因为夏季太阳高度角大，日照时间较长。但在中纬度地区因夏季昼长夜短，夜间降温不多，故夏季气温日较差反而不如春、秋季大。如北京地区，1月和7月日较差为11℃，而4月和10月分别为16.4℃和13.3℃。

（4）地形。凸出的地形，如山丘、山岗地，因风速较大，乱流作用较强，气温日较差比平地小。低凹地形，如谷地、山间盆地，在空气与地面接触面积大，通风不良，且在夜间常成为冷空气泄流汇合之地，气温日较差较平地大。

（5）下垫面性质。下垫面的热特性和对太阳辐射吸收能力的不同，气温日较差也有区别。如海洋气温日较差比陆地小，陆地离海越远，日较差越大。大陆上以沙漠的日较差最大，常常超过20℃。沙土、深色土、干松土壤上的日较差分别比黏土、浅色土和潮湿紧密土壤为大。

（6）天气条件。晴天日较差大于阴天。

2. 空气温度的年变化　气温的年变化与土壤温度的年变化趋势一致。一般以逐月平均气温来表示其年变化规律，我国大部分地区的气温年变化曲线呈单峰型分布。在中高纬度内陆地区，一年中最高温度和最低温度，分别出现在1月和7月。海洋和沿海地区则出现在2月和8月。一年中最热月和最冷月的平均温度之差，称为气温的年较差。年较差也受诸多因子的影响。

（1）纬度。气温年较差随纬度的增高而增大。因为随纬度的增高，太阳辐射的年变化增大。如我国华南地区气温年较差为10~20℃，长江流域为20~30℃，华北和东北南部为30~40℃，东北北部在40℃以上。

（2）地形。地形对气温年较差的影响与日较差相似。一般凹地的气温年较差大于凸地，即随海拔的升高而减小。

（3）距海远近。由于水体对气温变化的缓解作用，距离海洋越近，气温年较差越小。如纬度同样接近北纬39°，远离海洋的河北保定的气温年较差为32.6℃，而临近海洋的大连的气温年较差为29.4℃。

（4）天气条件。主要决定于一年中晴天数与阴（雨）天数的比例。凡一年中晴天比较多的地区，气温年较差就比较大，而一年中阴（雨）天数较多的地区，气温年较差就比较小。

3. 空气温度的非周期性变化　气温除了周期性的日变化、年变化以外，在空气大规模的冷、暖平流运动的影响下，还存在非周期性的变化。如进入3月以后，我国江南地区正是春暖花开的时期，但常因为冷空气南下而突然转冷，出现"倒春寒"的天气。秋季则由于暖空气的来临，也会出现突然回暖的情况，形成"秋老虎"天气。这些非周期性天气的出现会破坏原有的气温日变化、年变化的周期性规律，这在农业生产上极为重要。如在早春气温开始回升后，常常因为冷空气的侵袭而突然降温，而降温后又会出现几天的温度回升。在棉花生产上，常利用这种天气上的"冷尾暖头"规律，及时组织播种，使棉籽在气温回升期顺利出苗。

4. 空气温度的垂直变化　空气温度随高度的增加而降低，这是对流层气温垂直分布的基本特征。因为土壤表面是大气主要而又直接的热源，所以距地面越远，温度就越低。另外，水汽和凝固杂质的分布在低层比高层多，而它们吸收地面辐射的能力很强，因此对流层中气温随高度的增加而降低。

（1）气温直减率。在对流层中，气温垂直分布的特点用气温直减率表示。气温直减率是指高度每变化 100m 时气温的变化数值，平均约为 0.65℃。

（2）逆温现象在植物生产中的应用。在对流层中，气温一般是随着高度的增加而递减的，但在一定条件下，有时也会出现气温随着高度的增加而增加的现象，这种现象称为逆温现象。出现逆温的气层，称为逆温层。出现逆温层时，冷而重的空气在下，暖而轻的空气在上，不易形成对流运动，使大气处于稳定状态。逆温层能阻止乱流和对流的发展，因此在逆温层中，垂直运动不能向上发展，地面蒸发的水汽、烟尘、尘埃等多半集中在逆温层的下部。

根据逆温形成的原因，可分为辐射逆温、平流逆温、下沉逆温、锋面逆温等类型。常见的是辐射逆温、平流逆温。

①辐射逆温。由于下垫面辐射冷却而形成的逆温。在晴朗无风或微风的夜晚，下垫面由于有效辐射而强烈降温，接近下垫面的空气也随之降温，离下垫面越远，空气降温越小。从地面向上出现了气温随高度的增加而增加，即出现逆温现象。

辐射逆温通常在日落前开始出现，半夜以后形成，夜间加强，黎明前强度最大。日出以后地面及其临近空气增温，逆温便自下而上逐渐消失，最后恢复正常。辐射逆温在大陆上常年可见，在中高纬度地区以秋冬季节出现为多，其厚度可达几百米。

②平流逆温。暖空气流到冷的下垫面上，使接近地面的空气冷却所形成的逆温。如冬季从海洋上来的气团流到冷却的大陆上，秋季空气由低纬度流到高纬度时，都会出现较强的平流逆温。平流逆温在一天中任何时间都可能出现。白天，平流逆温可因太阳辐射使地面受热而变弱，夜间则可因地面有效辐射而加强。

逆温现象在农业生产上应用很广。如在寒冷季节，晾晒一些农副产品时，常将晾晒的东西置于一定高度（温度＞0℃的高度）之上，以免接近地面温度过低而冻坏。防治病虫害时，也往往利用清晨的逆温层，使药剂不至于向空中乱飞，而能均匀散落于植株之上。在果树嫁接时，也常利用逆温现象，将嫁接部位置于气温较高的范围之内，以避开低温层，使果树即使在温度很低的年份也能不致遭受冻害而安全越冬。

项目三　植物生长的环境温度调控

一、保护地栽培

(一)地面覆盖

利用塑料薄膜进行覆盖或建造各种形式的温室、大棚等，在蔬菜栽培、水稻育秧、花卉越冬、地膜保墒、防除杂草等方面得到了广泛的应用，并在保温、增温、抑制杂草、保蓄水分等方面发挥了重要作用。地面覆盖的主要形式有：

1. 地膜覆盖　地膜覆盖是用薄而透明或不透明的塑料薄膜覆盖于土壤表面上，具有增温、保墒、增强近地层光强和二氧化碳浓度的功能。在北方，春季用地膜覆盖的土壤 5～10cm 的地温可以提高 4℃左右。一般白天的增温效果明显好于夜间。白天是晴天效果最好，多云天次之，阴雨天较差。不同的薄膜增温效果也有差异，一般以透明薄膜效果最好，绿色薄膜次之，黑色薄膜效果较差。地膜覆盖的另一个作用是抑制土壤水分的蒸发，因而保蓄了土壤水分。地膜覆盖后，由于地膜本身的反光作用，较好地改善了植株下部的光照条件。乳白色薄膜、银灰色薄膜反光较多，透明薄膜居中，绿色、黑色薄膜反光较少。由于地膜的增温效应有时很明显，因而生产上需要根据植物的生长情况加以必要的调节和控制。尤其需要防止白天因高温而出现烧苗现象，一旦有这种苗头，就要注意及时放苗或揭膜通风，以适当降低膜内温度。

2. 铺沙覆盖　我国西北的干旱地区常应用在农田上铺沙覆盖的技术。具体方法是在农田上铺一层约10cm厚的卵石和粗沙，铺沙前土壤先行耕翻和施肥，铺后数年乃至几十年不再耕翻。也有的地区仅铺细沙，这样耕翻的时间就要短一些。铺沙后具有一定的增温和保水效应。

3. 其他覆盖　近年来农业生产上大量应用的秸秆覆盖技术，以及近年来发展很快的无纺布浮面覆盖技术、遮阳网覆盖技术等，其主要作用也都是表现在增温或降温、保墒、抑制杂草等几个方面。

（二）塑料大棚

随着高分子聚合物——聚氯乙烯、聚乙烯的产生，塑料薄膜广泛应用于农业。日本及欧美国家于20世纪50年代初期应用薄膜覆盖温床获得成功，随后又覆盖小棚及温室也获得良好效果。

大棚覆盖的材料为塑料薄膜。适于大面积覆盖，因为它质量轻，透光保温性能好，可塑性强，价格低廉；又由于可使用轻便的骨架材料，容易建造和造型，可就地取材，建筑投资较少，经济效益较高；还能抵抗自然灾害，防寒保温，抗旱、涝，提早栽培，延后栽培，延长作物的生长期，达到早熟、晚熟、增产稳产的目的，深受农民群众欢迎，因此，在农业生产上发展很快。

大棚原是蔬菜生产的专用设备，随着生产的发展，大棚的应用越加广泛。当前大棚已用于盆花及切花栽培；蔬菜生产上用于草莓、西瓜、甜瓜等栽培；果树生产用于葡萄、桃及柑橘等栽培；林业生产用于林木育苗、观赏树木的培育等。

利用塑料大棚以春、夏、秋季为主。冬季可用于耐寒作物在棚内防寒越冬。高寒地区、干旱地区可提早利用大棚进行栽培。在北方，冬季在温室中育苗，以便早春将幼苗提早定植于大棚内，进行早熟栽培。夏播，秋后进行延后栽培，一年种植两茬。由于春提前，秋延后而使大棚的栽培期延长2个月之久。东北一些寒冷地区于春季定植，秋后延迟生长，全年种植一茬，黄瓜的产量比露地提高2~4倍。为了提高大棚的利用率，往往采取在棚内临时加温，加设二层膜防寒，大棚内筑阳畦，加设小拱棚或中棚，覆盖地膜，大棚周边围盖稻草帘等防寒保温措施，以便延长生长期，增加种植茬次，增加产量。

（三）温室

温室栽培是保护地栽培的主要形式。它是利用特定设施的保温防寒、增温防冻功能，在低温或寒冷的季节进行植物的栽培和生产。温室栽培经过长期的生产实践已形成低级、中级和高级等多种温室类型。已由过去的简易温室发展到了相当规模的连栋温室，由过去的单一控制温度的温室发展到了多种环境因素协调控制的一系列适应不同气候、不同地区的多样化高档温室。

温室可以分为多种类型。现代化温室是比较完善的保护地生产设施，利用温室可人为地创造、控制环境条件，在寒冷或炎热的季节进行蔬菜、花卉等生产。我国目前将现代化温室分为塑料温室和玻璃温室两大类。凡是用塑料薄膜或硬质塑料板覆盖而成的温室就称为塑料温室，凡用金属或木构件为骨架，用玻璃覆盖而成的温室称为玻璃温室。根据温室有无加温设备又可分为加温温室和不加温温室（日光温室）。日光温室结构相对比较简单，建造和拆装比较方便，增温效应也比较明显，因而生产上应用比较普遍。加温温室是一种比较完善的设施栽培形式，其除了充分利用太阳光能以外，还用人为加温的方法来提高温室内的温度，供冬春低温、寒冷季节栽培植物之用。

二、耕　作

（一）耕翻松土

耕翻松土的主要作用是疏松土壤、通气增温、调节水气和保肥保墒。

1. 疏松土壤、通气增温　中耕松土后，土壤表层粗糙，反射率降低，吸收的太阳辐射有所增加，使得土表的有效辐射也有所增大。同时，松土后土壤孔隙度增大，空气含量增多，土壤热容量和热导率减小。白天或暖季，由于热量积集表层，耕翻松土后温度比未耕地的高，而其下层则比较低。相反，夜间或冷季，由于深层向土壤表面传送的热量较少，因而耕翻松土的表层温度比未耕地的低，下层则较高。因此，松土的温度效应，不仅随昼夜、季节的不同而不同，而且随土层的深浅也有差异。低温期间，表层是降温效应，深层是增温效应；高温时节，表层是增温效应，而深层则表现为降温效应。

2. 切断毛管联系，减少水分蒸发　中耕松土可以切断土壤毛管联系，从而减少下层土壤水分向土表的供应，使得土表蒸发的水分供应减少。表土变干后，蒸发耗热减少，这样表层温度就能升高，土壤水分降低，而下层则温度降低，湿度增大。实现保墒目的。但在暖季降水后或在土壤湿度较高的情况下，松土后的效果就不一样了。这时，影响层的土壤湿度比下层大，透水性强，保水能力也强，蒸发强而耗热多，因此，影响层的温度比没有松土的反而低，土壤湿度也比较高，越到下层差别越小。

因此，在春季特别是早春，当低温成为影响作物的主要因素时，中耕松土可以提高土壤表层温度，保持深层土壤水分，增加土壤二氧化碳的释放量，利于种子发芽出苗、幼苗生长和积累有机养分。

（二）镇压

镇压是利用镇压器具的冲力和重力对表土或幼苗进行碾压的一种栽培措施。目的在于压紧土壤、破碎土块。

1. 镇压对土壤的影响　土壤镇压以后，土壤紧实，土壤的孔隙度减小，土壤容重和毛管持水量增加，尤其是土壤表层这些效应更为明显。因此，镇压后土壤的容积热容量和热导率都随之增大（表4-8），但到一定深度，这种效应就会消失。

表 4-8　镇压对 0～5cm 土壤热特性的影响

（吴国宜.2001. 植物生产与环境）

处理	容积热容量 [J/（cm^3·℃）]	热导率 [×10^{-4}J/（cm·s·℃）]
镇压	0.33×4.184=1.38	3.04×4.184=12.72
未镇压	0.28×4.184=1.17	1.06×4.184=4.44
效应（%）	+17.9	+186.5

镇压后土壤的容积热容量和热导率增大。土壤经镇压后，白天热量下传较快，使土壤表

层在一天的高温期间有降温趋势；夜间下层热量上传较多，故在一天的低温期间可提高温度，土表日温差小。据测定，5～10cm 土温日变幅，镇压的比未镇压的小 2.2℃。值得注意的是在降温季节，特别是寒潮来临前后，镇压过的土壤的土壤温度比对照要高。

2. 镇压对土壤热交换的影响　镇压对土壤的热交换有明显的影响。观察表明：白昼从地表向深层传导的热量，镇压地比未镇压地多，土壤日交换的日总量，也是镇压地比未镇压地多。于是，镇压地在清晨和夜间有增温效应，在中午前后则有降温效应。

此外，镇压可以使土壤的颗粒破碎，使土壤的裂缝弥合，在寒流袭击时可以有效地防止冷风渗入而影响植物的生长发育。

镇压还有一个作用就是提墒。镇压后土壤的容重加大，增加了表土层的毛管上升水供应，因而耕作层内土壤湿度提高，增强了提墒作用。

(三) 垄作

垄作就是先起垄，在垄背上栽种植物，起垄高度可达到 20cm 左右。垄作的目的在于提高土层温度，增大受光面积，利于排水、通风透气。

1. 垄作的温度效应　垄作的增温效应受季节和纬度的影响。一般暖季增温、冷季降温；纬度越高，增温效应越明显，低纬度则增温效应不明显。同时，天气等其他因素也有影响。晴天增温明显，阴天不明显；干土增温明显，潮土反而降温；垄向为南北走向的垄背上东西两侧土温分布均匀，增温效应要好一些；表土增温比深层土壤明显。此外，垄作的增温效应与昼夜长短及辐射平衡有密切的关系。春分日后，高纬度地区昼长夜短，白昼辐射平衡总量比夜间大，因而一天中垄作的增温效应胜过降温效应。

2. 垄作的热量效应　在植物生长初期，垄作减小了反射率，因而增大了短波辐射收支，且由于垄作的辐射面大，地面有效辐射比平的要高。因此，垄作和平作的辐射平衡是相差不大的，但其辐射增热的冷却方面却比平作急剧。

3. 垄作的通气效应　在湿润地区，由于垄作有较大的暴露面，土壤蒸发比较强，但当垄面形成疏松的干土层后，下层土壤水分向表层输送减弱，这时的垄面蒸发就反而比平作要小得多。同时，垄作在多雨季节，有利于排水抗涝。此外，由于垄作增强了田间的光照度，改善了通风状况，利于棉花、甘薯等作物的生长和发育。

三、水分管理

(一) 灌溉

从土壤的热特性可以看出，土壤水分对土温的影响很大。提高土壤含水量，使土壤热导性增强，热容量增大，土温升降缓慢。据此原理，生产上常根据气温变化，采取灌排措施，达到增温、保温或降温的目的。灌溉以后，灌溉地土壤在热量收支及土壤热特性上均发生变化，从而使得灌溉地上出现特殊的小气候。

1. 灌溉地上的温度状况　灌溉地上地温的日变化平缓，白天灌溉地地温比未灌溉地低，夜间则比未灌溉地高，这种差异主要表现在 0～5cm 的土层中，到了 5cm 以下则相差甚小。需要指出的是，灌溉地比未灌溉地白天降温明显，夜间降温不明显。如地面最高温度，灌溉地比未灌溉地低 9℃ 左右，而地面最低温度仅高 1.5～2.6℃。所以在暖季，灌溉后平均地温比未灌溉地要低。

灌溉地上植物冠层内白天的气温比未灌溉地低，夜间比未灌溉地高，气温日变化小。这种效应主要在 150cm 以下的气层中。如灌溉地冬小麦田 20cm 的气温白天比未灌溉地的低 4℃，50cm 的气温白天比未灌溉地仅低 1.5℃，清晨 20cm 的气温比未灌溉地的高 2℃，150cm 的气温仅高 1℃。

灌溉的温度变化方式与灌溉的方式、灌溉地面积等有关。畦灌比喷灌温度变化明显，持续时间长，但对水的利用不经济。灌溉的范围越大，温度变化越明显。

2. 不同季节的灌溉效应 温暖季节灌溉会引起降温，而寒冷季节灌溉可以保温。原因在于灌溉后增大了土壤的热容量和热导率。据观察，北方冬灌麦田比未灌溉麦田的地温高 2.3～2.4℃，且降温速度慢，整个冬季，冬灌麦田比未灌溉麦田 5cm 地温高出 2℃左右（表4-9），尤其是浇水后浅锄的麦田保温效果更为明显，对减少小麦冻害也有显著的作用。

表 4-9　小麦冬灌后 1～3d 地温的变化（11 月）（℃）
（吴国宜．2001．植物生产与环境）

时间	处理					
	冬灌		未冬灌		差值	
	地面	5cm	地面	5cm	地面	5cm
18 日 6 时	−1.0	1.5	−2.3	−1.9	1.3	3.4
19 日 6 时	−1.2	1.2	−2.9	−2.0	1.7	3.2
20 日 6 时	−2.4	−1.0	−4.7	−3.3	2.3	2.3

在春、秋季这样的冷暖过渡季节，灌溉后日平均温度是增高还是下降，决定于昼间降温和夜间增温量的对比。如在早春 2 月中下旬，小麦返青水或补墒水的使用时机适当，可使灌水后不立即降温，而以保温为主，保温效果可达 0.5～1.0℃。同样道理，北方冬灌如在初冬进行，最初以降温为主，渐渐地变为以保温为主。春暖后，若冬灌地水分仍较多，又变为以降温为主。南方冬灌以降温为主。

华北一带常采取冬灌的方法来防止或减轻霜冻的危害。

总之，灌溉对农业生产有重要意义。除了补充植物需水以外，还可以改善农田小气候。春灌可以抗御干旱，防止低温危害；夏灌可以缓解伏旱，降低温度，减轻干热风危害；秋灌可以缓解秋旱，防止寒露风危害；冬灌可以为作物的安全越冬创造条件。

（二）喷灌

喷灌对气温和空气相对湿度的影响一般要比地面灌溉大，在出现干热风和霜冻天气时，其降温和增温效应比较明显。

四、物理化学制剂应用

（一）土面增温剂

土面增温剂是一种石油的副产品，稀释后，喷洒于土壤表面，成为一种非常薄的地面覆盖物，它具有保墒、增温、压碱，防止风蚀、水蚀等作用。一般能抑制 50%～90% 的土壤水分蒸发，尽管它同时也能使地面反射率和有效辐射增大，而使得地面辐射净收入减少，但结果还是使地面温度和贴地气层的温度增高。试验表明，土面增温剂可使 5cm 表土层日平均地温增加 3～4℃，中午最大可增温 11～14℃。增温效果以晴天最为明显。土面增温剂的增温效应有一定的时间性，因此，间隔一定时间（一般为 15～20d）要重复喷洒一次。土面增温剂应用于棉花、水稻以及蔬菜等育苗，可提前出苗 5～10d，可早移栽、早成活。

（二）降温剂

降温剂也称反光剂，它是一种白色反光物质，喷洒后，能增强植物叶面和土壤表面对太阳辐射的反射能力，从而降低植物叶面和土壤表面的温度，晴天 14 时左右，可使地面温度降低 10～14℃。喷洒一次，有效期可维持 20～30d。在夏天高温季节喷洒降温剂，可有效地防止热害、旱害和高温逼熟现象的发生。

（三）有色物质

在地面上喷洒或施用草木灰、泥灰等黑色物质，因增加了对太阳辐射的吸收而达到增温效果。相反，施用石灰、高岭土等浅色物质，因增加了对太阳辐射的反射而降温。

实验实训一　空气温度的测定

【能力目标】

了解干球温度表、最高温度表、最低温度表、温度计的构造原理，会观测空气温度。

【气温观测仪器的构造原理】

1. 干球温度表（普通温度表）　用来测定空气任一时刻的温度。它利用水银的热胀冷缩特性指示出任一时刻的温度。构造上分感应球部、毛细管、刻度磁板、外套管四个部分（图 4-8）。它的刻度范围一般有两种：－36～46℃和－26～51℃。刻度磁板上每小格等于 0.2℃。

2. 最高温度表　用来测定一定时间内的最高温度。最高温度表也是一种水银温度表，构造特点是感应部分内（简称球部）有一玻璃针伸入毛细管，使感应部分和毛细管之间形成一窄道（图 4-9）。当温度上升时，感应部分水银体积膨胀，一部分水银能挤过窄处沿毛细管上升；而温度下降时，球部水银收缩，但毛细管内的水银，由于窄道摩擦力的作用，却不能回到球部，因而能指示出上次观测调整后这段时间内的最高温度。

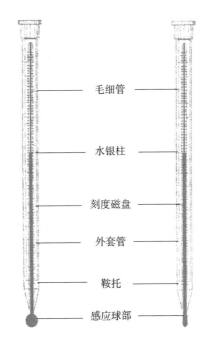

毛细管

水银柱

刻度磁盘

外套管

鞍托

感应球部

图 4-8　干球温度表

（张文煜，仝纪龙.2008.大气探测学.3 版）

3. 最低温度表　用来测定一定时间内的最低温度。最低温度表的感应液是酒精。因为酒精在低温情况下不容易冻结，而水银则容易冻结。在它的毛细管内有一蓝色哑铃形游标（图 4-10）。当温度下降时，酒精柱便相应收缩下降，借助酒精柱顶端表面张力作用，带动游标下降；当温度上升时，酒精膨胀，酒精柱经过游标和毛细管壁之间的缝隙慢慢上升，而游标仍停在原来位置上，所以根据游标远离球部一端的指示，就可以读出上次观测调整以来这段时间的最低温度。

4. 温度计　一种用于自动记录空气温度变化的仪器。它由感应部分、传递放大部分和

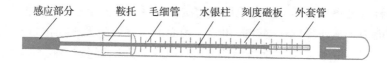

感应部分　鞍托　毛细管　水银柱　刻度磁板　外套管

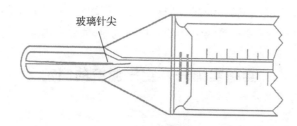

玻璃针尖

图 4-9　最高温度表
（张文煜，仝纪龙．2008．大气探测学．3 版）

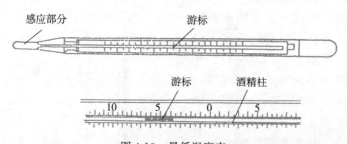

感应部分　　　　　　　游标

游标　　　　酒精柱

图 4-10　最低温度表
（张文煜，仝纪龙．2008．大气探测学．3 版）

自记部分组成（图 4-11）。感应部分是由两片具有不同膨胀系数的金属片互相焊接在一起而组成的，双金属片一端固定在仪器外部支架上，另一端通过杠杆和自记笔相连，自记笔笔尖内装有特制的墨水。自记笔尖和裹在自记钟上的自记纸接触，自记纸上的水平线表示温度，通常每格表示 1℃。当温度发生变化时，双金属片就发生微小变形，通过杠杆的传递和放大，带动自记笔上（升温）、下（降温）移动。又由于自记钟是不断地旋转着的，相对地笔尖就在自记纸上连续地记录出气温随时间变化的曲线。

【气温观测仪器的安置】

测定气温和空气湿度的仪器安置在

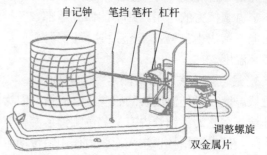

自记钟　　　笔挡 笔杆 杠杆

调整螺旋

双金属片

图 4-11　温度计
（张文煜，仝纪龙．2008．大气探测学．3 版）

百叶箱内（图4-12）。

百叶箱的作用是防止太阳对仪器的直接辐射和地面对仪器的反射辐射，保护仪器免受强风、雨、雪等的影响，同时使仪器的感应部分有适当的通风，以能真实地感应外界空气温度和湿度的变化。

百叶箱分为大小两种。小百叶箱内安置干球温度表、湿球温度表、最高温度表、最低温度表和毛发湿度表，箱内有一固定的铁架，干、湿球温度表球部向下垂直插在铁架横梁两端的环内，干球在东，湿球在西。球部中心距地1.5m。湿球温度表球部包扎一段纱布，纱布下

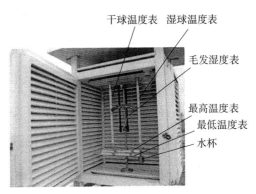

图4-12　小百叶箱内仪器的安置
（张文煜，仝纪龙.2008.大气探测学.3版）

端浸入水杯内。杯口距湿球3cm。毛发湿度表固定在铁架横梁的弧形钩上。最高温度表在上，最低温度表在下，球部向东，球部中心离地面分别为1.53m和1.52m。大百叶箱内水平安置温度计和湿度计。温度计在前，感应部分中心离地1.5m，湿度计在后位置稍高。

【气温的观测方法】

观测时按照干球温度表、湿球温度表、毛发湿度表、最高温度表、最低温度表和温度计的顺序进行。干湿球温度表每天观测4次（北京时间2时、8时、14时、20时），最高、最低温度表每天20时观测1次。

①各种温度表读数要准确到0.1℃。最高温度表、最低温度表刻度磁板上每小格是0.5℃外的小数部分都要估计。温度在0℃以下时，其读数应加负号"—"，如—5.6℃，即为零下5.6℃。各种温度表读数应根据所附检定证进行器差订正。如示度超过检定范围，则以该检定证所列的最高（或最低）温度值的订正值进行订正。没有检定证的温度表，其读数是不可靠的。

②最高温度表应水平安装。安装时球部应向下倾斜，以免水银上滑。观测时，应注意温度表的水银柱有无上滑脱离开窄道的现象。若有上滑现象，则应稍稍抬起温度表的顶端，使水银柱回到正常的位置，然后再读数。最高温度表读数后，要进行调整。用手握住表身，感应部分向下，手臂外伸出约30°的角度，用大臂将表前后甩动（一般甩3次），毛细管内水银就可以下落到球部，使示度接近或等于当时的干球温度。调整时，动作要迅速，避免太阳光照射，也不能用手接触感应器部分。甩动幅度不要过大，以免水银柱撞坏窄道。调整后，把表放回到原来的位置上时，先放球部，后放表身。

③观测最低温度表时，眼睛应平直地对准游标远离感应部的一端，观测酒精柱顶时，对准凹面中点（即最低点）的位置。最低温度表读数后也要调整。抬高温度表的感应部分，表身倾斜，使游标回到酒精柱的顶端。最低温度表也应水平安放，安放时先放头部、再放球部。由于高温及振动，有时使水银柱蒸发或使酒精柱分离几段，这些故障可用甩动、加热、撞击等方法将其修复，不能修复时应及时更换。

④温度表读数时应注意避免视差，观测时必须保持视线和水银柱顶齐平。动作要迅速，读数力求敏捷，先读小数、后读整数，尽量缩短停留时间，勿使灯（如夜间观测）接近球部，不要对着温度表呼吸，注意复读，避免发生误读或颠倒零上、零下的差错。如读数有

错，应将数值划去（不能用橡皮擦），在旁边另注明正确值。

⑤测定空气湿、温度时，温度表特别是感应球部要防止太阳直晒，应将温度表放在特制百叶箱里，如无百叶箱也要设法将直射阳光挡住。

⑥温度计读数。读数记录后做时间记号。每天 14 时换纸。换纸时先做终止时间记号。拔开笔档，取下自记纸，记上终止时间，然后上好钟机发条，将填写好日期的新自记纸裹在钟筒上，卷紧，水平对平，底边紧贴筒底缘并以压纸条固定。转动钟筒使笔尖对准记录开始时间，拔回笔档做时间记号，盖上盒盖。

【作业】

将观测场观测的气温记在实习报告上。

实验实训二　土壤温度的测定

【能力目标】

了解地面温度表、曲管地温表、插入式地温表的构造原理，会观测土壤温度。

【地温表的构造原理】

地温观测包括地面温度、地面最高温度、地面最低温度及地中 5cm、10cm、15cm、20cm 深度的温度。

地面温度表（又称 0cm 温度表）、地面最高温度表和最低温度表的构造和原理，与测定空气温度用的温度表相同，但两者的刻度范围不同。5cm、10cm、15cm、20cm 曲管地温表的构造和原理亦基本同上，只是表身下部伸长、长度不一，并且在感应部分上端弯折，与表身成 135°夹角（图 4-13）。

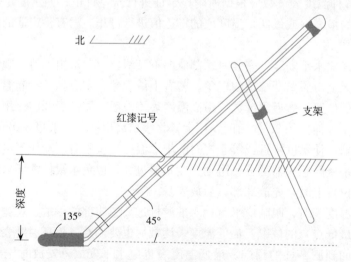

图 4-13　曲管地温表

（包云轩，樊多琦 . 2007. 气象学实习指导）

【地温表的安装】

观测土壤温度用的仪器应安装在翻耕的裸地上，如观测某一块作物田的地温，可把仪器安置在垄间，地表要疏松、平整、无草。

地面的 3 支温度表须水平安装于观测地段的东侧。按地面温度表、地面最低温度表、地面最高温度表的顺序自北向南平行排列，球部向东，并使其位于南北向的一条直线上，表间相隔约 5cm；感应部分及表身一半埋入土中、一半露出地面。埋入土中部分的感应部分与土壤必须密贴，不可留有空隙；露出地面部分的感应部分和表身要保持干净。

曲管地温表一般安置在地面最低温度的西边约 20cm 处，按 5cm、10cm、15cm、20cm 深度顺序由东向西排列，球部向北，表间相隔约 10cm；表身与地面成 45°夹角，各表表身应沿东西向排齐，露出地面的表身需用叉形木（竹）架支住（图 4-13）。

安装时，需按上述要求选好地段，然后挖沟，放好仪器，再用土将沟填平，土层也需适度压紧，使表身与土壤不留空隙，整个安装过程，动作应轻巧和缓，以免损坏仪器。

观测时，不要践踏土壤。因此，一般应在地温表北面 40cm 处，顺东西向设置一观测用的棚条式木制踏板。踏板宽约 30cm，长约 100cm。

【地温表的观测】

每日观测时间和观测次数可以根据需要规定，但对一个观测点来说，应当固定不变，以便资料的统计和比较。气象站规定，0cm、5cm、10cm、15cm、20cm 地温表于每日 8 时、14 时、20 时观测；地面最高温度表、最低温度表于每日 20 时观测一次，并随即进行调整。各种地温观测读数也要准确到 0.1℃，温度在 0℃ 以下时，在记录前须加负号"—"。

【地温表的维护】

①在高温日子里，为防止地面最低温度表失效或爆裂，应在早上温度上升后观测记录一次地面最低温度，观测后将地面最低温度表收回，并使其球部向下妥善置于室内或荫蔽处，20 时观测前再放回原处（游标须经调整）。

②在可能降雹之前，为防止损坏地面温度表和曲管地温表，应罩上防雹网罩，雹停后立即取掉。

【作业】

将观测到的地温记录列表附在实习报告上。

【资料收集】

收集了解当地年气温变化资料，并结合当地农业生产实际进行分析。

【信息链接】

可以查阅《中国农业气象》《气象科技》《气候与环境研究》《应用气象学报》《××气象》等专业杂志，也可以通过上网浏览查阅与本模块内容相关的文献。

【习做卡片】

了解当地某一作物正常生长发育所需的温度条件，做成学习卡片。

【练习思考】

1. 试述温度在植物生命活动中的作用。
2. 温度对农业生产有什么影响？
3. 何谓植物生长发育的基点温度？什么是积温？什么是有效积温？什么是植物的温周

期现象？

  4. 什么是农业界限温度？在生产上有何作用？

  5. 什么是土壤的热容量和热导率？热容量和热导率的大小与哪些因素有关？

  6. 试述土壤温度、空气温度的变化规律。

  7. 调节温度的农业技术措施有哪些？

【阅读材料】

智 能 温 室

  智能温室，也被称为自动化温室。它是利用计算机代替人力进行控制，实现各个系统的自动化控制。所有的系统，包括可移动天窗、遮阳系统、保温系统、升温系统、湿窗帘（风扇）降温系统、喷滴灌系统或滴灌系统、移动苗床等都可以通过计算机来实现自动化。智能温室的控制一般包括信号采集系统、中心计算机、控制系统三大部分，其中控制系统起着中流砥柱的作用。

  控制系统通过计算机集散网络控制来实现。工作人员只需要将农作物的生长参数输入计算机系统，系统就可以进行无人自动操作。控制系统控制的参数主要包括室内空气温度、土壤温度、相对湿度、二氧化碳浓度、土壤水分、光照度、水流量以及 pH、EC 值等。自动调节、敏感检查、创造植物最佳的生长环境，这在农作物的生长中起着关键性的作用。经过计算机自动检测和调整的参数，可以更接近于人工设想的理想值，能够满足不同农作物的生长需要。这种技术的出现，对育苗繁育、高产种植，多样化、高需求的生产都是非常有利的，尤其是随着花卉市场的出现，智能温室也在名贵花卉的培育中发挥着重要的作用。在应用中，可以大大增加温室产品的产量，对提高劳动生产率起着重要的作用。

                 （资料来源：南京腾涌温室工程有限公司）

模块五　植物生长与光环境调控

【学习目标】

　　了解植物生产的光照环境及其变化规律，理解光照度、光照时间、光质等光环境因素对植物生长发育及植物产量的构成因素的影响，了解太阳辐射的基本知识，熟悉光环境的调控方式，掌握提高光能利用率的农业技术措施，会观测光照度，能利用所学知识调节植物生长的光环境。

项目一　光照与植物的生长发育

一、光照度与植物的生长发育

　　太阳辐射是地球光和热的主要来源，也是植物生长发育的必需条件。

　　绿色植物只有在光照条件下才能进行光合作用，提供植物生长发育所需要的有机营养。光照影响植物叶绿素的合成、气孔的开闭、光合作用中光反应的进行及光合产物的运输分配，影响植物的生长特性及开花习性，最终影响植物的产量和品质，与农业生产的关系极为密切。因此，研究植物生产的光环境及其变化规律与植物生长发育之间的关系，对指导农业生产具有重要意义。

（一）光照度与光合作用

　　光照度直接影响植物光合作用的强弱，而衡量光合作用强弱的指标是光合速率（也称为光合强度）。光合速率通常是指单位时间单位叶面积所吸收 CO_2 的量或放出 O_2 的量，常用单位是微摩尔/（分米^2·小时）（以 CO_2 计）。

　　植物进行光合作用的同时，也在进行呼吸作用，光合作用进行的气体交换是吸收 CO_2 并放出 O_2，而呼吸作用刚好相反，吸收 O_2 并放出 CO_2。通常，测定光合速率的方法没有把叶片的呼吸作用考虑在内，所以测得的结果为净光合速率。因此，真正的光合速率是净光合速率与呼吸速率之和。

$$净光合速率＝真正的光合速率－呼吸速率$$
$$真正的光合速率＝净光合速率＋呼吸速率$$

　　光照度是影响光合作用的首要因素，因为光是光合作用的能源，又是叶绿素合成和叶绿体发育的必需条件，光通过调控气孔开闭从而影响植物对 CO_2 的吸收，光还能影响大气温度和湿度的变化，所以光照度与植物光合速率的关系极为密切。

　　1. 光补偿点　光合作用只能在光下进行，在黑暗中光合作用停止，只能进行呼吸作用，植物叶片不断吸收 O_2 并释放 CO_2，随着光强增加，光合速率也随之增加，逐渐接近呼吸速率，最后光合速率与呼吸速率达到动态平衡。同一叶片在同一时间内，叶片光合作用吸收的 CO_2 和呼吸作用释放的 CO_2 的量相等，即净光合速率等于 0 时外界环境中的光照度称为光补偿点（图 5-1）。

植物环境中的光照度处在植物光补偿点时，叶片进行光合作用制造的有机物质与呼吸作用消耗的有机物质相等，不能积累干物质，夜晚呼吸作用还要消耗干物质。若植物长时间处在光补偿点或光补偿点以下的环境，植物不能生长，甚至还会"饥饿"而死。所以，要使植物维持生长，光照度必须要高于光补偿点，光合作用超

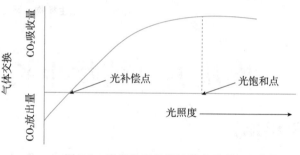

图 5-1　光饱和点和光补偿点示意

过呼吸作用，可以积累有机物质。光补偿点的高低反映植物对弱光的利用能力，作物群体比单株植物的光补偿点要高。

植物光补偿点的高低受环境温度、水分和营养等条件的影响，其中受温度影响较明显。环境温度高，呼吸消耗多，光补偿点就高。植物生产中，种植密度、间作、套种、间苗、修剪、整枝等技术措施，保护地（如温室、大棚）栽培园艺作物等都与光补偿点有关。如栽培农作物过密或肥水过多，造成枝叶徒长，作物下层叶片所受光照一般在光补偿点以下，这些叶片变成消耗器官，没有有机物质的积累，因此，生产中要合理密植，合理施肥浇水，调节植物群体的通风透光条件，降低光补偿点，减少消耗，有利于植物产量的形成。再如，在保护地栽培中，植物生长环境密闭，CO_2不足，若温度高，呼吸作用强，植物的光补偿点就高，不利于光合产物的积累，尤其在阴天时，应该适当通风换气，调节温度及 CO_2 浓度，有利于光合效率的提高及植物的生长。

2. 光饱和点　当植物环境中光照度在光补偿点以上继续增加时，光合速率随之增加。但当光照度达到一定程度时，光合速率达到最大值，此时即使光照再增强，光合速率也不再随之增加，这种现象称为光饱和现象，开始达到光饱和现象时环境中的光照度称为光饱和点（图 5-1）。光饱和点的高低反映植物利用强光的能力。

植物光合作用具有光饱和现象的主要原因是因为光合色素和光反应来不及利用过多的光能，CO_2 的同化速度不能与吸收光能同步，即光合作用中的暗反应比光反应慢，因此，CO_2 的浓度限制了光合速率。

植物的光饱和点并不是绝对不变的，植物群体的光饱和点会随栽培技术的提高（如适当增加环境中 CO_2 的供应量等）而有一定程度的提高。如群体栽培的大田作物，枝叶繁茂，当环境中光照度大于光饱和点时，群体上层光照度达到光饱和点，但群体内部的光照度仍在光饱和点以下，中、下层叶片仍能正常进行光合作用。因此，合理密植的大田植物群体，其光饱和点比单株植物的光饱和点高得多，甚至几乎没有光饱和现象，能较充分地利用光能，有利于植物产量和品质的提高。

3. 光照度对不同类型植物的影响　自然界中，不同植物对光照度的适应能力不同，根据植物对光照度需要不同，把植物分为阳生植物和阴生植物两类。阳生植物在强光环境下才能生长良好，而在荫蔽环境中或弱光条件下生长发育不良，如高粱、玉米、马尾松、月季等植物。阴生植物适宜在荫蔽的环境中或较弱的光照条件下生长，而在强烈的太阳光下会发生萎蔫，不能正常生长，如胡椒、人参、吊兰等植物。阳生植物和阴生植物之所以能适应不同的光照，是与它们的叶片形态结构和生理特征分不开的（表 5-1）。

表 5-1　阳生植物与阴生植物比较

项目	阳生植物	阴生植物
分布	阳光充足、高温干旱的环境	荫蔽环境、密林
叶片厚度	厚	薄
叶片大小	较小	较大
气孔数	多	少
叶幕	稀疏透光	浓密
茎	粗	细长
对光照要求	强光	弱光
生长速度	快	慢
光饱和点	高	低
光补偿点	高	低

以叶绿体来说，阴生植物与阳生植物相比，前者有较大的基粒，且基粒片层数目多得多，叶绿素含量又较高，阴生植物能在较低的光强度下充分吸收光线。因此，阴生植物的光补偿点比阳生植物低。一般，阳生植物的光补偿点为 $9\sim18\mu mol/$（$m^2\cdot s$）（以光子计），而阴生植物的光补偿点则小于 $9\mu mol/$（$m^2\cdot s$）（以光子计）。此外，阴生植物还适应于遮阴处的光的波长，能强烈地利用蓝紫光，适宜于在遮阴处生长。

以饱和光强来说，阳生植物的饱和光强比阴生植物高，阳生植物叶片光饱和点为 $360\sim450\mu mol/$（$m^2\cdot s$）（以光子计）或更高，阴生植物的光饱和点为 $90\sim180\mu mol/$（$m^2\cdot s$）（以光子计）。阴生植物叶片的疏导组织比阳生植物更稀疏，当光照度很大时，达到了叶片光饱和点以上，它的光合速率便不再增加。

了解植物对光照度的要求，对间作套种、造林营林等生产实践具有重要的指导意义。如向阳地种植阳生植物，背阴处种植阴生植物，若在直射光下栽培阴生植物，应采取相应的遮阴措施。林业上，树木按耐阴性强弱排序，可为树种的科学搭配提供参考，如我国北方树种耐阴程度由弱到强的顺序大致是落叶松＜柳＜山杨＜刺槐＜臭椿＜枣＜栓皮栎＜白蜡＜辽东椴＜白桦＜粗榧＜紫果云杉＜柔毛冷杉＜铁杉等。

4. 光抑制现象　光照是光合作用的必需条件，但光照超过植物光合系统所能利用的数量后，植物的光合功能会下降，这种现象称为光合作用的光抑制。在自然条件下，晴天中午的光照度较强，超过植物的光饱和点，许多 C_3 植物（如小麦、水稻、棉花、茶花等）尤其是植物的上层叶片常发生光抑制现象，特别是在温度不适宜、干旱等不良环境同时存在时，光抑制更加严重，有时在中、低光照度下也会发生光抑制现象。光饱和点低的阴生植物更易受到光抑制的危害，如人参苗在直射光下叶片很快失绿，并出现红褐色灼伤斑。

植物本身对光抑制有一定的适应性，出现某些保护性反应。如叶子运动，调节叶片角度回避强光；叶绿体运动以较小面积接受光照；蒸腾作用加强，加快散热等。但植物自身的保护功能是有限的，在植物生产中，应尽量调节植物生长所需要的环境因素，如强光下在蔬菜和花卉等植株上方搭建遮阳网等进行遮光，尽量降低因温度不适宜、水肥条件不良等胁迫因子所导致的光抑制。

（二）光照度与植物的生长发育

光照度不仅影响植物的光合作用，还影响植物种子的萌发、幼叶的伸展、花芽分化，光照度的日变化、年变化还导致植物的周期性生长，光照度的不均匀还会造成植物的向光性生长，秋季光照度状况还影响植物的抗寒能力。所以，光照度从多方面影响植物的生长发育。

1. 光照度与种子萌发 植物种子的萌发对光照条件的要求不同，大多数植物种子为中光种子，只要温湿度、氧气条件适宜就能萌发，有无光照均可，如小麦、水稻、棉花、大豆等；少数植物种子为需光种子，它们在有光条件下萌发良好，在黑暗中发芽不好甚至不能发芽，如紫苏、桦木、胡萝卜、莴苣等；而苋菜、番茄、葱、蒜、韭菜、黄花、百合、郁金香、万年青等植物的种子，在黑暗中萌发良好，在光照条件下萌发不好，为嫌光种子。

2. 光照度与植物运动

（1）向光性。光照能刺激高等植物器官产生运动。植物随光照入射的方向而生长弯曲的反应，称为向光性。植物地上部分茎叶具有正向光性（器官生长的方向朝光源弯曲），如向日葵；而根部具有负向光性（器官生长的方向与光源相反）。向光性对植物生长具有非常重要的意义。如大田栽培的农作物，由于叶片具有向光性的特点，所以，叶片能尽量处于最适宜利用光能的位置，充分利用太阳光能，进行光合作用，产生有机产物；在森林中生长的低矮的灌木，其茎叶朝着太阳光的位置伸展，更好地进行光合作用；向日葵顶端对阳光很敏感，它在一天中能随着太阳的运动而运动。

生长素在向光和背光两侧分布不均匀导致了向光性运动。单侧光源照射玉米胚芽鞘时，胚芽鞘尖端产生的IAA向背光一侧移动，运输到细胞伸长区，刺激细胞伸长，背光一侧生长快于向光一侧，导致胚芽鞘向光弯曲。

（2）感夜性。由于光照的刺激，使得许多植物的叶片或花做出一定反应，称为感夜性。如含羞草、花生、木瓜，白天叶片高挺张开，晚上则闭合或下垂；蒲公英的花序在晚上闭合，白天开放；烟草的花晚上开放而白天闭合。这种由于昼夜光暗交替引起的运动，称为感夜运动。感夜运动产生的原因可能是由于光照和温度的变化引起生长素在器官上下分布不均匀造成的。

3. 光照度与植物的周期性生长 光照度有明显的日变化。在温暖、晴朗、水分供应充足的天气，光合速率随着光强的变化而变化，呈单峰曲线，从清晨开始，光合速率随着光强的加强而增加，中午前后达到高峰，之后开始降低；在光线强烈、气温过高、湿度较低的夏天晴天，光合速率变化呈双峰曲线，大峰在上午，小峰在下午，中午前后光合速率下降，呈现"午睡"现象。如玉米、水稻、小麦、大白菜、梨、葡萄、山楂等植物都存在光合"午睡"现象，引起这种现象的原因非常复杂，可能是由于强光下产生光抑制，光呼吸增强消耗有机物质；也可能是在高温的中午前后，叶片蒸腾速率加大，导致叶片失水严重、水势降低，气孔开度下降，CO_2 进入叶片受阻，光合速率下降。因此，在生产中，对作物进行及时浇水或选用抗旱品种来缓和"午睡"现象。

光照度及光照时间在一年中发生有规律的季节变化，与温度、水分等因素共同使植物的生长呈现季节周期性。在春季，光照度逐渐加强，光照时数逐渐延长，气温回升，芽和种子开始萌发生长；夏季，光照度更强，光照时间进一步延长，温度不断升高，植物进入旺盛生长阶段，并逐渐成熟；秋季，随着日照时数缩短、气温下降，多数植物走向成熟、落叶；而在光照时数短、气温低的冬季，对温、寒带的植物来说，一年生植物完成生活史后，营养体死亡，种子进入休眠，多年生植物的芽也进入休眠状态。由此决定了植物生产的节律性，如春播、夏长、秋收、冬藏；或春播、夏收；或夏播、秋收；或秋播、春长、夏收。

4. 光照度与植物的脱落及抗寒能力 器官脱落受光照度影响很大，光照充足时，器官不脱落；光照不足时，器官容易脱落，而且含糖量较高的果实和叶片不易脱落；含糖量较低的果实和叶片容易脱落。在实践中，植物栽培过密时，下部叶片光照不足导致光合速率低，产生的有机产物少，因此，花果和叶片中得到的营养少导致落花落果。如苹果叶片获得的光照度减弱至30%以下时，叶片中有机产物的消耗大于合成，苹果叶片容易脱落。生产中一般通过调整树体树冠形状、合理配置各级枝条等措施延缓叶片脱落。

秋季天气晴朗，光照充足，植物光合能力强，积累糖分多，抗寒能力较强。若秋季阴天时间较多，光照不足，积累糖少，植物抗寒能力就差。

5. 光照度与植物的生殖生长和营养生长　适当的弱光有利于植物的营养生长，适当强光有利于植物的生殖生长。如禾谷类作物在弱光下，叶片面积大而薄，叶面积增大，而强光下则叶面积小而厚；棉花茎叶在弱光下徒长，造成蕾铃的大量脱落，而较强的光照有利于植物繁殖器官的发育。另外，光会抑制多种作物根的生长，而且光强度与抑制根生长呈正相关，原因是光促进根内形成脱落酸。在植物花芽分化期间，光照度对其影响很大，即使温度、水分等条件适宜，如若光照不足，有机物合成量少，形成的花芽数量少，已经形成的花芽也会由于体内养分供应不足而发育不良或早期死亡，而光照度越大，形成的有机物越多，对花的形成越有利，成花数量越多，品质越高。大部分栽培作物为喜光植物，随着光照度的增加，花芽数量逐渐增加，而光照度低时，花的数量较少。如强光下小麦可以分化更多小花，弱光下小花分化减少；强光有利于黄瓜雌花数量的增加，弱光下黄瓜雌花数量减少。

因此，光照较弱的环境对以营养器官为收获对象的植物生长有利，光照充足的环境对收获果实、籽粒的植物生长有利。实际工作中，应根据生产目的搞好植物生产布局，科学调节环境中的光照度。如以果实、种子或籽粒为经济收获器官的植物生产中，要注意植株的合理密植、修剪整形，以避免枝叶相互遮阴，各层枝叶间良好的通风透光条件有利于花芽分化，保证花芽的质量和数量，为植物高产打下基础。

（三）光照度与农产品的品质

1. 光照度与农产品的外观品质

（1）叶色。植物叶片的颜色取决于叶片内各种色素的比例，由于叶片内绿色的叶绿素比黄色的类胡萝卜素多，所以叶片呈现绿色。光照是叶绿素合成必不可少的条件，光照度对叶绿素合成的影响决定着叶片等器官的颜色，如观叶花卉、茎叶类蔬菜等的叶色。光照不足，叶片叶绿素含量少，呈现浅绿、黄绿甚至黄白色；光照过强，叶绿素又会分解；适当充足的光照条件，植物器官呈现正常的绿色。但少数植物如藻类、苔藓、蕨类及松柏科植物在黑暗中也能合成叶绿素，只是不如光照条件下合成的多；莲子的胚芽在没有光照的情况下也能合成叶绿素。

（2）果实着色。果实一般在阳光照射下才能着色，因为花青素的形成需要光照。如苹果快成熟时，果皮中的叶绿素逐渐分解，从而呈现出类胡萝卜素的颜色，同时，在太阳直射光下花色素苷形成使得苹果果实呈红色。在果树栽培中，一般树冠外围的果实受光良好，果实色泽鲜艳，而内部的果实着色较淡。所以果树栽培中要注意树形的培养及整枝修剪，以使果实受光良好，提高果实的外观品质。

2. 光照度与农产品的生理品质　对同种植物的器官来说，较长时间的阴凉多雨条件会使果实含有较多的有机酸，而糖分相对较少，如生长在遮阴地的糖用甜菜的根含糖量较少、马铃薯块茎中淀粉含量较少。在光照充足、气温较高及昼夜温差较大的条件下，果实含糖量相对较高而酸量较少，瓜果香甜可口，品质优良，这也是新疆的葡萄、哈密瓜特别甜的原因之一。光照过强也会影响农产品的品质。在高光强、高温干旱天气，果实容易产生日灼病害。

二、光照时间与植物的生长发育

光照时间从多方面影响植物的生长发育，尤其在植物成花方面，日照时数是非常重要的影响因素。一昼夜中光照与黑暗时间的交替称为光周期，不同季节具有不同的光周期特点。绝大多数植物主要在春分到秋分的温暖季节生长，此时期内高纬度地区具有长日照条件，低纬度地区具有短日照条件。

（一）日照长度与植物开花

许多植物开花具有明显的季节性，说明植物成花对光周期有一定的要求。其实人们很早就发现，昼夜长短影响着植物的开花结实、落叶、休眠以及地下块根、块茎等贮藏器官的形成。植物对昼夜长短的反应，统称为光周期现象。植物在成花之前需要一定的光周期条件称为植物成花的光周期现象。

1. 植物对光周期的反应类型　起源于不同纬度地区的植物，由于长期生活在不同的光周期条件下，其成花对光周期有着不同的要求或反应，因此将植物的光周期分为以下几个类型：

（1）长日照植物。长日照植物是指日照时间必须长于一定的时数（临界日长）或黑暗时间短于一定的时数（临界夜长）才能开花的植物。延长光照时间，能促进或提早开花；相反，缩短光照时间，则会延迟开花甚至不能开花。温带地区在春末和夏季开花的植物多属于长日照植物，如荠菜、小麦、甜菜、油菜、萝卜、洋葱、燕麦、苹果、山桃、丁香、唐菖蒲等。

（2）短日照植物。短日照植物是指日照时间短于临界日长或黑暗时间长于临界夜长才能开花的植物。在一定范围的光周期内，适当的缩短光照时间（但不能短到影响光合产物的积累），能促进或提早植物开花；相反，延长光照时间，则会延迟或不能开花。温带地区秋季开花的植物多属于短日照植物，如大豆、菊花、紫苏、水稻、玉米、甘薯、烟草、一品红、君子兰等。

（3）日中性植物。日中性植物是指对日照时间长短要求不严格，只要其他条件适宜，在任何日照条件下都能开花的植物，如番茄、茄子、辣椒、黄瓜、草莓等蔬菜及菊花、玉米、大豆、花生的某些品种。这类植物受日照长短的影响较小。

（4）长短日植物和短长日植物。这些植物的开花要求不同日长，是双重日长类型。这类植物若一直处于长日照条件或短日照条件下，植物不能开花。如大叶落地生根是长短日植物，在长日照条件下完成花诱导，之后在短日照条件下才能形成花器官，促使植物开花；风铃草是短长日植物，在短日条件下完成花诱导，在花诱导完成后如继续在短日照下，则不能形成器官，只有用长日照处理才能开花。

2. 临界日长　临界日长指在昼夜周期中诱导短日植物开花所需的最长日照时数或诱导长日植物开花所需的最短日照时数。一般，长日照植物开花要求的临界日长是 9～12h，即长日照植物只有在日照时数大于这一临界日长的条件下才能开花；短日照植物开花要求的临界日长是 12～17h。不同种类的植物开花要求的临界日长也不同（表5-2）。

表 5-2　一些植物的临界日长

（潘瑞炽 . 2012. 植物生理学 . 7 版）

短日植物	24h 周期中的临界日长（h）	长日植物	24h 周期中的临界日长（h）
甘蔗	12.5	菠菜	13.0
菊花	15.0	大麦	10.0~14.0
矮牵牛	15.0	小麦	12.0 以上
晚稻	12.0	燕麦	9.0
一品红	12.5	木槿	12.0
美洲烟草	14.0	甜菜（一年生）	13.0~14.0

可见，不管是长日照植物还是短日照植物，它们开花对光周期的要求并不是所需日照时数的绝对值长短，而是只要长于或短于其临界日长就能开花，否则就延迟开花甚至不能开花。

长日照植物的临界日长不一定长于短日照植物的临界日长，或者说短日照植物的临界日长不一定比长日照植物的短。因此，判断某植物是长日植物还是短日植物，不能以日照长短为依据，而要以日照长短与其临界日长相比来判断。如菊花（短日照植物），其临界日长为 15h，日长短于此临界值时能开花；一种品种的小麦（长日照植物），其临界日长为 12h，日长长于此临界值时能开花。若将两者同时放于日长为 13h 的光周期条件下，则都能开花。

植物的光周期反应类型与其地理起源有密切的关系。自然的光周期决定了植物的地理分布和开花季节，植物对光周期的反应类型是对自然光周期长期适应的结果。低纬度地带不具备长日照条件，所以一般分布短日照植物，或者说原产于低纬度地区的植物一般是短日照植物；高纬度地带在植物生长季节具备长日照条件，因而多分布长日照植物，或者说原产于高纬度地区的植物一般是长日照植物；在中纬度地带，长日照植物、短日照植物等类型都有分布。实际上并没有那么严格的界限，由于自然选择和人工培育，同种植物可以在不同纬度地区分布。同种植物的不同品种对光周期的要求有时也不同，如烟草的某些品种为短日照植物，有些品种则为长日照植物，还有的为日中性植物。

3. 光周期诱导

（1）光周期诱导的概念。成花现象对光周期敏感的植物，只需经过一定时间的适宜光周期处理，以后即使处于不适宜的光周期下，仍能长期保持刺激效果，在任何日照长度下都可以开花，这种现象称为光周期诱导。不同植物需要光周期诱导的天数不同，这与植物的地理起源有关。在适宜光周期条件下，红叶紫苏、菊花需要 4d，胡萝卜需要 15~20d，天仙子需要 2~3d，油菜需要 1d，小麦需要 17d。根据植物对光周期诱导时间的需求，可以人为调节植物的开花时间。光周期诱导除了受到日照长度的影响外，还受到温度、水分等其他环境因子的协同作用，所以在生产中，除了调控光照长度外，还要考虑其他影响因子，综合调控植物的开花。

植物感受光周期的部位一般是叶片。叶片感受光周期的敏感性与叶龄有关，幼叶和衰老叶的感受能力较弱，叶片生长至最大叶面积时感受力最强。叶片感受光周期刺激后，产生刺激植物成花的物质，并将成花刺激物输送到茎尖生长点，使植物成花。

通过短日照植物苍耳的嫁接实验发现，只要一株苍耳处在短日照条件下，其余与之嫁接的苍耳即使处于长日照条件下也能开花，这证明了开花刺激物质可以通过嫁接部位在植株之间传导。

（2）光周期诱导中光期与暗期的作用。自然光周期中，植物开花所需的临界日长也可用临界暗期来表示，临界暗期指在昼夜周期中诱导短日植物开花所需的最短暗期长度或诱导长日植物开花所需的最长暗期长度。长日照植物需要在长于临界日长的光照条件下开花，也可以说夜长在短于临界暗期的条件下开花；短日照植物在短于临界日长的光照条件下开花，也可以说暗期在长于临界暗期的条件下开花。

那么，在植物成花所要求的光周期中，光期与暗期的作用哪个重要呢？试验表明，暗期决定植物花原基的发生，光期决定花原基的数量。所以，在光周期诱导植物成花过程中，暗期比光期更重要。短日照植物也称为长夜植物，长日照植物也称为短夜植物。短日植物只要满足暗期大于临界夜长，无论光期时间长短均能开花。如果将能使短日植物开花的暗期用闪光打断，则短日植物不能开花，这称为暗期中断。

（3）光周期诱导与光敏色素。植物接受到适宜的光周期诱导后，若用各种单色光在暗期以闪光的方式进行间断处理，几天后观察植物花原基的发生情况，发现诱导长日照植物（冬小麦）和抑制短日照植物（大豆、苍耳）成花的作用光谱都以波长为640~660nm的红光最有效；但红光促进植物开花的反应可以被远红光消除，即在红光照过之后立即再照以远红光，就不能发生暗期间断作用。若用红光和远红光交替处理植物，植物能否开花则决定于最后处理的光是红光还是远红光（表5-3）。

表5-3　红光和远红光对长日照植物和短日照植物开花的可逆控制

（陈忠辉．2001．植物及植物生理）

短日照条件下的夜间闪光处理	短日照植物	长日照植物
对照（短日照条件，无闪光处理）	开花	营养生长
红光	营养生长	开花
远红光	开花	营养生长
红光—远红光	开花	营养生长
远红光—红光	营养生长	开花
红光—远红光—红光—远红光	开花	营养生长
远红光—红光—远红光—红光	营养生长	开花
红光—远红光—红光—远红光—红光—远红光	开花	营养生长

红光和远红光这两种波长的光之所以能对植物产生这种逆转的生理效应，是因为植物体内存在着能参与成花反应的物质——光敏色素，这种物质是一种易溶于水的色素蛋白质，广泛存在于植物体的许多部位，能对红光和远红光进行可逆的吸收反应。

光敏色素在植物体内有两种存在状态，一种是以660nm为吸收高峰的红光吸收型（Pr），另一种是以730nm为吸收高峰的远红光吸收型（Pfr），两种状态的光敏色素随光照条件的变化而相互转换。光敏色素Pr的生理活性较弱，经红光和白光照射后转变为生理活性较强的光敏色素Pfr；而光敏色素Pfr经远红光照射或在黑暗中又可逆转为光敏色素Pr，但在黑暗中转变即暗转变很慢，需要较长的黑暗时间。

光敏色素对植物成花的作用并不是决定于Pr和Pfr绝对量的多少，而是决定于Pfr/Pr比值的大小。短日照植物要求较低的Pfr/Pr的值，当白昼（光期）结束后，光敏色素主要以Pfr型存在，使Pfr/Pr的值较高，进入黑夜（暗期）后，光敏色素逐渐由Pfr型转化为Pr型，使Pfr/Pr的值逐渐降低，当经过一定长度的暗期（临界夜长）使其比值达到一定的阀值时，就可以促进成花刺激物质的形成而促进开花，所以短日照植物需要较长的夜长（暗期）；而长日照植物则要求较高的 Pfr/Pr 值才能促进成花刺激物质的产生，所以要求夜长（暗期）较短，转化为 Pfr 的量不至于过多，保持较高的 Pfr/Pr 值。如果暗期被红光或白光间断，会使 Pfr/Pr 值升高，导致短日照植物的成花被抑制，而促进长日照植物成花。但被远红光照射后，会使 Pfr/Pr 值降低，则促进短日照植物成花，而抑制长日照植物成花。

4. 光周期与花器官性别分化　光照不仅能影响植物成花，还能显著影响花芽分化过程中进行的性别分化，影响植株雌、雄花的比例。植物完成光周期诱导后，花器官开始分化，若植物继续处于光周期诱导的适宜光周期条件下，会多开雌花，即短日照能促使短日照植物或长日照促使长日照植物开雌花；若处于不适宜的光周期条件下，则多开雄花，即短日照促使长日照植物或长日照促使短日照植物开雄花。如短日照植物的玉米，在光周期诱导后继续给以短日照条件，可在雄花序上形成雌花进而产生果穗；长日照植物的菠菜，在光周期诱导后紧接着给以短日照，雌株上也能形成雄花。

5. 光周期理论在农业上的应用

（1）引种。植物生产中常将优良品种从一个地区引种到另一地区进行栽培。一般，在同纬度地区之间引种容易成功。不同纬度地区之间引种时，应首先了解所引植物品种是属于短日照植物、长日照植物还是日中性植物；其次要了解植物引种地和原产地日照长度的差异；最后要考虑所引植物的经济利用价值（主要收获器官）。若盲目引种会因提早或延迟植物开花造成严重减产，甚至因为植物成花受不适宜光周期的抑制而绝产，导致引种工作的失败。

在北半球，夏天越向北，越是日长夜短，越向南则越是日短夜长。对于收获花、果实、种子的植物，短日照植物由南方引种到北方栽培时，由于北方气温低，日照时数长，植物会贪青晚熟，推迟开花，应引早熟品种；从北方引到南方栽培时，由于南方气温高，日照时数短，植物生育期会缩短，提前开花，应引晚熟品种。如南方大豆在北方栽培时，从播种到开花时间长，推迟开花，正遇到北方气温变冷，所以大豆结实少、产量低。若将长日照植物由南方引到北方栽培，生育期缩短，开花提前，则应引晚熟品种；从北方引到南方栽培时，生育期延长，开花晚甚至不能开花，应引早熟品种。

对于收获营养器官的植物，如短日植物麻类，人为调控光期或暗期的长短，抑制成花，控制生殖生长，促进营养生长，可增加产量。如原产于热带或亚热带的短日照植物烟草和麻类，可以引种到温带栽培，使它们只进行营养生长，增加植株高度并提高产量，这类南种北植的措施是增产的有效手段。

（2）育种。育种工作中有时遇到雌雄亲本花期不遇的问题，无法进行有性杂交。生产中根据栽培植物的光周期反应类型，通过暗期闪光、人工延长光照时间或适当遮光等技术措施调控光周期，促进或延迟植物的开花，使得花期不同的雌雄亲本同时开花，以便顺利杂交，培育新品种。

（3）调节花期。人工调控光照时长，可以使得长日照植物和短日照植物提早开花或延迟开花。光周期调控技术措施已经广泛地应用于花卉生产中，在调节花卉开花时间、解决节日用花等方面具有重要指导意义。如短日照植物的菊花，在自然条件下秋季（10月）开花，可以通过人工遮光，缩短日照时长，促进植株提前至夏季开花，供游人观赏；如果对菊花延长日照时长，或在夜间闪光，则推迟菊花开花，确保菊花周年供应。长日照植物的杜鹃、茶花等花卉，若进行人工光照延长日照时间，可提早开花。

（4）控制生殖生长，增加茎叶产量。对于以营养器官为主要经济收获对象的植物，人为调控光期或暗期的长短，抑制成花，控制生殖生长，促进营养生长，可增加产量。如对甘蔗（短日照植物）进行夜间闪光，打断暗期，能抑制开花，可获得较高的茎秆产量。

（二）日照长度与植物休眠

日照时间的长短是诱发和控制芽休眠的重要因素。长日照条件能促进多年生植物的生长，短日照条件则引起植物伸长生长的停止及休眠芽的形成。如刺槐、桦树、落叶松的幼苗在短日照条件下经过 10～14d 即停止生长而进入休眠；短日照条件也诱发水车前冬季休眠芽的形成；短日照还促进大花捕虫槿芽的休眠。短日照条件诱发芽的休眠，很多植物是因为叶片感受短日照刺激，产生脱落酸，从而促进落叶及芽的休眠；有些树木的芽则可直接感受短日照进入休眠，如山毛榉。

秋季短日照条件下，植物还为越冬做准备。此时期植物体内营养物质不断积累，保护物质增多，组织含水量降低，原生质胶体的黏性和弹性逐渐增强，叶片脱落，代谢活动渐弱，生长和代谢停滞，植物进入休眠状态，抗寒能力增强。如苹果、梨等温带果树在日照短于12h 时开始落叶。但长日照条件阻止植物进入休眠，植物抗寒性差，如路灯旁的行道树，因为灯光延长了日照时数，落叶较晚，进入休眠较迟，不利于尽快提高抗寒能力，一旦严寒到来，容易遭受冻害。

日照长短对芽休眠的影响效果也因植物种类而异，苹果、梨、樱桃等芽的休眠对日照长短反应不太敏感，而洋葱等则在长日照条件下诱发休眠。

三、光谱成分与植物的生长发育

（一）光谱成分与光合作用

1. 光谱成分与光合色素　太阳光谱中，只有波长在 390～770nm 的可见光部分能被植物的光合作用利用，进行光合作用制造有机产物，所以可见光谱对植物来说具有重大意义。高等植物的光合色素有 2 类：叶绿素和类胡萝卜素。叶绿素中主要有叶绿素 a 和叶绿素 b 两种，类胡萝卜素有胡萝卜素和叶黄素两种。

用分光光度计测定叶绿体色素的吸收光谱（图 5-2、图 5-3）发现，叶绿素对光能最强的吸收区域有两个：一个是波长为 640～660nm 的红光，另一个是波长为 430～450nm 的蓝紫光；类胡萝卜素的吸收区域主要是波长为 400～500nm 的蓝紫光，不吸收红光等长波长的光。叶绿体色素对橙光、黄光吸收较少，对绿光吸收最少，绿光多被反射，所以自然界中人

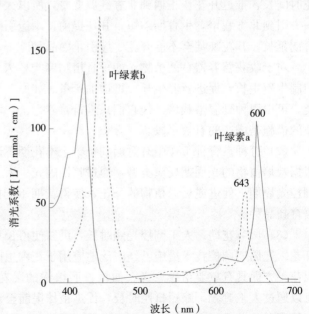

图 5-2　叶绿素 a 和叶绿素 b 在乙醚溶液中的吸收光谱
（潘瑞炽 . 2001. 植物生理学）

们肉眼见到的植物叶片颜色是绿色。

叶绿素 a 和叶绿素 b 的吸收光谱很相近，但叶绿素 a 在红光区的吸收高峰比叶绿素 b 的高，在蓝紫光区的吸收高峰比叶绿素 b 的低，可见，叶绿素 b 吸收蓝紫光的能力比叶绿素 a 强。阴生植物的叶绿素 a 和叶绿素 b 的比值小，即叶绿素 b 含量相对较高，利于更有效的吸收散射光中较多的蓝紫光。胡萝卜素和叶黄素的吸收光谱表明它们只吸收蓝紫光，其颜色呈现橙、黄色。

绿色植物光合作用过程中利用的光谱成分与叶绿体色素的吸收光谱大体一致，即可见光中的红光和蓝紫光。

2. 光谱成分与气孔运动 气孔开闭除了受到光照度、水分、温度、CO_2 等外界因子的影响外，光谱成分也能影响气孔的开闭。

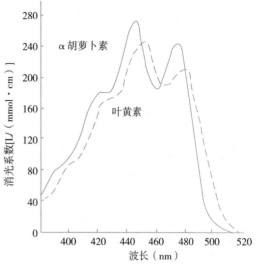

图 5-3 α 胡萝卜素和叶黄素的吸收光谱
（潘瑞炽.2001. 植物生理学）

双光实验表明，红光照射可以使鸭跖草气孔张开，如果再照射蓝光，气孔开度加大，这说明蓝光刺激气孔张开。

（二）光谱成分与植物生长

1. 植物生长的光谱环境 自然条件下，陆生植物受到不同波长的光线照射。如阴天或背阴处光照度较弱，蓝紫光和绿光占的比例较高；树木繁茂的森林，上层叶片吸收红光和蓝紫光较多，树冠下层叶片及底层植物只能接受以绿光为主的低效光，对下层植物生长影响较大。

对生存于水中的植物来说，水生环境由于水层改变了光质，植物接受的光谱成分与陆生植物就有了差异。水层对光波中的红橙光吸收显著多于蓝绿光，使深水层的光线中短波光相对较多。所以含有叶绿素的绿藻分布于海水的浅表层，以吸收较多的红光；红藻分布在海水深层，以吸收较多的蓝绿光。

2. 光谱成分对植物生长的作用 太阳辐射光谱成分不同，对植物生长具有不同的作用。一般，长波的红光对植物生长没有抑制作用，红外光还能促进植物茎的延长生长，有利于种子萌发，提高植物体的温度，但短波光特别是紫外光会抑制植物体内某些生长激素的形成，进而对植物茎的伸长生长具有抑制作用。短波光能使核酸分子结构破坏、多种蛋白质变性、细胞分裂和伸长受阻、生长素氧化、叶绿体结构破坏，导致叶面积减小、光合速率降低、植株矮化。菜豆在红光和橙光下光合速率最快，蓝光和紫光下光合速率较快，绿光下光合速率最低。高山或高原植物一般茎秆矮小，叶面积小、茸毛发达，这是因为高空空气稀薄，短波光容易通过，紫外光比较丰富的缘故；而生长在温室、塑料大棚内的植物比较细长，这与玻璃或塑料薄膜吸收、阻隔了部分短波光有关。在白炽灯光下栽培植物，由于蓝紫光成分较少，植物生长比较细长。所以，在保护地栽培中进行人工补充光照时，应使用短波光成分较多的光源（如日光灯等），同时要科学选用适当颜色的覆盖物（玻璃、塑料薄膜等），以使植物生长健壮。

适度充足的光照能延缓叶片衰老；强光则对植物有害，加速植物衰老；光照过弱，光合速率太低，光合产物少，且影响光合产物的输送，导致叶、花、果等器官脱落。实际上，在不同的光谱成分中，红光能延缓植物叶片的衰老，从而延缓脱落；而远红光能消除红光的作用，紫外光则能促进植物衰老。

各种光波中，短波光能引起植物的向光性生长，而长波光对此无效。

3. 光谱成分与碳氮代谢　植物生长过程中，蓝紫光能促进合成较多的蛋白质；红光和橙光有利于糖类物质的合成，容易形成较多的淀粉。高山茶经常处于短波光成分较多的环境，纤维素含量较少，茶素和蛋白质含量高，成为优质名茶。

（三）光谱成分与植物产品的品质

对植物产品来说，茎叶颜色、花果着色等影响了花卉、农产品的外观品质。

短波光能促进花青素等植物色素的合成，花青素反过来可以保护植物免受紫外光的伤害，如高山花卉由于受紫外线照射，所以颜色尤其鲜艳。短光波也能增加果树果实中的含糖量，如山地果园，果实成熟期受到紫外线照射，果实内含糖量增多，着色好，维生素含量高。

短波光能抑制植物生长，阻止植物的黄化现象，并有利于植物花芽分化。紫外光照下，生长素和赤霉素受到抑制，从而抑制新梢生长，诱导产生乙烯，有利于花芽形成。植物在黑暗中也能生长，但需要有适宜的温湿度条件、足够的营养及氧气供应。但黑暗中生长的植株与正常光照条件下的植株有较大区别，表现出茎叶白色或淡黄、叶小且不伸展、机械组织不发达、水分含量多而干物质含量相对少等特点。在蔬菜生产中，却恰恰利用了植物这一生长现象，用遮光或培土等措施生产鲜嫩的韭黄、蒜黄、豆芽、葱白等蔬菜，提高了产品的外观品质及食用价值和经济价值。

可见光还可用于诱杀害虫，由于绝大多数昆虫具有趋光性，生产中可以在夜间利用荧光灯发出的较短光谱诱杀害虫，减少害虫危害植物产品，提高产品品质。

项目二　植物生产的光照环境

一、太阳辐射

（一）太阳辐射光谱

自然界中的一切物体，只要温度大于绝对零度（-273℃），就以电磁波或粒子流的形式向周围放射能量。太阳是一个巨大、炽热、自行发光发热的星球，内部温度极高，中心温度可达20 000℃，表面温度也高达5 500℃。太阳时刻不停的以电磁波的形式向外放射出巨大的能量，其辐射过程称为太阳辐射，放射出来的能量称为太阳辐射能。

太阳辐射能按照其波长顺序排列而成的波谱称为太阳辐射光谱。太阳辐射光谱按其波长分为紫外线、可见光和红外线 3 个光谱区。紫外光区波长小于 $0.40\mu m$，这个区的太阳辐射能占总能量的 7%，由于大气层阻碍极少能达到地面，有生物学效应，具有杀菌消毒、促进种子萌发、抑制植物徒长、提高植物组织中蛋白质的含量等作用；可见光区波长为 $0.40\sim 0.76\mu m$，这个区的能量占总能量的 50%，具有光效应，人们用肉眼可以看见，也是植物光合作用的有效光谱区；红外线区波长大于 $0.76\mu m$，这个区能量占总能量的 43%，红外线的作用主要表现为热效应，它被植物、土壤、水和空气等吸收后，温度升高，可为植物生长提供热量。

在可见光谱的波长范围内，人眼对于不同波长的太阳辐射产生不同的颜色感觉。可见光谱区由红、橙、黄、绿、青、蓝、紫7种颜色的光组成，分光镜下可构成太阳的连续光谱。其中红光的波长最长，依次递减，以紫光波长最短（图5-4）。

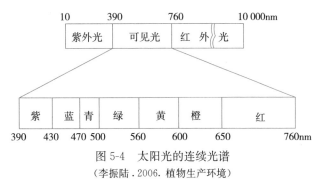

图5-4 太阳光的连续光谱

（李振陆.2006.植物生产环境）

光还可被看作运动着的粒子流，这些粒子称为光量子。光量子携带的能量与光的波长成反比关系。不同波长的光量子所持的能量不同。

（二）到达地面的太阳辐射

太阳向四面八方辐射能量，地球约截取了太阳辐射能的 $4.5×10^{-10}$。地球绕太阳公转的轨道为一椭圆，地球距太阳最近时约 $1.47×10^8 \text{km}$，距太阳最远时约 $1.52×10^8 \text{km}$。当日地之间为平均距离（约 $1.495×10^8 \text{km}$）时，在大气上界垂直于太阳光方向测得的太阳辐照度称为太阳辐射常数，约为 1367W/m^2。太阳辐射穿过大气时，因为被吸收、散射及反射而减弱，因此，到达地面的太阳辐照度总是小于太阳辐射常数。

1. 太阳总辐射组成 太阳总辐射（Q）是指经过地球大气层的吸收、散射、反射后到达地面的太阳辐射。太阳总辐射由两部分组成：一部分是太阳辐射中未经吸收、散射和反射而直接投射到地球表面的那部分辐射，称为太阳直接辐射（S'）；另一部分是地面上获得的来自整个天空大气散射出来的太阳辐射能，称为太阳漫辐射（D），也称太阳散射辐射或天空辐射。

$$Q=S'+D$$

2. 影响太阳总辐照度的因素 太阳总辐照度是反映太阳总辐射强弱程度的物理量，它指单位时间内投射到单位面积上的太阳总辐射能量。太阳总辐射的强弱主要取决于太阳高度角、大气透明度、日照时间和云量等因素。

（1）太阳高度角。晴天，总辐射的增减主要由太阳高度角决定，太阳高度角越大，太阳总辐射越强；太阳高度角越小，太阳总辐射越弱。总辐射的日变化、年变化与太阳高度角的变化同步，即中午前后、夏季月份太阳总辐射量大，早晚、冬季月份太阳总辐射量小，夜间太阳总辐射为0。

（2）大气透明度。总辐照度还受到大气透明度的影响。当太阳高度角较小或空气透明度差（如云量较大）时，太阳总辐射以散射辐射为主。当太阳高度角较大、空气透明度大时，直接辐射增大，但散射辐射减小，这时，辐射总量的变化就无法判断。一般来说，直接辐射大于散射辐射，因此，当大气透明系数增大时，总辐射也增大。

（3）日照时间。日照时间长短也影响着太阳总辐照度。一年中，在高纬度地区，夏季日照时间长，太阳总辐照度大；冬季日照时间短，太阳总辐照度小。在低纬度地区，太阳日照时间变化不大，因此太阳总辐照度年变化较小。

（4）云量。云量增多时，太阳总辐照度有以下三种情况：当天空乌云密布、云层厚时，由于直接辐射为 0，因此到达地面的总辐照度以散射辐射为主，总辐照度减少；当天空有部分云，并且阳光被其遮住时，被云所遮区域，直接辐射为 0，而散射辐射的增大量补偿不了直接辐射的减小量，则总辐照度也减小；当天空有部分云，并且为没有遮住阳光的中云和高云时，该区域直接辐射没有明显减小，而散射辐射却有明显增大，因此使得总辐射增大。

受到海拔高度和雨季等因素的影响，太阳总辐照度变化也比较复杂。海拔高度越高，大气越稀薄，大气透明度越高，太阳总辐照度越强。

3. 地面对太阳辐射的反射和吸收 到达地面的太阳总辐射中，有一部分被地面反射回宇宙空间，称为地面反射辐射。地面反射辐射与到达地面的太阳总辐射的百分比称为地面反辐射率（r），$1-r$ 则为地面吸收率。所以，地面吸收的太阳总辐射能（Q'）为：

$$Q' = (S'+D)(1-r)。$$

由上述表达式可知，到达某地的太阳总辐射是相同的，但由于地表特性不同，地面吸收率不同，地面吸收的太阳总辐射也就不一样了，所以不同地点的地面温度就有差别。

地表性质对太阳辐射的反射率影响很大。一般颜色越深、土壤湿度越大、表面越粗糙的地表，反射率越小；太阳高度角越大，反射率越小。植物对太阳辐射具有反射选择性，对可见光的反射能力较小（约 7%），对近红外部分的太阳辐射反射率较大（约 50%）。对于地球表面的植被或植物来说，由于枝叶密度、叶色、高度及含水量的不断变化，对太阳辐射的反射率也有差异。

4. 光照度 光照度，也称照度，表示物体被照明的程度，指可见光在单位面积上的光通量，单位是勒克斯（lx）。大气上界的太阳光照度可达 1.35×10^5 lx。

光照度取决于人眼对可见光的平均感觉，所以光照度与辐射度是两个不同的概念。到达地面的太阳总辐射对地面产生的光照度与太阳高度角、大气透明度、云层等因素有关，太阳高度角小、大气透明度低及阴天时，光照度就弱。一般夏季晴天中午地面的光照度约为 1.0×10^5 lx，阴天或背阴处光照度为 $1.0 \times 10^4 \sim 2.0 \times 10^4$ lx。光照度的强弱可用照度计直接测出。

绿色植物所吸收的光谱波长与人眼感受到的波长范围有些相似，但人眼感觉最敏感的是 $500 \sim 600$ nm 的波长范围，但这一波长范围的光波是绿色叶片吸收最少的光谱区域。所以，在使用光照度这一指标检测植物生长发育的环境条件时，应考虑到人眼感觉与植物吸收的光波范围具有很大差别。

二、地面辐射与大气辐射

（一）地面辐射与大气辐射、大气逆辐射

1. 地面辐射 地面吸收太阳辐射的同时，还不停地把能量辐射给周围空间，这部分辐射称为地面辐射。大气能强烈地吸收地面长波辐射，而吸收太阳辐射很少。地面辐射所放出的能量一小部分散失到宇宙空间，大部分被大气所吸收，所以地面辐射是低层大气的主要热源。地面辐射的波长全部集中在红外光区，所以，地面辐射又称为地面长波辐射和红外热辐射。地面辐射的方向为向上。

2. 大气辐射 大气吸收地面辐射后温度升高，不断地向外辐射，称为大气辐射，其波长也属于红外辐射。大气辐射的方向既有向上的也有向下的。

3. 大气逆辐射 大气辐射向下到达地面的那部分辐射，因为方向与地面辐射方向相反，

所以称为大气逆辐射。大气逆辐射把地面辐射的一部分能量传回给地面，使地面散失的热量得到了补偿，而对地面起到了保温作用，这种作用称为大气热效应。

（二）地面有效辐射

地面辐射减去大气逆辐射，称为地面有效辐射。地面有效辐射受到湿度、地面温度、大气温度、风、云等因素的影响。一般，天空云层越厚、空气湿度越大、大气温度越高时，大气逆辐射越大，地面有效辐射越小，地面损失的能量越小；天气晴朗无云、空气湿度越小、地面温度越高时，地面有效辐射越大，地面损失的能量就越大。在冬季或夜间，地面收入的辐射能小于支出的辐射能，使地面降温，严重时对植物造成冷害甚至冻害。植物生产中的地面覆盖、温室大棚等设施，都可以减少地面有效辐射，使地面及其一定空间内的空气温度保持相对稳定，有利于植物的正常生长或安全越冬。

（三）光合有效辐射

太阳辐射光谱中，被绿色植物光合作用利用并参与光化学反应的光谱成分称为光合有效辐射。光合有效辐射的光谱成分主要是波长范围在 390～760nm 的可见光部分。光合有效辐射包括太阳直接辐射和散射辐射中的有效光谱成分。

不同地理区域的光合有效辐射不同。在植物生产中，光合有效辐射的时空分布对拟订适宜的植物群体结构布局及产量估算具有重要的指导意义。我国大部分地区的光合有效辐射在 209kJ/（cm² · 年）以上，其分布趋势一般是西部高于东部，高原高于平原。最高值在青藏高原，大部分地区在 314kJ/（cm² · 年）以上；最低值在四川盆地，不足 209kJ/（cm² · 年）。这是因为我国东南部受海洋性气候的影响，降水多、阴天多、晴天少；西北部受大陆性气候的影响，降水少、阴天少、晴天多，从而影响到地面对太阳辐射总量的收入。

项目三　植物生产的光环境调控

植物生产的光环境包括光照度、光照时间、光谱成分等因素，它们在植物的生长发育过程中起到重要的作用，直接影响植物的光合作用、光周期反应和器官形态建成，而它们直接互相联系又互相影响，共同构成了复杂的光照条件。因此，生产中要合理调节光环境，从而使得作物增产稳产，并提高作物品质。

一、人工补光

在冬春季节，特别是高纬度地区，外界光照时间较短，光线较弱，气温较低，大田无法进行蔬菜、花卉等植物栽培，此时，可以利用温室进行反季节蔬菜、花卉栽培，而光照通常是温室栽培中最主要的限制因素，因此，温室中人工补光就成了必不可少的手段。采用人工补光可以满足作物对光照度、光周期、光质等方面的需要。

（一）人工补光目的

人工补光是温室高产栽培的一项重要技术措施。人工补光目的有两个：

①补充温室中自然光照不足的现象，促进作物光合作用，维持作物正常的生产发育。据研究，当温室内床面上光照日总量小于 100W/m² 时，或日照时数不足 4.5h/d 时，就应进行人工补光。

②抑制或促进花芽分化，调节开花时期，即以满足蔬菜、花卉等作物光周期需要为目

的。这种补充光照要求的光强较低，只要有几十勒克斯的光照度就可满足需要，多用白炽灯作为光源，称为低强度补光或日长补光，如草莓等开花期的调节。

（二）人工补光的方式

1. 补充光照度　光照度与光合速率之间关系紧密，在一定范围之内，随着外界光照度的增加，植物的光合速率不断增加，在光饱和点时净光合速率达到最大，在光补偿点时净光合速率为 0。所以，在光照度小于光补偿点时，需要进行人工补光。对光照度的控制有以下两种方式：

①无外界自然光照条件下的光照度的控制。此方法是一种开关控制，只需要打开部分或全部光源即可。

②有部分外界自然光照条件下的光照度的控制。需要借助计算机系统进行调控，通过精细计算分析后才能确定灯具的分布及开启数量。

无外界自然光照时，在夜晚或者是白天室外光照条件极差（阴雨天气或雾霾天气）时，将设施内光源全部打开，其光源的光照度在灯具布置和光源选择时已经设置好了最大值，不需进行调节。不同作物的光补偿点和光饱和点不同，所以，不能盲目对作物补充光照度，应在选择光源时选择相应作物最适应的光照度范围。如黄瓜结果期需要补充的光照度为 9 000～40 000lx，辣椒为 12 000～35 000lx，番茄为 10 000～70 000lx，对相应的蔬菜补充这个范围内的光照度，光合作用旺盛，可以提高作物的产量和品质，如果光照不足，则作物生长发育不良，植株细弱、徒长。

有部分外界自然光照时，如智能温室中，在一段时间内通过传感器获得温室内光照度变化，取其平均值、最高值、延时测定值作为调控依据。当温室内光照度低于已设定光照度的下限后，进行人工补光；当温室内光照度高于已设定光照度的上限后，应调节光源的光照度，降低成本。

2. 补充光照时间　光周期类型不同的作物成花对光照的要求也不同，尤其是原产于高纬度、高海拔地区或大陆性气候的长日照植物，对光周期十分敏感，它们需要严格的光照条件，一般要求连续暗期小于 7h。在生产中，可以通过日照延长、暗期中断、间歇照明、黎明前补光等措施来补充光照。延长日照是在天黑后开始对长日照植物进行人工补光，满足长日照植物对日照时数的需要，促进其开花；或给予短日照植物超过临界日长时数的补光，抑制其花芽分化。暗期中断是在夜晚开灯 2～4h，将暗期分为两段，可以促使长日照植物开花或抑制短日照植物开花。间歇照明是应用在大规模温室生产中，可以利用定时装置，光照与熄灯轮流进行的方式调节植物开花，一般时间为光照 15min、熄灯 45min。黎明前补光是在黎明到清晨这段时间，给予短日照植物超过临界日长的光照，可以使得短日照植物营养器官更好的发育。

总之，通过补充光照时间，可以提高作物的光合作用，促进长日照植物开花，增加作物的产量，并抑制短日照植物开花。如冬季设施栽培的蔬菜，白天光照时数不足 8h，需要每日人工补光 2～4h，促进作物的生长发育；在日落后黎明前对番茄补光 4～8h，能显著增加番茄的产量；草莓温室栽培，每天放下布帘后开始补光 5h，使得每天光照时间保持在 13h以上，可以促进草莓打破休眠；短日照植物菊花从 8 月上旬开始，每天晚上 11 时到第二天凌晨 2 时补充光照，可使花期推迟到元旦，满足元旦市场供应。

3. 提供优质光源　人工补光的光源为电光源。一般，要选择光谱性能好、发光效率高、光照度大、使用寿命较长、价格较便宜的光源。

植物光合作用中主要吸收红橙光与蓝紫光，而设施栽培作物时，光照较弱，以远红光为主，红光、蓝光较少，容易导致作物生长发育失调，所以人工光源光谱中需要富含红、蓝、紫光。

作为温室补光用的光源主要有白炽灯、荧光灯（日光灯）、高压水银灯、高压钠灯、低压钠灯及金属卤化物灯等。白炽灯是热辐射，其特点是红外线比例较大、可见光比例小、发光效率低、寿命短（1 000h）、结构简单、价格便宜、光照度易于调节，在设施栽培中不适宜作为光合作用补光的光源，主要用作调节植物光周期的照明光源。荧光灯散发的光谱波长范围在350～750nm，接近阳光，故也称为日光灯，荧光灯能提供比白炽灯更均匀的光照，光谱全、寿命长（不低于12 000h）、发光效率高、价格低，应用于植物组培室育苗中。高压水银灯主要产生蓝、白光和少量的紫外光，功率高、光质好、使用寿命较长（5 000h左右），适于对温室光照度的补充。金属卤化物灯是由高压水银灯发展而来的，主要产生蓝紫光，功率高、光质好、寿命长（8 000～15 000h），在实践中，一般把金属卤化灯和高压钠灯以1∶1配置使用，可以减少光源的能耗、降低成本，应用于大型温室中。高压钠灯主要产生黄橙光，功率极高、寿命很长（20 000h），是目前设施生产中使用最多的人工补光的光源，使用时需要在熄灯后1min后才能正常开启，启动后3～4min后才能完全达到最大亮度。

由此可见，设施栽培中补充光源的种类较多，要根据植物的特性以及光源的经济耐用程度选择不同类型的光源。如在菊花的花期调控中，可以选用白炽灯补光；在植物组织培养中，选用荧光灯补光；设施蔬菜、设施油桃生产可以选用高压钠灯，光源应距离植株和采光材料各约50cm，以免灼伤植株。

4. 其他增光措施

（1）保持棚面清洁。每天用清洁工具清扫棚面或温室外表面，可以减少灰尘、增加透光，温室内表面可以通过通风措施减少内壁附着的水珠，防止光的折射，通过棚面内外表面的清洁，可以提高透光率15%左右。

（2）选择透光率高的覆盖材料。设施覆盖物应选用坚固耐用并且透光性能好的覆盖材料，如玻璃温室应选用3mm厚的平板玻璃，其散射光、透光率高达82%，而5mm厚的平板玻璃和6mm厚的钢化玻璃，其散射光、透射率均为78%，并且建筑成本高。塑料薄膜覆盖的温室和大棚，应选用静电作用小的防尘膜，可选用聚乙烯防尘膜，其覆盖2个月后透光率为82%左右，1年后透光率为58%以上，而聚氯乙烯膜覆盖2个月后透光率为55%，1年后透光率下降至15%。

（3）早揭晚盖覆盖物。冬季或阴雨季节，在保证植物温度的前提下，尽可能的早揭晚盖覆盖物，可以增加光照时间，并增加散射光的透光率，有利于光照。

（4）铺设反光膜。在日光温室北墙张挂反光膜（表面镀有铝粉的银色聚酯膜，宽1m，厚度0.005mm以上）或反光板，可使反光膜前光照增加40%～44%，有效范围可达3m。

（5）合理密植。设施作物栽培过密，会造成设施内温度过高、光线过弱，作物徒长，因此为了减少作物之间互相遮光，种植密度要合理，一般作物行向以南北行为宜，若东西行栽培，行距则要加大。作物种植要高架作物与低架作物搭配种植，果树要及时修剪，黄瓜等高架蔬菜要及时整枝打杈，防止互相遮阴。

二、设施遮光

蔬菜、花卉等进行设施栽培时，通过遮光抑制气温、土温、叶温的上升，改善作物品质，增加作物产量。另外，通过遮光处理，可以调节光周期，使得短日植物提前上市。

（一）遮光的目的

设施遮光有两个目的：

1. 调节光照度　在盛夏时节，受到强光照、高温等外界不利环境条件的制约，作物的光合速率降低，生长发育不良，因此，采用具有一定透光率的遮阳材料，可以减弱温室内的光照度，并降低温室内的温度，促进植物的光合作用。一般，设施遮光20%～40%，可以使得设施内温度下降2～4℃。

2. 调节光照时间　对于短日照植物，可以通过遮光或者暗期调控，促进其开花。

（二）遮光的方法

1. 覆盖遮阳物　夏季高温季节，对植物覆盖外遮阳网和内遮阳网遮光，可以降低地表温度，有利于作物根系生长，并且降低到达温室内的太阳辐射强度，改善作物的光合效率，防止太阳灼伤植物，促进植株生长速度，一般上午9～10时到下午15～16时进行遮阳。遮阳网一般做成黑色或墨绿色，也有的做成银灰色。如黄瓜在早春温室育苗时，通过晚揭、早盖草帘子的方法，有利于温室保温，提高黄瓜产量。

短日照植物可以用黑布或塑料薄膜遮光，以便调节花期，一般在预计上市前2个月开始进行遮光处理。如菊花为短日照植物，一般在秋末开花，想使菊花在夏天开花，可以在菊花植株长到一定高度时，从晚上18时左右用不透光的黑塑料袋将整株植物盖住，早上8时左右再将覆盖物取下，即白天10h光照、其余时间为黑暗，持续处理一段时日后，菊花就能在6月下旬开放。需要注意在遮光期间要控制温度，如果温度过高容易造成植物徒长。

2. 玻璃面涂白灰　将生石灰块5kg加少量水搅拌，过滤后加入25kg水和250g食盐，用喷雾器均匀的喷布在温室外的玻璃面上，可以减少部分阳光直射入温室内，但是仍有部分光线会透过涂料进入，这种方法主要应用于玻璃温室中。当炎热的夏季结束后，大部分的涂料会从光滑的玻璃上自然脱落，也可用肥皂清洗涂料。这种方法比覆盖遮阳物效果稍差，虽然前期投入少，但是需要年年涂抹，费工费时。

另外，夏季高温光照过强时，还可以通过屋顶喷水的方式，吸收和反射部分光能，并且带走大量热量，减少温室内光照度。夏季，设施内栽培蔓性藤本植物，其茎蔓爬到温室架面，形成荫蔽环境，可以起到遮光、降温作用。

项目四　提高植物光能利用率的途径

一、植物的光能利用率

植物有机物质有90%～95%是来自于光合作用。因此，如何合理利用太阳辐射进行光合作用，是农业生产中最关键的问题。

单位土地面积上植物转化累积的化学能，与同时期照射在同一土地面积上太阳总辐射能的比率，称为植物的光能利用率。植物的光能利用率一般很低，据计算只有0.5%～1.0%的太阳光能用于光合作用，而低产田的光能利用率更低，只有0.1%～0.2%，丰产田的光能利用率也只有 3.0% 左右。据理论推算，植物的光能利用率可达 4.0%～5.0%，植物的增产潜能还很大。

光能利用率为什么这么低？原因在于，照射到植物体上的太阳光能，只有光合有效辐射的光才能被植物利用进行光合作用，其余的光不能被植物吸收利用。同时，光合有效辐射的光能也不能全部被叶片所吸收，其中一部分光透过叶片损失掉了，一部分光被反射散失到空间，而被叶片吸收的光能，大部分以热能的形式被用于蒸腾作用消耗了。因此，只有极少部分的光能被光合作用利用，造成植物的光能利用率极低。

植物群体的光能利用率较单株植物高，因为植物群体比个体能够更充分的利用光能。在合理密植的植物群体中，由于叶片彼此交错，多层分布，上层叶片漏下的光，下层叶片再利用，各层叶片反射和透射的光可以反复吸收利用。

二、提高光能利用率的途径

（一）增加光合面积

光合面积主要指叶面积，确切地说应该是指植物所有绿色部分的面积。植物光合面积的大小一般用叶面积指数表示。计算公式如下：

$$叶面积指数 = \frac{植株总叶面积}{植株所占土地面积}$$

在一定范围内，叶面积指数越大，光合作用产生的有机物越多，植物产量越高。植物生产中，若叶面积指数过小，如植物栽植过稀、复种指数过低等，会造成漏光损失；若叶面积指数过大，影响透光通风，也不利于光合作用的进行。所以，应进行合理密植及改变植物株型，使叶面积指数比较合理，以利于植物对光能的利用及产量的提高。

1. 合理密植　合理的种植密度，既能增大叶面积指数、减少漏光，又可提高植物群体的光能利用率，充分吸收和利用光能。合理密植是提高植物产量的重要措施之一。

合理密植的目的是处理好植物群体与个体之间的关系，使群体生长后期既不能漏光损失过多，又要通风透光条件良好。植物栽培密度如果太稀，生长后期仍不能封行，会造成极大的漏光浪费，单株虽然生长较好，但因为株数少，也会大大影响产量。如果种植太密，使群体尤其是下层枝叶光照不足，光合强度下降，积累减少，同时还因为植株生长细弱、倒伏、病虫害发生等降低植物产量。所以只有在合理密植的情况下，既能反复、充分吸收利用光能，又能保证植物生长后期通风透光条件良好，才能提高植物的光能利用率。

密植程度的表示方法通常有播种量、基本苗数、叶面积指数等。如水稻、麦类通常用播种量表示，有时还用分蘖数量表示；棉花、果树、园林树木等常用基本苗数表示。生产中密植程度最精确的表示方法是叶面积指数，不同品种或不同生育期的植物群体应有适宜的叶面积指数，过小或过大都不利于植物的光合积累及产量的提高。

2. 改变株型　在植物品种的选育过程中，应选育具有矮秆抗倒伏、叶片较短较直立、叶片分布合理、耐阴性较强、适于密植及青秆黄熟等特点的植物品种，这些特点有利于植物对光能的利用。

较矮的茎秆可减少呼吸消耗，有利于光合净积累的增加，还能减少甚至避免倒伏减产；叶片较短较直立、叶片分布较合理可使植物群体透光良好，上下层叶片光照较均匀，避免叶片的严重遮蔽，直立的叶片还能双面受光，早、晚弱光下，叶片与阳光接近垂直，充分受光，而中午强光下，光线斜射叶片，可降低强光及高温的不良影响；耐阴性较强的植物品种光补偿点低，在较弱的光照条件下仍有较多的有机物积累；青秆黄熟是指植物接近成熟时茎秆及上层叶片仍保持较好的绿色，还能进行光合作用，特别是对于禾谷类作物产量的形成和提高非常有利。

（二）延长光合时间

在其他条件相同的情况下，适当延长光合时间，能增加光合积累。

1. 提高复种指数 间作、套种、复种能充分利用不同空间、不同生长季的太阳光能，提高光能利用率，还能充分利用地力，获得更大的经济效益。如常见的玉米与大豆间作、果树与蔬菜或中药间作、小麦与玉米套种等。间作套种要遵循"喜光与耐阴、高秆与矮秆、早熟与晚熟、深根与浅根"相结合的原则，对不同类型的植物进行科学合理的搭配。

2. 延长生育期 采用地膜覆盖、适时早播等方法可以延长大田作物的生育期；在设施栽培蔬菜中，采用温室育苗、适时早栽等措施，配以升温增湿、铺反光膜等来延长生育期。

3. 人工补光 在设施栽培中，当阳光不足时，通过增加人工光照可延长光照时间，如日光灯、反光幕等已广泛应用于蔬菜、瓜果及花卉的保护地栽培。

（三）提高光合效率

光合速率指光合作用的强弱，是决定植物产量的重要因素。植物生产中，通过改善光照条件、调节温度、适当增加 CO_2 气体的供应及合理的肥水管理等途径，提高植物的光合速率，具有明显的增产效果。

1. 增加 CO_2 浓度 CO_2 是光合作用的重要原料，改善植物生产环境中 CO_2 的供应条件，是提高光合速率的重要手段之一。

合理密植，保持植物群体内部通风换气良好，能及时补充下层环境的 CO_2；多施有机肥，促进土壤微生物的活动，可提高土壤中 CO_2 的含量，土壤 CO_2 散逸，可改善植物群体的下层环境；增施其他 CO_2 肥料，如大田施碳酸氢铵等化肥，温室大棚内施用干冰等补充 CO_2，但要注意施用量，因为 CO_2 浓度过高会对植物的生命活动产生影响。

2. 调节温度 温度低的季节，利用温室、大棚等园艺设施调控温度，有利于栽培植物光合作用的进行。温度过高时，则进行通风、遮阴以适当降温，降低呼吸消耗，增加净积累。

3. 降低光呼吸 C_3 植物的光呼吸较强，消耗光合产物的 $25\% \sim 30\%$，甚至更高，为增加净光合积累，应采取适当措施降低光呼吸消耗。降低植物光呼吸的措施主要有下列两种。

（1）改变环境的气体成分，降低光呼吸。适当增加环境中 CO_2 的浓度、降低 O_2 的浓度，使核酮糖二磷酸羧化反应占优势，有利于固定 CO_2，而减少其氧化反应（光呼吸）的比例。

（2）利用光呼吸抑制剂降低光呼吸。如利用亚硫酸氢钠（$NaHSO_3$）能抑制光呼吸，试验发现，以 $100mg/kg$ $NaHSO_3$ 喷施大豆叶片，$1 \sim 6d$ 后其光合速率约提高 15.6%，大大抑制了光呼吸强度，在水稻、小麦等农作物栽培中也有类似效果。又如 2，3-环氧丙酸能抑制乙醇酸（光呼吸基质）的生物合成，有效降低光呼吸，提高光合效率。

（四）加强田间管理

在植物生产过程中，要加强田间综合管理，创造良好条件，有利于光合作用的进行，减少有机物消耗，调节光合产物的分配，提高植物产量。通常的田间管理措施有合理排灌、合理施肥、适时中耕松土、整枝修剪、防除杂草及病虫害防治等。

实验实训　光照度的观测

【能力目标】

能使用照度计，会观测光照度。

【仪器设备】

照度计。

【知识原理】

照度计是测量光照度（简称照度）的仪器，根据光电效应原理制成，以光电池为感光元件。当光线投射到光电池上时，光电池将光能转化为电能，所产生的电流与光照度成正比。

照度计由感光元件（光电池）和记录仪表（电流表）两部分组成。光线照射在光电池的光感应面上，产生的电流反映在电流表上，即可读数。照度计能直接提供光照度的读数，单位为勒克斯。

【操作步骤】

1. 测量光照度时先将光电池的插头插入电流表输入插口。

2. 将照度计的光感应面水平放在待测位置，打开电源和相应的量程开关。

3. 打开光电池遮光罩，读数器中显示的数字与量程值的乘积即是光照度值。

4. 连续观测 3 次，记录数据。

5. 观测完毕后，盖上遮光罩，关闭电源，以防止光电池老化。

6. 计算。某测定点的光照度值为连续 3 次记录数据的平均值。

【注意事项】

1. 保持光电池感应面的清洁。

2. 不要让光电池长时间暴露在光线（尤其是强光）下，测量时一般在强光下暴露时间不超过 30s，弱光下不超过 60s，不测量时应盖上遮光罩，以防止光电池老化。

3. 使用指针式照度计要防止电流过大损坏电流表，测量时量程键的选择应从高量程开始，若电流表指针偏转不显著，再顺次选择低量程开关。

【作业】

选择多处测定点，用照度计观测不同光照环境下的光照强度，填入下表。

地　点					
光照度（lx）					

【资料收集】

到当地气象部门搜集有关本地区的光照资料。收集了解当地温室或大棚内花卉、蔬菜、果树的生长对光能的利用情况。

【信息链接】

可以查阅《中国农业气象》《气象学报》《气象科技》《气候与环境研究》《应用气象学

报》《中国气象学报》《××气象》等专业杂志，也可以通过上网浏览查阅与本模块内容相关的文献。

【习做卡片】

了解当地太阳辐射强弱情况和日照时数。从气象部门调查当地某年份太阳辐射及光合有效辐射日总量的月平均值，以及当地年平均日照时数和适合当地栽种的农作物，做成学习卡片。

【练习思考】

1. 名词解释

净光合速率、光补偿点、光饱和点、光饱和现象、光抑制现象、需光种子、中光种子、嫌光种子、向光性、感夜性、光周期诱导、植物成花的光周期现象、光饱和现象、光补偿点、光抑制现象、长日照植物、短日照植物、临界日长、植物的光能利用率

2. 阳生植物与阴生植物有什么区别？

3. 光合"午睡"现象产生的原因是什么？

4. 一年四季，光照度是如何发生变化的？

5. 光照度对植物的营养生长与生殖生长有何影响？

6. 植物对光周期的反应类型主要包括哪几类？说明每种反应类型的含义。

7. 简述光周期诱导中光期与暗期对植物成花的生理作用。

8. 阐述光周期理论在农业生产上的应用。

9. 简述太阳光谱的组成成分及光合有效辐射的含义。

10. 人工补光的目的是什么？常用的方法有哪些？

11. 常用的遮阳方法有哪些？

12. 什么是光能利用率？植物光能利用率为什么低？

13. 阐述提高光能利用率以提高植物产量的农业技术途径。

14. 举例说明为何通过光质能改善农作物的品质？

【阅读材料】

太阳高度角与太阳方位角

太阳在天空中的位置常用太阳高度角（h）和太阳方位角（A）来标定。

1. 太阳高度角 太阳平行光线与地平面的夹角称为太阳高度角（h），简称为太阳高度。太阳高度的日变化具有周期性规律，一天中，日出或日落时，水平面上太阳高度角最小为 $0°$；晴天正午时刻，太阳高度角最大，少数地区能达到 $90°$（直射），大部分地区小于 $90°$（斜射）。

太阳高度角与纬度和季节有关。以北半球来说，北回归线以北的地区，无直射，太阳高度角由冬至到夏至过程中逐渐增大，而由夏至到冬至逐渐减小；北回归线上，只有夏至日的正午，太阳直射地面；北回归线以南至赤道范围内，只有赤道上春分日和秋分日的正午，太阳直射地面。

　　晴天时，太阳辐射能与太阳高度角的正弦成正比，太阳高度角越大，太阳辐照度越大。农业生产中，可采取多种措施提高太阳高度角，如改变地面坡度、风障阳畦、温室等栽培措施，都能提高对太阳辐射能的吸收利用。

　　2. 太阳方位角　　太阳光线在地平线上的投影与当地子午线的夹角称为太阳方位角（A）。取正南为 $0°$，顺时针取正值，即正西为正（$+90°$）；逆时针取负值，即正东为负（$-90°$）。以北半球来说，春分日后，太阳日出时的方位逐渐向北偏，纬度越高，偏角越大；夏至日偏角最大，以后偏角又渐渐减小；秋分日后，日出时的方位向南偏，冬至日角度最大，以后偏角又逐渐减小，春分日为 $-90°$。

模块六　植物生长与气候环境调控

【学习目标】

理解气候的形成原因，了解季节的划分方法，熟悉二十四节气的含义，了解我国气候带的划分，了解主要的农业气象要素，理解农田小气候和保护地小气候的概念，掌握其基本原理和主要农业气象灾害及防御对策，了解设施环境中农业气象要素的调控技术，会观测农田小气候。

项目一　气候与季节

一、气候的概念及成因

气候是指某一地区多年综合的天气状况，它既包括正常的天气特征，也包括极端的天气类型。说明一个地区的气候特征通常是气象要素的多年平均值、变率、频率、强度、持续时间、极值以及湿润度或干燥度等多个气象要素组合的综合指标。一般统计气象要素需要30年或35年的观测记录，其统计值才具有代表性。气候是在太阳辐射、大气环流和地面状况等因素长期相互作用下形成的，具有相对稳定性。

(一) 太阳辐射因素

太阳辐射是气候系统的能源，又是大气中一切物理过程和物理现象形成的基本动力，所以，它是气候形成的基本因素。太阳辐射在地球表面的分布不均和随时间的变化，造成了不同地区的气候差异和各地气候的季节交替。任何地方在一年中或一日中得到的太阳辐射总量主要取决于当地的太阳高度角大小和白昼长短，而两者都是随纬度和季节变化的。太阳辐射的周期性变化，造成了各地气候具有周期性的变化规律；太阳辐射年总量随纬度增高而减少，造成了年平均温度由南向北递减，使各地气候带呈东西向分布。

夏半年，太阳高度角在赤道到北回归线间最大，向南或向北均变小，但白昼长度却随着纬度的增高而变长。故北半球上太阳辐射总量最大值出现在北纬30°附近，由此向北或向赤道逐渐减少。夏半年太阳辐射的分布使得南北之间温差较小。如7月平均气温广州只比北京高2.3℃。

冬半年，北半球上太阳高度角随纬度增高而变小，白昼长度也随纬度的增高而变短，太阳辐射总量赤道上最大。随纬度增高而迅速减少，到极地辐射总量为0。所以，冬半年南北之间的辐射和温度差异都较大。如1月平均气温广州比北京要高18.1℃。

(二) 大气环流因素

地球表面的太阳辐射分布不均匀，导致高低纬度或海陆之间温度有差异，它又引起气压差，空气从高压区流向低压区，形成大规模空气运动，便是大气环流，它是形成气候的第二个重要因素。它的作用在于使高低纬度和海陆之间的热量和水分得到了交换和调节，从而减弱了太阳辐射因素的影响，世界上许多地区，虽然纬度相同，但由于大气环流不同，常有完全不同的气候。如我国的长江流域和非洲的撒哈拉大沙漠，纬度都处在副热带气候带，也同样临近海洋，但是长江流域由于夏季海洋季风带来大量水汽，所以雨量充沛，成为良田沃野；而北非的撒哈拉终年在副热带高压控制下，干燥少雨，形成广阔的沙漠。

当大气环流形势趋于其长期平均状态时，在其作用下的天气情况也是正常的；当环流形势在个别季节内出现异常时，便会直接导致某一时期天气反常，有些地方就会产生旱或涝、过寒或过暖等不正常现象。

（三）地面状况因素

地面状况包括地面性质和地形，地面性质（海洋、陆地、雪面等）影响辐射过程和气团的物理性质，各种地形也对气候有不同的影响。

1. 海陆分布 它对气候的影响主要有两方面：

①由于海陆本身的热力性质不同，形成了两种不同类型的气候，即大陆性气候和海洋性气候。

②在海陆之间往往形成不同属性的气团或大气活动中心，它们的活动形成季风环流，海陆之间形成季风气候。

2. 洋流 洋流是指大规模的海水在水平方向上的定向运动。洋流按其性质分为两种：由低纬度流向高纬度的称为暖流；由高纬度流向低纬度的称为寒流。洋流可使高低纬度地区海水的热量得到交换，并影响邻近地区的气候。

3. 地形 影响气候的地形因子主要有三种：

①海拔高度。影响气温、气压、湿度等，高度的差异越大，气候差异也越大，气候类型也随高度而改变。

②地面形态。盆地中气候要素的变化比较剧烈，高山上气候要素的变化比较缓和。

③地形方位。同一山地因方位的影响而使各坡气候显著不同，向阳面和背阴面在短距离内可以具有很大差异，早春南坡已经转绿，而北坡仍是深冬景色。

（四）其他因素

除自然因素外，人类活动也影响气候——既会使气候恶化，又会调节改良气候。主要通过以下 3 种途径：

①改变大气成分。

②改变下垫面性质。

③向大气释放热量。

二、我国气候带的划分及气候类型

我国位于欧亚大陆的东南方，受海陆分布、地形和季风环流的影响，东南沿海地区具有季风气候的特点，西北地区深居内陆，远离海洋，气候干燥，具有大陆性气候的特点。气候的主要特征表现为季风性明显，大陆性很强，温度的时间变化和空间分布差异大，降水的季节变化和空间分布较复杂。

（一）我国气候带的划分

气候带是根据气候要素，如太阳辐射、温度等按纬度分布而划分的几个带状气候区域。在我国季风气候的特殊情况下，冬季风强盛，各地冬季气温比同纬度其他地区低，所以我国各个气候带的纬度分布也相应地比其他国家低 5°左右。各带分布大致如下：北纬 20°以南属热带，北纬 20°～34°属副热带（温带中靠近热带的地区），北纬 34°～52°属暖温带，北纬 52°以北为冷温带（温带中靠近寒带的地区）。国家气象局根据我国气候状况，以日平均气温≥10℃的积温值为主要依据，参考最冷月气温和年极端最低气温，提出了适用于我国各气候带的温度界限（表 6-1）。

表 6-1　我国各气候带的划分指标

（关继东等.2013. 园林植物生长发育与环境）

气候带	≥10℃积温（℃）	≥10℃天数（d）	最冷月平均气温（℃）	年极端最低气温（℃）	备注
1. 寒温带	<1 700	<100	<−30	<−48	
2. 中温带	1 600～1 700 至 3 100～3 400	100～160	−30～−10	−48～−30	
3. 暖温带	3 100～3 400 至 4 250～4 500	160～220	−10～0	−30～−20	
4. 北亚热带	4 250～4 500 至 5 000～5 300	220～240	0～4	−20～−10 −10～−5	
5. 中亚热带	5 000～5 300 至 6 000	240～300	4～10	−10～−1（−2）	云南地区
6. 南亚热带	6 500～8 000 6 000～7 500	300～365 300～350	10～15	−5～2 −1～2	云南地区
7. 边缘热带	8 000～9 000 ＞7 500	365 350～365	15～19	2～5（～6）	云南地区
8. 中热带	9 000～10 000	365	19～26	5（～6）～20	
9. 南热带	＞10 000	365	＞26	＞20	

1. 寒温带　此带在我国范围很小，仅出现在大兴安岭北部的漠河地区。寒温带是我国最冷的气候带，1 月份气温约为−30℃，7 月份气温约为 18℃，气温年较差接近 50℃，为全国之冠。本带生长季只有约 3 个月，年降水量 400～500mm。因温度低、蒸发小，属湿润气候。

2. 中温带　中温带是我国 10 个气候带中面积最大的气候带。主要分布在东北、华北和西北地区，其中包含从湿润到极干旱 5 种类型。最热月平均气温在 18～26℃，最冷月平均气温为−30～−10℃，生长季为 3.5～5.5 个月。年降水量从湿润区的 600mm 以上到极干旱区的 60mm 以下，降水主要集中在 7～8 月，温度年较差从东向西逐渐增大。

3. 暖温带　本带主要位于黄淮海、渭河、汾河流域和南疆。黄淮海、渭河、汾河流域属于亚湿润气候，年降水量从 500～600mm 到 800～900mm，降水集中在 7～8 月；南疆属于极干旱气候，年降水量不足 50～60mm。最热月气温 23～28℃，最冷月气温−10～0℃。气温年较差为 30℃左右，生长季 5.5～7.5 个月，极端最低气温在−30～−20℃，一般年份在−20℃以上。

4. 北亚热带　本带主要位于长江中下游、汉水流域、贵州中部和云南北部。1 月平均气温在 0℃以上，一般 0～4℃，生长季 7.5～8.0 个月。本带均为湿润气候，但东部和西部受不同的季风环流影响，气候差别较大。西部的滇北地区受西南季风影响，有明显的干湿季现象，雨量集中在 6～9 月，气温年较差较小，约 15℃，极端最低气温−10～5℃。东部年降水量 1 400～1 600mm，以 6～7 月降水为多，常有伏旱现象。气温年较差为 25～30℃，极端最低气温为−20～−10℃。

5. 中亚热带　本带主要位于长江中下游的南部、四川盆地和云南北部，均为湿润气候。1月平均气温在4～10℃，生长季为8.0～9.5个月，江南区年降水量为1 400～1 800mm，以4～6月为多，气温年较差为20～25℃，极端最低气温为−1～5℃；四川盆地年降水量为1 000～1 200mm，以6～7月为多，气温年较差在20℃左右，极端最低气温为−5～0℃，西部中亚热带的滇中区年降水量约为1 000mm，集中在夏季，气温年较差1～2℃，极端最低气温为−5～0℃。

6. 南亚热带　本带包括台湾北部和中部，福建、广东、广西的大部以及云南的南部。最冷月平均气温为10～15℃，生长季为9.5～12.0个月。本带中除了金沙江河谷区为亚湿润气候，其他地区均为湿润气候。东部地区年降水量在1 600～2 000mm，以5～6月降水为多，气温年较差15～20℃，极端最低气温−5～0℃。西部南亚热带的滇南区年降水量在1 000～1 500mm，集中在夏季，气温年较差为10℃左右，极端最低气温−2～0℃。

7. 边缘热带　本带包括台湾南部、东沙群岛、雷州半岛、西双版纳和元江河谷南部等河谷地区，带内有湿润和亚湿润气候之分。东部地区年降水量为1 400～2 400mm，为湿润气候；海南岛西部因五指山的屏障作用，年降水量在1 000mm以下，为亚湿润气候；西部边缘热带的4个区中，德宏、西双版纳和河口年降水量在1 500mm以上，属于湿润气候；元江区年降水量在1 000mm以下，为亚湿润气候。本带全年为生长季，最冷月平均气温15～19℃，气温年较差8～12℃，极端最低气温0～5℃。

8. 中热带　本带包括从台湾南端恒春到海南岛南端崖县一线以南的我国西沙群岛和中沙群岛的南海北部海域，属于湿润气候。年降水量约1 500mm，年内有干季和湿季之分，大致以6～11月为湿季，12月至次年5月为干季。气温年较差6℃左右，最冷月平均气温19～26℃，极端最低气温为15℃左右。

9. 南热带　本带包括南沙群岛至曾母暗沙的南海南部海域，为湿润气候。年降水量1 500～2 000mm，年内有干湿季之分。最冷月平均气温不低于26℃，气温年较差2℃左右，极端最低气温高于20℃。

10. 高原气候区域

（1）高原寒带。本带位于唐古拉山与昆仑山之间，仅北羌塘一个气候大区，平均海拔高度4 800～5 100m。全年日平均气温均低于10℃，日最低气温几乎全年都在0℃以下，是全国夏季温度最低的地区，本区春季多大风，年降水量约100mm。

（2）高原亚寒带。本带包括唐古拉山以北的南羌塘地区、青海南部以及祁连山区。海拔从东部的3 400m升高至西部的4 800m。本带日平均气温＞10℃的天数少于50d，种植农作物难以成熟，以牧为主。降水量自东向西显著减少。东部年降水量600～800mm，集中在夏秋两季；中部400～700mm，那曲附近多雷暴及冰雹；西部及祁连山区年降水量100～300mm，是青藏高原主要牧业区。本带西部多风沙，全年大风日数在200d以上。

（3）高原温带。本带范围较广，包括阿里地区、雅鲁藏布江中下游、藏东峡谷区、川西山地、青海省中部及柴达木盆地。带内地势高差大，日平均气温≥10℃的天数在50d以上，海拔较低处可达150～180d。年降水量从川西山地的500～1 000mm到柴达木盆地中心的50mm以下，差异很大。带内存在包括从湿润到极干旱的全部5个干湿气候类型。藏东区、雅鲁藏布江谷地以及西宁等地年降水量为400～600mm，是青藏高原主要农业区；阿里地区年降水量仅50～100mm，不能满足农作物需要；柴达木盆地热量条件相对较好，但降水极为稀少，是我国最干旱的地区之一。

（4）高原亚热带山地。本带位于喜马拉雅山南翼低山区，谷地海拔在 2 600m 以下，垂直高差大。日平均气温≥10℃的天数为 180～350d，年降水量在 1 000mm 左右，属湿润气候。本带可种喜温作物，一年两熟。

（5）高原热带北缘山地。本带为喜马拉雅山南翼外缘低山地区，谷地海拔 100～1 000m。夏季受西南季风影响降水充沛，多在 2 500mm 以上，其中巴昔卡年降水可达 4 500mm。本带日平均气温≥10℃的天数为 350d 至全年，农作物可一年三熟。

（二）我国的主要气候类型

气候类型即地区的自然条件，一般由阳光强弱、水陆面积大小、水陆位置分布而产生。它是分地分类的，各个地方气候类型是不一样的。和气候带不同，气候类型没有特定的纬度区域限制。我国气候可大致划分为 6 个类型。

1. 热带季风气候　包括台湾省的南部、雷州半岛、海南岛和西双版纳等地。年积温≥8 000℃，最冷月平均气温不低于 15℃，年极端最低气温多年平均不低于 5℃，极端最低气温一般不低于 0℃，终年无霜。

2. 亚热带季风气候　我国华南大部分地区和华东地区属于此种类型的气候。年积温在 4 500～8 000℃，最冷月平均气温 0～15℃，是副热带与温带之间的过渡地带，夏季气温相当高（候平均气温≥25℃至少有 6 个候，即 30d），冬季气温相当低。

3. 温带季风气候　我国内蒙古、新疆北部和华北地区等地属此类型。年积温 3 000～4 500℃，最冷月平均气温在 −28～0℃、夏季候平均气温多数仍超过 22℃，但超过 25℃的已很少见，属于比较温暖凉爽的。

4. 高原山地气候　我国青藏高原属此类型。年积温低于 2 000℃，日平均气温低于 10℃，最热的气温也低于 5℃，甚至低于 0℃。气温日较差大而年较差较小，但太阳辐射强，日照充足。

5. 温带大陆性气候　广义的温带大陆性气候包括温带沙漠气候、温带草原气候及亚寒带针叶林气候。

6. 热带雨林气候　我国南沙群岛属此类型。全年高温多雨，降水丰沛，年平均气温 28～30℃，年降水量 2 800mm 以上。

三、季节的形成与划分

（一）季节的形成及变化规律

由于地球绕太阳公转时，一地不同时期获得太阳辐射能量不同，使温度不同，从而形成四季。当太阳直射北半球时，北半球太阳高度角较大，而且日照时间比较长，北半球获得的太阳辐射能量较多，温度较高，形成夏季；当太阳直射南半球时，北半球的情况就与上述相反，温度较低，形成冬季。

四季变化的规律是：

1. 春分日（约在 3 月 21 日）　太阳光直射在赤道上，全球各地昼夜平分，各 12h，南北半球获得热量相等。春分以后，太阳直射点逐渐北移。在北半球，太阳高度角逐渐增大，白昼时间渐长，黑夜时间渐短。

2. 夏至日（约在 6 月 22 日）　太阳直射在北回归线上，这一天，北半球太阳高度角最高，向阳部分面积最大，白昼最长，黑夜最短，而且纬度越高，昼越长，夜越短，北极圈内出现极昼现象。夏至以后，太阳直射点开始南移，北半球白昼开始变短，黑夜开始变长。

3. 秋分日（约在 9 月 23 日）　太阳又直射在赤道上，全球各地又昼夜平分。秋分以后，太阳直射点继续南移，北半球白昼继续缩短，黑夜继续增长。

4. 冬至日（约在 12 月 22 日）　　太阳直射在南回归线上，这一天，北半球太阳高度角最低，向阳部分面积最小，昼最短，夜最长，而且纬度越高，昼越短，夜越长，在北极圈内出现极夜现象。冬至以后，太阳直射点又开始北移，直到翌年春分，又直射赤道。如此周而复始，年复一年，形成了寒来暑往的四季更替。

在北半球，从春分到秋分这半年称为夏半年，都是白天比黑夜长，夏至白天最长，而且纬度越高，白天越长，夜间越短。从秋分到第二年春分这半年称为冬半年，都是白天比黑夜短，冬至白天最短，且纬度越高，白天越短，夜间越长。在赤道全年日照都是 12h。

（二）季节的划分方法

天文上，以春分、夏至、秋分、冬至作为四季的初日。即春分到夏至为春季，夏至到秋分为夏季，秋分到冬至为秋季，冬至到春分为冬季。

在我国古代也是以春分、夏至、秋分、冬至作为四季的初日。民间习惯上是根据农历（也称阴历）划分季节的，即 1～3 月为春季，4～6 月为夏季，7～9 月为秋季，10～12 月为冬季。

在气象部门通常是根据阳历划分四季，3～5 月为春季，6～8 月为夏季，9～11 月为秋季，12～翌年 2 月为冬季。并以每季的中间月份（即 1 月、4 月、7 月、10 月）分别代表春、夏、秋、冬。

依天文学划分四季的标准和方法虽然简单明了，但有一个缺点，就是春、夏、秋、冬四季的开始日期都是固定的，因此与各地实际气候状况有很大出入。如 3 月全国南北各地都属春季。这时长江以南固然桃红柳绿，一派春光；可是黑龙江省却依然寒风刺骨，冰天雪地；而海南岛则已是夏热天气了。另外，二十四节气产生于黄河流域，主要反映黄河流域的气候特点和农事活动，适合于温带地区，其他地区并非都有四季之分。

因此，气象工作者就研究出一种尽量符合我国自然景观的划分标准，这就是用气温法划分的气候季节。它以平均气温为划分指标，凡平均气温在 10℃ 以下的时期为冬季；22℃ 以上的时期为夏季；10～22℃ 的时期为春季或秋季。这种划分方法确实比较符合我国的物候景象。如 3 月下旬或 3 月底，北京地区平均气温升到 10℃ 左右，这时桃李花开，春风拂面。又如 11 月下旬或 11 月底，江浙一带悬铃木叶落、景物萧瑟的时候，平均气温也正好降到 10℃ 左右，开始进入冬季。按气温法划分的气候季节，有很多地方就不一定有四季，可能有三季、二季，或只有一季。用候平均气温划分的季节，对种植业生产有参考价值，并被采用。

在我国西南高原地区，一年内，温度差异不如降水量的差异显著，这些地区常常以一年内降水量的分配状况来划分季节，即干季和湿季。如云南地区从 11 月到翌年 4 月为干季，5～11 月为湿季或雨季。

四、二十四节气与农业生产

（一）二十四节气的划分

地球南北两极的连线称为地轴，地轴与地球公转轨道面不在同一平面上，有一个 66°33′

的夹角，且地轴的指向始终指向北极星，由于它的存在，地球产生了四季的变化。地球不但时刻不停地进行自转，也时刻不停地进行公转。地球自转一周即为一昼夜，约为23h56min4s。地球绕太阳公转一圈为一年，为365d5h48min46s。

我们的祖先根据地球在公转轨道上所处的位置，把地球公转的轨道一周（360°）等分为 24 段，每段根据当时的天文、气候和物候特征反映来命名，称为二十四节气。每年春分地球所在轨道上的位置定为 0°，以后地球每转 15°即为一个节气，每个节气历时约为15d（图 6-1）。

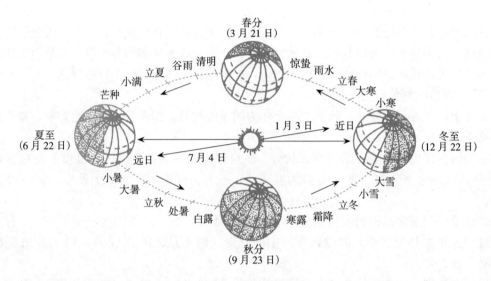

图 6-1　日地关系

(闫凌云 . 2005. 农业气象)

为了便于记忆，人们把二十四节气编成歌谣，在民间广为流传。即：

春雨惊春清谷天，夏满芒夏暑相连；

秋处露秋寒霜降，冬雪雪冬小大寒；

每月两节日期定，至多相差一两天；

上半年来六廿一，下半年来八廿三。

歌谣的前四句概述了二十四节气的名称及其顺序，而后四句则指出一年中各节气日期的出现规律。按公历计算，每月有 2 个节气，上半年一般在 6 日和 21 日，下半年在 8 日和 23日，年年如此，最多相差 1～2d。

二十四节气既然是根据天文、气候、物候特征制定的，每个节气都有明确的含义。

1. 反映四季变化的 8 个节气

（1）立春、立夏、立秋、立冬。"立"是开始的意思，"四立"分别表示四季的开始。"春、夏、秋、冬"则表示植物的萌、长、收、藏的意思。

（2）春分、秋分。"分"是平分的意思，"二分"表示全球昼夜平分，居春、秋两季的中间。

（3）夏至、冬至。"至"是到的意思，"二至"分别表示炎夏和寒冬的到来。夏至，我国绝大多数地区（北纬 23°27′以北）白昼最长，黑夜最短；冬至，我国各地白昼最短，黑夜最长。

2. 反映气温的 8 个节气

（1）小暑、大暑。"暑"是炎热的意思，小暑尚未达到最热，大暑是一年中最热的季节。

（2）处暑。"处"是隐藏、终止的意思，表示炎热的夏天已经过去，天气开始转凉。

（3）白露。气温迅速降低，夜晚水汽在草木叶子上凝成水珠，早晨露水较重。

（4）寒露。气温更低，露水发凉，将要结霜。

（5）小寒、大寒。小寒尚未达到最冷，大寒是一年中最冷的时候。

3. 反映雨量的 4 个节气

（1）雨水。天气回暖，降水以雨的形态出现，雨量渐增。

（2）谷雨。降水增多，对谷类作物很有利，有"雨生百谷"之意。

（3）小雪、大雪。天气更冷，降水以雪的形态出现，小雪表示雪量少且强度不大，大雪表示降雪量大且地面有积雪。

4. 反映物候现象的 4 个节气

（1）惊蛰。开始有雷雨，温度回升，土壤解冻，蛰伏在地下的冬眠小动物被惊醒，开始出土活动。

（2）清明。大地回春，草木繁茂，大自然呈现一片清澈明朗的春色。

（3）小满。麦类等夏熟作物的籽粒开始饱满，但还未达熟期。

（4）芒种。麦类等有芒作物成熟的季节，也表明夏播作物播种最忙的季节。

二十四节气是指导农事活动的补充方法，是以黄河流域中原地区气候和物候为依据建立起来的，由于我国幅员辽阔，地形多变，故二十四节气对很多地区只是一种参考。

（二）二十四节气的应用

二十四节气在农业生产上有一定的局限性，在同一节气，各地气候有差异，农事活动也有不同，不能生搬硬套。

表 6-2　二十四节气的应用

（袁炳富 . 2010. 节气与农事）

二十四节气	主要农事活动
夏至、冬至	选苗、中耕除草、整枝和防治病虫害
立春、立夏、立秋、立冬	春耕准备；春播作物中耕除草、防治虫害；作物水肥管理与收获；秋耕保墒
雨水	小麦压耙保墒，浇返青水；选种备粪
惊蛰	春耕开始；小麦返青追肥；春种准备
春分	做好抗旱播种、保夏收准备
清明	适时播种春玉米、棉花、高粱等；小麦拔节灌溉
谷雨	棉花育苗、移栽
小满	夏收准备；小麦干热风防御
芒种	夏收夏种；春作物管理、治虫、灌溉、追肥等
小暑、大暑	棉花中耕除草、整枝打杈；其他作物除草、防治虫害等田间管理
处暑	黍收获、棉花采摘；晚秋作物管理
白露	秋收，秋种准备
寒露	小麦播种
霜降	甘薯、山药收获；秋耕
小雪、大雪	白菜收获，灌越冬水
小寒、大寒	麦田管理、果树涂白，防止冻害

项目二　农业气象要素

一、气压与风

气压在时间和空间上的变化决定天气变化的趋势，因此，气压的变化是天气分析和预报的重要依据。风不仅对大气中的水分、热量和CO_2的传递有着重大的作用，还直接影响着天气的变化，并且影响农业生产。

（一）气压

1. 气压的概念和单位　大气由于受地球引力作用，具有一定的重量，因而大气就对地面和地面物体施加其压力；另一方面，由于空气分子的无规则运动，也会对地面和地面物体产生撞击力。大气的重力及其分子撞击力的综合作用就产生了大气压强，简称为气压。

气压的大小等于观测点处单位面积上所承受的大气柱的重量，单位为百帕（hPa）。

国际上规定，在纬度为45°的海平面上，空气柱的平均温度为0℃时，在单位面积（cm^2）上，所承受1013.3hPa的大气压力称为标准大气压，记为1atm，因此，1atm＝1013.3hPa。

不同地方，由于大气柱长短或空气密度不同，气压就不同。

2. 气压的变化　气压的大小取决于空气柱的重量，而空气柱的重量则取决于空气柱的长短和密度。空气柱的长短和观测点的高度有关，密度则和空气柱的温度及水汽含量有关。气温存在着周期性的变化，所以气压在时间上和空间上也存在着周期变化。

（1）气压随时间的变化。因为同一个地方的空气密度决定于气温，气温升高，空气密度减小，气压降低；气温下降，空气密度增大，气压升高。因此，一天中，夜间气压高于白天，上午气压高于下午；一年中，冬季气压高于夏季。但是这种有规律的变化有时会受到破坏，当暖空气来临时，会引起气压减小；当冷空气来临时，会使气压增大，这就是气压在时间上的非周期性变化，这和天气系统的活动有关。

（2）气压随高度的变化。气压随高度升高而减小。这是因为高度越高，空气柱越短，空气密度越小，空气质量减小。

当空气柱平均气温为0.0℃，地面气压为1000.0hPa时，地面气压随海拔高度的升高而降低（表6-3）。

表 6-3　气压与海拔高度的关系

（闫凌云 . 2005. 农业气象）

海拔高度（km）	0.0	1.5	3.0	5.5	12.0	16.0	20.0	31.0
地面气压（hPa）	1 000.0	850.0	700.0	500.0	200.0	100.0	50.0	10.0

由表可知，气压随高度降低的快慢程度是不等的。低空空气密度大，因此，随高度增加气压很快降低，而高空的递减速度较缓慢。

3. 气压的水平分布　在同一水平面上，由于地表面的性质不均一，各地增降温快慢不一致，空气密度和水汽含量不同；另一方面各地的海拔高度不同，所测到的气压值无法进行比较，必须把各地的气压值订正到同一海拔高度上（常订正到海平面上），这样，气压值就可以进行比较了。将各地气象台站测到的气压值订正后填在同一张地图上，将气压值相等的各处按一定规则连成曲线（即等压线），就可清楚地看出水平方向上气压的分布状况（图 6-2）。

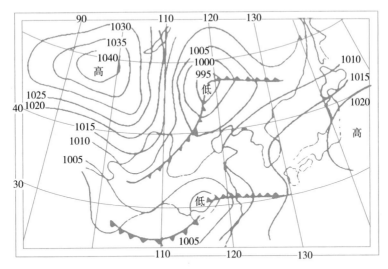

图 6-2 海平面等压线基本型式示意（单位：hPa）

（闫凌云 . 2005. 农业气象）

由图可以看出，等压线分布是多种多样的，有闭合的、不闭合的；等压线数值有的由中心向四周减小，有的则相反；等压线的疏密和弯曲程度也不一样。概括起来，气压的水平分布有如下几种基本型式。

（1）低压。由一系列闭合等压线构成的，中心气压低，四周气压高，等压面的形状类似于凹陷的盆地。

（2）高压。由一系列闭合等压线构成的，中心气压高，四周气压低。等压面的形状类似于凸起的山丘。

（3）低压槽。从低压向外伸出的狭长区域，或一组未闭合的等压线向气压较高的一方突出的部分，称低压槽，简称为槽。槽中的气压低于两侧。在空间形如山谷。槽中各等压线曲率最大处的连线称为槽线。在北半球，槽总是由高纬度指向低纬度，若槽的形状从南向北，称为倒槽，若槽的形状由西伸向东或由东伸向西，则称为横槽。

（4）高压脊。从高压向外伸出的狭长区域，或一组未闭合的等压线向气压较低的一方突出的部分，称高压脊，简称为脊。脊中的气压高于两侧。在空间形如山脊。脊中各等压线曲率最大处的连线称脊线。

（5）鞍形场。由两个高压和两个低压交错相对而形成的中间区域，称为鞍形场。其空间分布形如马鞍。

上述几种气压场的基本型式，统称为气压系统。不同的气压系统有不同的天气表现，所以气压系统的移动与演变是天气预报的重要依据之一。

（二）风

1. 风的形成及变化 空气的水平运动称为风，用风向和风速表示。风向是指风的来向，风速是空气在单位时间内移动的水平距离。

（1）形成风的几个作用力。主要有水平气压梯度力、水平地转偏向力、摩擦力和惯性离心力等四种力。

（2）风的变化特点。

①风的日变化。一天中，午后的风速最大，清晨的风速小。这种变化与乱流交换的日变化有关。白天乱流交换强，高层大气具有较大动量的空气随乱流传输到下层，使下层风速增大，午后乱流最强，风速最大；夜间乱流交换弱，低层大气得不到高层大气的动量，因而风速比白天小，清晨乱流最弱，风速最小。必须指出，当有较强的天气系统过境时，上述日变化规律可能被扰乱或掩盖。

②风的日变化规律。晴天比阴天显著，夏季比冬季显著，陆地比海洋显著。

③风的年变化。冬半年的风速大于夏半年。这是由于冬半年南北温差大、气压梯度较大的缘故。不过，对于夏季遇到的台风等系统影响，风速增大的非周期性情况，应另当别论（表6-4）。

表6-4 我国部分城市冬、夏季风速（m/s）

（闫凌云 . 2005. 农业气象）

时　间	广州	台北	福州	杭州	上海	南京	天津	北京	哈尔滨
1月	2.2	3.4	2.7	2.3	3.2	2.7	3.1	2.9	3.6
7月	1.9	2.5	3.2	2.2	3.2	2.6	2.5	1.8	3.4

④风随空间的变化。随着海拔高度的升高，风速增大。这是因为地面摩擦力对风的影响随海拔高度的升高而减弱的缘故。据观测，在离地300m高处，全年平均风速比离地27m处大4倍。

同理可知，海洋上空的风速大于陆地上空；沿海的风速大于山区。它们都是由于摩擦力影响不同造成的结果。

⑤风的阵性。风向摇摆不定，风速忽大忽小的现象，称为风的阵性。风的阵性与空气的乱流运动有关。一般来说，风的阵性山区比平原地区明显，低空比高空明显，白天比夜间明显，午后最显著。

2. 风的类型

（1）季风。季风是指以一年为周期，随季节的改变而改变风向的风。通常指的是冬季风和夏季风。

冬季大陆温度低于海洋，陆地上因温度下降将使气压升高，所以在大陆上形成高压，海洋上形成低压，风从大陆吹向海洋。夏季相反，大陆上温度高于海洋，则大陆上形成低压，海洋上形成高压，所以风从海洋吹向大陆。

我国位于欧亚大陆的东南部，背靠欧亚大陆，面临西太平洋，因此，季风很明显，夏季常吹东南风或西南风；冬季常吹偏北风，北方多数为西北风，南方多数为东北风。

由于各地地理条件不同，地形复杂，常常形成各种与季风风向不同的风。

（2）地方风。它是与地方特点有关的局部地区的风，可因地形的动力作用或地表受热的不同而形成。常见的有以下3种。

①海陆风。海陆风是指由于海陆受热不同所造成的，以一天为周期随昼夜交替而改变风向的风。

白天，由于大陆温度高于海洋，大陆受热，空气上升，地面形成低压；海上温度较低，空气密度较大，空气下沉，海面上形成高压，风由海洋吹向陆地，称为海风。夜间，由于海洋温度高于大陆，同理可知，风由大陆吹向海洋，称为陆风（图6-3）。

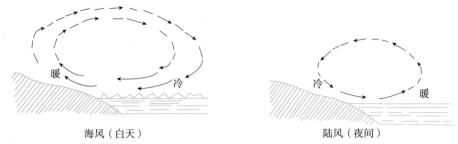

暖　　冷　　　　　　冷　　暖

海风（白天）　　　　　　　　　陆风（夜间）

图6-3　海陆风

（闫凌云．2005．农业气象）

海陆风风向变换的时间，各地有所不同，一般是在10～11时开始吹海风，到下午1～2时海风达最强，晚上8时前后转为吹陆风。若这种规律遭到破坏，预兆天气将发生变化。

海风的风速和伸入大陆的距离都比陆风大；一般海风风速可达5～6m/s，伸入大陆为50～60km；而陆风风速只有1～2m/s，伸入海上为10～20km。

②山谷风。山谷风是指在山区，山坡和周围空气受热不同所造成的，以一天为周期，随昼夜交替而改变风向的风（图6-4）。白天，山坡上（图中A处）的空气增热比周围（图中B处）空气快，$T_A > T_B$，山坡上空气膨胀，沿山坡上升，而B处空气要下沉，形成谷风。夜间，山坡上空气冷却快，$T_A < T_B$，B处空气上升，山坡上空气冷却下沉，形成山风。山谷风风向的变换时间为谷风8～9时开始，午后风速达最大；山风在入夜后开始，日出前风速达最大。

暖　暖　A　　　　　　　　A　冷　B　冷　A
A　B冷　　　　　　　　　　　暖

谷风（白天）　　　　　　　　　山风（夜间）

图6-4　山谷风

（闫凌云．2005．农业气象）

一般来说，谷风大于山风；晴天的山谷风比阴天明显；夏季的山谷风比冬季明显。

③焚风。焚风是由于空气下沉运动，使空气温度升高、湿度降低而形成的又干又热的风。产生的原因有两种，一种是当湿空气越过高山后，在背风坡做下沉运动，形成焚风；另一种是在高压区中，空气下沉运动形成焚风。

焚风在山地任何时间、任何季节都有可能出现。初春可促使积雪融化，有利于灌溉；夏末可加速谷物和果实成熟。但强大的焚风会引起作物的高温热害或干旱，使作物烧伤、枯萎以至死亡，有时甚至引起森林火灾。山脉形成焚风的条件是山岭必须高大，以便气流在迎风坡上升时能成云致雨。

3. 风与植物生产

（1）风对植物光合作用的影响。通风可使作物冠层附近CO_2浓度保持在接近正常的水平上，防止或减轻作物周围的CO_2亏损。

风可引起茎叶振动，造成作物群体内的闪光，可使光合有效辐射以闪光的形式合理地分布到更广的叶面上而发挥更大的作用。这就意味着改善了群体下部光的质量。

（2）风对蒸腾与叶温的影响。通常风速增加能加快叶面蒸腾，从而吸收潜热，降低叶温。但如叶温大大高于气温（如气孔开度中等的高辐射条件下），风速的增加会降低蒸腾。

风的最大效应在1m/s以上的小风速范围内，作物群体多数时间风速小于1m/s，常在0~1m/s，所以风对叶温影响不大。阴天，叶温、气温相近，风对叶温也无大的影响。

（3）风对植物花粉、种子及病虫害传播的影响。风是异花授粉植物的天然传粉媒介，植物的授粉效率以及空气中花粉孢子被传送的方向与距离，主要取决于风速的大小与风向。风还可以帮助植物散播芬芳气味，招引昆虫为虫媒花传播花粉。

豆科植物的微小种子、长有伞状毛（如菊科植物）或翅（如许多树种）的大种子、纸状果实或种子以及某些植物的繁殖体等可以通过风来传播。

风还会传播病原体，使病害蔓延。多种昆虫如白粉蝶、黏虫及稻纵卷叶螟成虫的迁飞、降落与气流运行及温湿度状况有密切的关系。水稻白叶枯病、小麦条锈病的流行，都是菌原随气流传播的结果。

（4）风对植物生长及产量的影响。适宜的风力使空气乱流加强。由于乱流对热量和水汽的输送，使作物层内各层次之间的温湿度得到不断的调节，从而避免了某些层次出现过高（或过低）的温度、过大的湿度，利于作物生长发育。

风速增大，光合作用积累的有机物质减少。据资料，当风速达10m/s时，光合作用积累的有机物质为无风时的1/3。花器官受风的强烈振动也会降低结实率。单向风使植物迎风方向的生长受抑制。长期大风可引起植物矮化，大风还会造成倒伏、折枝、落花、落果等，对作物造成危害。

二、天气系统与天气过程

天气系统是表示天气变化及其分布的独立系统。活动在大气中的天气系统种类很多，如气团、锋、气旋、反气旋、高压脊、低压槽等。这些天气系统都与一定的天气相联系。它们的活动和强度变化（如气团更替，锋面过境，气旋和反气旋的加强、减弱、移动等）是天气非周期性变化的重要原因。这种天气的非周期性变化，对农业生产影响很大。

（一）气团

1. 气团的概念 气团是指在水平方向上物理性质比较均匀、在垂直方向上变化比较一致的大块空气。它的水平范围可达几百到几千千米，垂直范围可达几千米到十几千米。气团的物理性质主要是指对天气有控制性影响的温度、湿度和稳定度三个要素。气团不稳定表示利于空气垂直上升运动的发展，气团稳定表示不利于空气垂直上升运动的发展。同一气团的物理性质在水平方向上变化很小。如在1 000km范围内，温度只相差5~7℃，但从这一气团过渡到另一气团，在50~100km范围内，温度就相差10~15℃。

2. 气团的形成和变性 气团是在性质比较均匀的下垫面上形成的，如广阔的海洋、巨大的沙漠、冰雪覆盖的大陆等。形成气团的下垫面必须有利于空气较长时间停滞和缓行的环境条件。这样，通过辐射、对流、蒸发和凝结等过程，使空气与下垫面之间发生充分的水分交换和热量交换。使空气温度、湿度的垂直分布与下垫面趋于平衡，就形成了具有源地特性的气团。显然，不同性质的下垫面可形成不同的气团，形成气团的下垫面所处的地理位置，称为气团源地。如在寒冷干燥的西伯利亚和蒙古大陆地区，可形成干冷的气团，而在温暖潮湿的副热带洋面上，则可形成暖湿气团。可见在海洋上和在陆地上形成的气团，它们的物理性质是不同的。

气团在大气环流操纵下会离开源地移向其他地区，在它移动过程中，受新的下垫面影响，又不断与新的下垫面进行充分的水分交换和热量交换，从而改变了气团原有的物理性质。这种过程称为气团变性。改变原有物理性质的气团称为变性气团。

3. 气团的分类　气团的分类方式主要有热力分类和地理分类两种。

（1）热力分类。根据气团移动时与所经下垫面之间的温度对比或气团之间的温度对比，将气团分为冷气团和暖气团。即平时所说的冷空气和暖空气。

当气团温度高于它所流经地区下垫面温度时，称暖气团。暖气团移到冷的下垫面时，底层空气先变冷，气温直减率减小，气层处于稳定状态。有时可形成上热下冷的逆温状况，不利于对流的发展，因此，暖气团属稳定气团。若暖气团含水汽较多，常可形成低云，出现毛毛雨或小雨雪天气。当暖气团低层空气迅速冷却时，也可造成大范围的平流雾。

当气团温度低于它所流经地区下垫面温度时，称冷气团。冷气团移到暖的下垫面时，底层空气先增温，气温直减率增大，使气层上冷下热，趋于不稳定，对流运动容易发展。因此，冷气团属不稳定气团。尤其在夏季若冷气团所含水汽较多，易产生对流云，常出现阵性降水和雷阵雨天气。

根据气团之间的温度对比来划分，温度高于其相邻气团的称暖气团。反之，温度低于相邻气团的称冷气团，通常在北半球，自北向南移动的气团，不仅相对于地面而且相对于南方气团来说，都是冷气团，同样，自南向北移动的气团，不仅相对于地面而且相对于北方的气团来说，都是暖气团。

（2）地理分类。根据气团源地的地理位置和下垫面的性质划分。

根据地理位置将气团分为北极气团（又称冰洋气团）、极地气团、热带气团和赤道气团四类。根据下垫面性质又将极地气团分为极地海洋气团和极地大陆气团（又称极地西伯利亚气团），热带气团分为热带海洋气团和热带大陆气团。

4. 影响我国的主要气团　影响我国大范围天气的主要气团有极地大陆气团和热带海洋气团，其次是热带大陆气团和赤道气团。由于它们远离源地，因此都是变性气团。

（1）变性极地大陆气团。它是由发源于西伯利亚寒冷干燥的极地大陆气团移到我国后变性而成。此气团全年影响我国，以冬季活动最频繁，是冬季影响我国天气势力最强、范围最广、时间最长的一种冷气团。冬季在它控制下，天气寒冷、干燥晴朗、微风、温度日变化大、清晨常有雾或霜。但随着气团远离源地逐渐变性，天气逐渐回暖。夏季它经常活动于我国长城以北和大西北地区，在它控制下天气晴朗，虽是盛夏，也凉如初秋。有时也南下到达华南地区，它的南下是形成我国夏季降水的重要因素。

（2）变性热带海洋气团。它是形成于太平洋洋面上的热带海洋气团登陆后变性而成。此气团也是全年影响我国，以夏半年最为活跃，是夏季影响我国大部分地区（除西藏高原和新疆外）的湿热气团。夏季在它控制下，早晨晴朗，午后对流旺盛，常出现积状云，产生雷阵雨；此气团若长期控制我国，则天气炎热久晴，往往造成大面积干旱。它与变性极地大陆气团交绥是构成我国盛夏区域性降水的重要原因。秋季此气团退至东南海上。

春季上述两种气团在我国分据南北并相互推移造成多变天气。秋季变性极地大陆气团不断加强逐渐南扩，而变性热带海洋气团则向我国东南方海上退缩，两气团交绥区，常造成秋雨，直至变性极地大陆气团占优势时，我国大部分地区就出现秋高气爽的天气。

此外，热带大陆气团，起源于西亚干热大陆，夏季影响我国西部地区，在其控制下，天气酷热干燥、久旱无雨。赤道气团起源于高温高湿的赤道洋面，夏季影响我国华南、华东和华中地区，常带来潮湿、闷热、多雷雨天气。

以上情况可以看出，在同一气团内，由于温度、湿度比较一致，一般不会产生大规模的升降运动，所以，天气特征比较一致，不会发生剧烈的天气变化。但是，当两个不同性质的气团在某一地区交绥时，常能引起剧烈的天气变化过程。

（二）锋

1. 锋的概念 两种性质不同的气团相遇时，两者之间形成一个狭窄而倾斜的过渡带。这个过渡带称锋面。其宽度在近地面为几十千米，在高空可达 200～400km，并向冷空气一侧倾斜，暖空气在锋面上向上爬升，冷空气插入暖空气下部。锋面与地面之间的坡度很小，所以锋面所掩盖的地区很大。锋面与地面的交线称锋线，锋面和锋线统称为锋。锋的高度约从几千米到十几千米（图6-5）。

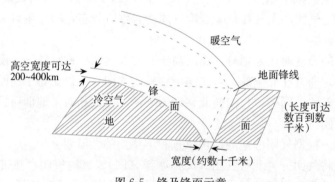

图 6-5　锋及锋面示意
（闫凌云．2005．农业气象）

由于锋面是性质不同的两种气团的交界面，所以在锋面两侧，气压、温度、湿度、风等气象要素差异较大。如在锋面附近，水平方向上 50～100km 距离内，温度可相差 10～15℃。又由于暖空气在锋面上做上升运动，常形成云系和降水，所以锋面过境时能引起天气的激烈变化，这种由锋面活动所产生的天气，称锋面天气。

2. 锋的分类和锋面天气 根据锋在移动过程中的移动方向、移动速度和结构把锋分为暖锋、冷锋、准静止锋和锢囚锋。不同的锋带来不同的天气。在我国，一年四季都有频繁的锋面活动，其中冷锋最多，准静止锋次之，锢囚锋和暖锋最少。

（1）暖锋天气。锋面在移动过程中，暖气团起主导作用，暖气团推动锋面向冷气团一侧移动，这样的锋称暖锋（图6-6）。暖锋坡度较小，暖空气在推动冷气的同时，还沿着锋面缓慢爬升到很远的地方，形成了广阔的云系和降水区。离锋线越远，云越薄越高，靠近锋线附近，云底最低，云层最厚。暖锋到来时，气压下降，相继出现卷云、卷层云、高层云和雨层云。产生连续性降水，雨区出现在锋前，其宽度一般为 300～400km，夏季暖空气不稳定，锋面上偶有积雨云。锋面过境后，风向东南转西南，气压少变，气温升高，雨止天晴。

我国暖锋多出现在气旋内，冬半年在东北地区和江淮流域，夏半年多在黄河流域，长江

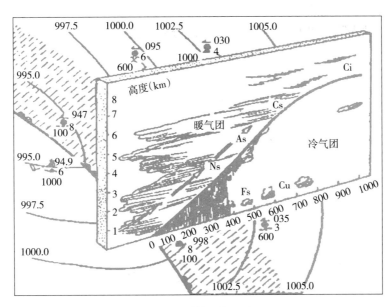

图 6-6 暖锋天气示意

（闫凌云.2005.农业气象）

以南少见。

（2）冷锋天气。锋面在移动过程中，冷气团起主导作用，冷气团推动锋面向暖气团一侧移动，这样的锋称为冷锋。根据冷锋移动速度和天气特征可将冷锋分为下列两种类型：

①缓行冷锋。缓行冷锋。又称第一型冷锋。缓行冷锋坡度较小（比暖锋大）、移动速度慢，当冷空气插在暖空气下面前进时，暖空气被迫在冷空气上面平稳爬升，所以形成的云系和降水分布与暖锋相似，但排列次序相反。即：缓行冷锋到来时，气压下降、气温升高、风力增大，相继出现雨层云、高层云、卷层云、卷云（图6-7），多为连续性降水，雨区出现

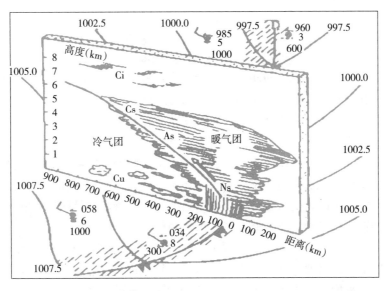

图 6-7 缓行冷锋天气示意

（闫凌云.2005.农业气象）

在锋后，雨区较窄，平均宽度为150～200km。锋面过境后，气压升高、气温下降、风力减弱、降水停止。夏季当锋前暖气团不稳定时，在冷锋附近产生积雨云，出现雷雨天气。夏季在我国北方，冬季在我国南方，所见冷锋多属此类。

②急行冷锋。急行冷锋又称第二型冷锋。急行冷锋坡度大，移动速度快，锋前暖空气被急剧抬升，出现剧烈的天气变化，夏半年因暖气团水汽充足，在锋线附近产生旺盛的积雨云（图6-8）。

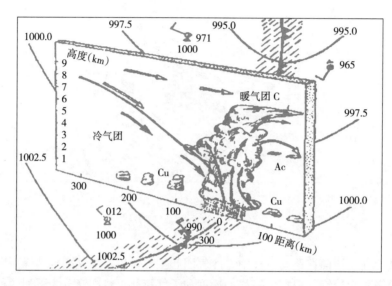

图6-8　急行冷锋天气示意

（闫凌云．2005．农业气象）

锋面过境时，往往狂风骤起、乌云满天、暴雨倾盆、雷电交加，但时间短暂，雨区很窄，一般只在地面锋后的数十千米内。锋面过境后气压上升，天气很快转晴。我国夏季自西北向东南推进的冷锋多属此类。冬半年暖气团中水汽较少，锋面过境时，一般降水少，锋后常出现大风、降温和风沙天气，我国北方冬春季节常遇到。

（3）准静止锋。冷、暖气团势均力敌，锋面很少移动或在原地来回摆动，这种锋称为准静止锋（图6-9）。准静止锋多数是冷锋南下冷气团逐渐变性、势力减弱而形成的。它与缓行冷锋形似，但因准静止锋坡度较小，沿锋面爬升的暖空气可伸展到距地锋线更远的地方，所以云区和雨区比缓行冷锋宽，降水强度小但持续时间长，经常绵绵细雨连日不断，可维持10d或半月之久。在春夏季节也可出现积状云和雷阵雨天气。准静止锋是我国南方形成连阴雨天气的重要天气系统之一。

我国的准静止锋主要有华南静止锋、江淮流域梅雨锋和昆明静止锋。前两种是由于冷暖气团势均力敌、相持形成的，造成华南和长江流域持续长时间和大范围连阴雨天气。昆明静止锋是由于冷空气南下时，受云贵高原山地的阻挡，而在贵阳和昆明之间静止下来，形成的地形静止锋，使锋面以东的贵州高原在冬季出现阴雨天气。

（4）锢囚锋天气。冷锋和暖锋或者两条冷锋合并而成的锋，称为锢囚锋（图6-10）。它的天气保留了原来冷锋和暖锋的一些特征。但因锢囚后，暖空气被抬升到很高的高度，因此，云层增厚、降水增强、雨区扩大，风力界于冷锋和暖锋之间。锢囚锋主要出现在东北和华北地区的冬春季节。

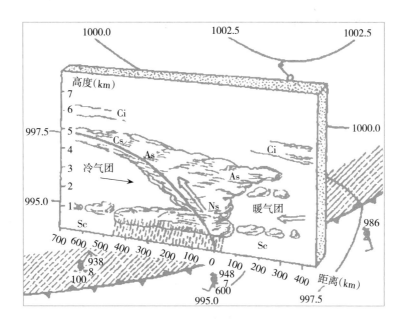

图 6-9　准静止锋天气示意

（闫凌云．2005．农业气象）

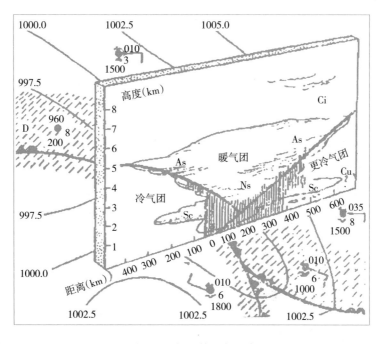

图 6-10　锢囚锋天气示意

（闫凌云．2005．农业气象）

（三）气旋

1. 气旋的概念　气旋是中心气压比四周低的水平空气涡旋。气旋直径平均为1 000km，大的可达3 000km，小的只有200km或更小些。气旋的强度用中心气压值表示，气旋中心气压越低气旋愈强；反之愈弱。气旋的强度一般在970~1 010hPa。在北半球，气旋范围内的空气逆时针方向旋转，同时由四周向中心流入（气象上称为辐合）。由于空气向中心辐合，使空气做上升运动，绝热降温、湿度增大，水汽容易凝结形成云雨，因此，气旋内部多为阴雨天气。气旋前部（东部）吹偏南风，后部（西部）吹偏北风。气旋按热力结构可分为锋面气旋和无锋面气旋两大类。无锋面气旋包括暖性气旋（台风）和冷性气旋（高空冷涡）。

2. 锋面气旋　气旋内有锋面存在，称为锋面气旋。它形成于温带地区，是该地区冷暖气团频繁活动的结果。锋面气旋一般移动很快，是造成温带地区恶劣天气的主要天气系统之一，发展强烈的锋面气旋一般可出现大风、大雨甚至暴雨及风沙天气。在发展成熟的锋面气旋内部结构通常东、北、西三面为冷区，南面为暖区，在暖区与冷区之间存在着暖锋和冷锋。暖锋和冷锋相接的一点气压最低，为气旋中心。

气旋的上述结构决定了它的天气特征。锋面气旋于发展成熟阶段时，气压强烈下降，气旋中心附近空气有强烈的上升运动，气旋区域内风速普遍增大，暖区内有时出现西南大风，冷区内主要是冷锋后的西北大风。气旋前部具有暖锋云系和降水特征；后部具有冷锋云系和降水特征。如是缓行冷锋，则有层状云和连续性降水；如属急行冷锋，则有积状云和雷阵雨。气旋南部的暖区，天气特征决定于暖气团的性质。若暖区为海洋气团控制，靠近气旋中部地方有层云、层积云并下毛毛雨，有时有雾；若暖区为大陆气团控制，则因空气干燥，通常没有降水，只有一些薄的云层。

3. 高空冷涡　高空冷涡是指出现在1 500m或是3 000m高度上具有冷中心配合的低压系统，简称冷涡。东北冷涡5~6月出现最多，是影响东北、华北的主要天气系统。夏季，常出现连续几天的阵性降水，有时可能有雹。降水有明显日变化，多在午后到前半夜，东北、华北有谚语"雷雨三后响"就是指这种天气系统。冬季出现大风降温天气，有时有很大的阵雪。西南冷涡春末夏初最多，当它过境时，常出现雷阵雨和暴雨，是造成长江中下游地区暴雨的天气系统之一。

4. 影响我国的气旋　影响我国的锋面气旋，北方主要有蒙古气旋、东北低压、黄河气旋；南方有江淮气旋和东海气旋。

（1）蒙古气旋。指在蒙古中部或东部形成的气旋。它是北方气旋的典型，对我国内蒙古、东北、华北和渤海春、秋两季的天气有很大影响。大风是蒙古气旋的重要天气特征。发展比较强的蒙古气旋，各部分都可以出现大风，降水不大。另外，蒙古气旋活动时总是伴有冷空气的侵袭，所以，降温、风沙、吹雪等天气现象都随之而来。

（2）东北低压。指活动于我国东北的低压。它很少在原地产生，多是其他地区移来的，以春、秋最多，对我国东北、内蒙古及华北地区的天气都有影响。大风是东北低压的主要天气特征，以低压暖区里出现的西南大风为最强。当东北低压出现西南大风时，常引起气温突升，冷锋过后可出现短时间北风或西北大风，气温骤降。另外，来自华北和黄河下游的东北低压，是夏季东北出现暴雨的主要系统天气之一。

（3）黄河气旋。指在河套地区和黄河下游（河南、山东）生成的气旋。冬半年不易产生大量降水，夏半年发展较强，可在内蒙古中部、华北北部和山东中南部形成降水和大风天气。

（4）江淮气旋。指发生在江淮流域和湘赣地区的气旋。它是南方气旋的典型，春夏两季出现最多，是造成江淮流域地区暴雨的重要天气系统之一。一般在气旋移动路径上，都可发生暴雨，且气旋前后均可出现大风。

（四）反气旋

1. 反气旋的概念　反气旋又称高压，是中心气压比四周高的水平空气涡旋。反气旋的范围比气旋的范围大得多，如冬季大陆的反气旋，往往占据整个亚洲大陆面积的3/4。反气旋直径超过2000km，小的可达数百千米。反气旋中心气压值越高，反气旋强度越强；反之愈弱。反气旋中心气压值一般为1020～1030hPa，最强可达1084hPa。在北半球，反气旋范围内的空气顺时针方向旋转，同时中心向四周流出（气象上称为辐散）。由于空气向外辐散，使上层气流下来补充，形成下沉气流，气流下沉绝热增温、湿度减小，不易成云致雨。因此，反气旋控制地区一般为晴朗少云、风力静稳天气。反气旋前部（东部）吹偏北风，后部（西部）吹偏南风。

2. 影响我国的反气旋　影响我国的反气旋有蒙古高压和太平洋副热带高压。

（1）蒙古高压。蒙古高压是一种冷性反气旋即冷高压。它是冬半年影响我国的主要天气系统，且活动频繁、势力强大。冷高压南下时，常常带来大量冷空气。所经地区形成降温、大风、降水等天气现象，当其势力强大到一定程度时，就形成剧烈降温的寒潮天气。其中心可深入到华东沿海。蒙古高压由干冷气团组成，高压内盛行下沉气流，故多为晴朗、少云天气，但其不同部位天气表现不一。在冷高压中心附近，下沉气流强、晴朗微风，夜间或清晨常出现辐射雾，能见度减小。当空气比较潮湿时，往往出现层云、层积云，有时会有降水。高压东部边缘为一冷锋，常有较大风速和较厚的云层，有时伴有降水。

（2）太平洋副热带高压。太平洋副热带高压简称副高，是指位于我国大陆以东太平洋洋面上的副热带高压，它是一个强大的暖高压，是夏半年影响我国的主要天气系统。

①副高控制下的天气。在副高脊线附近，下沉气流强盛，天气晴朗炎热。长江流域8月出现的伏旱，就是副高长时间控制所致。副高北侧，冷暖气团交汇，气旋、锋面活动频繁，上升气流强盛，因而多阴雨天气，造成大范围降水，从而构成我国的主要降雨带。副高西北侧，盛行西南暖湿气流，与西风带冷空气相遇多阴雨天，副高南侧盛行东风，常有热带气旋等天气系统活动，产生雷阵雨和大风。

②副高的季节变化对我国天气的影响。一年中，副高随季节变化有明显的南北移动。每年从冬到夏副高由南向北推进势力逐渐增强，从夏到冬又由北向南撤退，且势力逐渐减弱。副高的这种变化与我国大陆主要雨带季节的南北位移是基本一致的。我国主要雨带一般在副高脊线以北5°～8°。从4月份起，副高开始活跃，5月下旬到6月中旬，当副高脊线稳定在北纬20°以南地区时，华南地区出现雨季（称前汛期）。到6月中旬前后，副高脊线第一次北跳，脊线到北纬20°以北，并相对稳定在北纬20°～25°，此时华南前汛期结束，雨带北移到江淮流域，江淮梅雨季节开始。7月上中旬副脊线第二次明显北跳，脊线超过北纬25°，徘徊在北纬25°～30°，此时江淮梅雨结束，雨带北移到黄淮流域，黄淮流域雨季开始。7月底至8月初，副高脊线第三次北跳，副高脊越过北纬30°，东北、华北雨季开始，而江淮流域进入伏旱期。由于副高脊北移，华南及东南沿海处于副高南侧东风气流控制下，经常受台风等热带天气系统的影响，造成台风雨。9月上旬副高脊线又跳回到北纬20°以南，雨带随之南撤，副高脊的影响逐渐减小。

项目三　农业小气候

一、小气候的基本概念及特点

（一）小气候的概念

小气候是近地气层由于下垫面性质具有局部特性所引起的与大气候不同的小范围内的气候。小气候主要表现在个别气象要素的数值和个别天气现象的差异上，它不会改变大规模的天气状况。形成小气候的主要因素是下垫面的构造和性质，因此，不同的下垫面，就形成不同的小气候。小气候有独立小气候和非独立小气候，独立小气候是指在某种下垫面上形成而未受周围条件影响；非独立小气候形成时既受本身下垫面的影响，同时还受相邻地段另一种下垫面的影响，是属于过渡性质的，如边缘效应。

（二）小气候的特点

相对于大气候，小气候的特点主要表现在个别气象要素和个别天气现象（光、温、风、湿等）的不同，不影响整个天气过程。

1. 范围小　范围小是从空间尺度上来说的，小气候现象在铅直和水平方向上都很小。

2. 差别大　差别大是由于小气候范围很小引起的，由于小气候范围尺度很小，局地差异不易被大规模空气混合，即任何一种天气过程只能加剧或缓和其差异，而不能使差异发生根本性的改变。因此，气象要素相差很大（垂直和水平方向上），距活动面越近影响越大，并且有脉动性，尤其在相邻活动面之间有条明显的分界线，过渡带不明显或不存在，如水泥路面和水稻田地表面温度差异就很明显，这种情况在大气候中是不可能发生的，大气候中不同的气候区之间往往有一个过渡带。

3. 很稳定　很稳定是指小气候规律相对很稳定。由于尺度小、差异大、不易混合，各种小气候现象较稳定，只要下垫面不变，其差异不会发生逆转。

（三）农业小气候与农田小气候

农业小气候是指农业生态环境（如农田、果园、温室、畜舍等）和农业生产活动环境（如晒场、喷药、农产品贮存等）的气候。这些小环境内的气候与农业生物和农业生产关系密切，主要表现在它们之间的能量和物质交换。农业小气候随时间和自然条件的变化以及受人类各项活动的影响甚为显著。

农田小气候是指农田贴地气层、土层与作物群体之间的物理过程和生物过程相互作用所形成的小范围气候环境。常以农田贴地气层中的辐射、空气温度和湿度、风、CO_2以及土壤温度和湿度等农业气象要素的量值表示。农田小气候是影响农作物生长发育和产量形成的重要环境条件。研究农田小气候的理论及其应用，对作物的气象鉴定，农业气候资源的调查、分析和开发，农田技术措施效应的评定，病虫害发生滋长的预测和防治，农业气象灾害的防御以及农田环境的监测和改良等，均有重要意义。

二、农田小气候的一般特征

由于作物种类繁多，随作物生育期的发展，植株生长高度和密度的不同变化，农田活动面的性质有明显差异。农田热量平衡同裸地光、温、湿、风等的分布与变化有很大的区别。

（一）农田中光照的分布

当太阳光到达作物层，由作物群体进入作物层时，受到茎叶的吸收、反射和透射，光线自上而下依次减弱。

作物群体的透光率与适宜的叶面积系数之间的关系如表 6-5 所示。

表 6-5　小麦高产群体各生育期适宜透光率和适宜叶面积指数

项目	起身期	拔节期			孕穗期
		始期	中期	末期	
透光率（%）	40～45	20～25	8～10	6～8	4～5
叶面积指数	1.6～1.8	2.5～2.8	4.4～4.7	4.7～5.2	5.4～6.0

一般来讲，田间漏光损失大，光能利用不充分，总产量不高，说明种植密度过稀；反之，田间郁蔽，透光不良，总产量也不高。研究表明：只有当叶面积指数按算术级数增加，而光的透过量按几何级数减少时，作物单株产量和总产量才有可能都高。因此，要求在作物生育盛期，光强随植株高度降低而减弱的速度应比较适中，不能出现急剧减弱的现象，如水稻力求叶挺、棉花力求宝塔型、小麦要力求紧凑型，就是为了保证农田光照分布比例适当，作物生长初期和后期，只要保证上部有足够的光照，就不致影响作物的产量。

（二）农田中热量的分布

农田中温度的铅直分布主要决定于农田中的辐射、乱流交换和蒸散。

在作物生长初期，植被覆盖面小，农田外活动面未形成，热量收支状况与裸地相似，农田中温度的铅直分布变化也与裸地相似。

在作物生长盛期即封行后，农田外活动面形成。白天，由于作物茎叶对内活动面的隐藏作用，内活动面附近白天温度低，蒸发耗热少，乱流交换少，株间近似等温。而外活动面所得到太阳能量多于内活动面，外活动面热量收支差额为正，其附近温度高，不断有热量向上、向下输送。中午前后，外活动面稍高处出现温度最高值，向上向下逐渐降温。夜间内外活动面附近都因有效辐射起主导作用，热量收支差额为负，使温度降低。内活动面由于受到茎叶阻挡降温慢，而外活动面上部有茎叶阻挡，有效辐射大，加上夜间植被上部冷却，冷空气下沉到外活动面附近，造成外活动面稍高处出现温度最低值。另外，外活动面白天蒸腾降温强烈，夜间水汽凝结放热延缓降温，造成白天最高温度和夜间最低温度并不真正出现在外活动面上。

在作物生长后期，部分叶片枯落，外活动面逐渐消失，农田中温度铅直分布又和裸地相似。

一般地，农田中作物层和裸地相比，夏季和白天农田比裸地温度低；冬季和夜间农田比裸地温度高。

（三）农田中水分的分布

农田中的湿度变化，除决定于温度和农田蒸散外，还决定于乱流交换强度。

农田中绝对湿度的分布，在作物生育初期与裸地相似；到作物生长盛期，茎叶密集的活动层就是蒸腾面，这时，同温度分布相似。午间，靠近外活动面绝对湿度大；清晨、傍晚或夜间，外活动面有大量露或霜形成，绝对湿度比较小；作物生长后期，农田绝对湿度的分布和裸地几乎一样，即白昼随高度降低，而夜间则相反。

农田中的相对湿度，不仅决定于空气中水汽含量（绝对湿度）的变化，也决定于气温的变化，是比较复杂的。一般在作物生长初期和裸地相近，在茎叶密集的活动层附近，相对湿度最高，地表附近次之；夜间，外活动面和内活动面的气温都比较接近；到作物生长后期，白昼相对湿度和生长期相近；而夜间地面温度较低，最大相对湿度又重新出现在地表附近。

（四）农田中风的分布

在作物的整个生育期中，农田株间风速的分布，主要随作物生长密度和高度而变化，此外还同栽培措施有关系。

在农田中，风速因受到农作物的阻挡、摩擦作用而大大减弱，尤其在密植田中，通风性更小。资料证明：农田中 20cm 处风速只有裸地的 12.5%，在 150cm 处，风速仍比裸地小22%。在高秆作物田中，风速在铅直方向上的变化呈 S 形分布，这种分布规律是由作物本身的结构所造成的，在作物基部，相对风速有一个次大值，这是因为农田外的气流能通过茎叶较稀的基部；在作物中部茎叶比较密集，风速削弱大；在作物上部茎叶较稀，风速随高度变化剧烈。

（五）农田中 CO_2 的分布

农田中 CO_2 的含量和变化主要决定于大气中 CO_2 的含量、作物呼吸释放的 CO_2 量及作物光合作用所消耗的 CO_2 量，同时还与风速、乱流交换等有关。

一般情况下，白天，从清晨至中午，由于作物光合作用吸收了 CO_2，使得在作物密集的高度上 CO_2 的浓度最低，而且从凌晨到中午，CO_2 最低值所出现的高度不断下降；午后可降至最接近地面的地方，这种变化在静风条件下尤为明显。夜间，从傍晚到清晨，由于作物的呼吸作用释放 CO_2，因此农田中 CO_2 的浓度由下而上不断递减。

三、地形小气候

地形对小气候的影响很大，不同地形将形成不同的小气候。

（一）谷地小气候

谷地周围地形遮蔽，接受太阳辐射量较小，但由于地形阻塞，与外界乱流交换少，白天太阳辐射进入谷底，易于使空气增温，温度较高方位是西南坡；夜晚地面有效辐射，特别是坡上冷空气向坡底汇集，造成谷中气温日较差很大。

谷地有避风、降温缓慢的效应。谷地由于地势低洼，除获得自然降水外，还接受山地径流，因此土壤湿度比较高。

（二）坡地小气候

与平地形成一定的角度的地面称为坡地。坡地以坡向、坡度的不同对小气候产生很大的影响形成坡地小气候（图 6-11）。

1. 辐射 坡地方位不同，每天到达地面的日照时间和所接受的太阳辐射量就有差异，这种差异随纬度和季节不同而不同。在中纬度地区，夏季南坡的日照时间一般都比平地和北坡短，冬季则与平地相同而比北坡长。就坡面对日照时间的影响，在夏半年南坡度每增加 1° 相当于纬度降低 1°，在冬半年北坡的坡度每增加 1° 相当于纬度

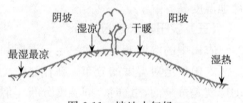

图 6-11　坡地小气候
（闫凌云．2005．农业气象）

升高 1°。

坡地方位对应直接太阳辐射影响的规律为北半球夏半年在赤道附近的低纬度是北坡接受辐射最多，南坡接受辐射最少，随着坡度的增大，南坡上接受的辐射量急剧减少，北坡上接受辐射量的变化则相对小得多。在回归线附近则以东坡和西坡接受的辐射最多，北坡接受辐射少，南坡次之。随纬度升高，接受辐射最多的坡向便逐渐转向南坡，且辐射量随坡度的变化在南向坡地上变得比较缓和，在北向坡地上则变得愈来愈急剧，同时南向坡在一定坡度范围内可以获得比平地较多的太阳辐射量，而北向坡比平地获得更少的太阳辐射量，且坡度愈大所接受的太阳辐射愈少。冬半年坡地上的太阳辐射和夏半年很不一样，北半球不论在任何纬度都是南坡接受太阳辐射最多，北坡最少，且纬度愈高坡度愈大，相差愈大。同时，南向坡当坡度在一定范围内由小增大时，辐射总量增加，且纬度愈高增加愈快，待至越过一定坡度以后，坡地上的辐射才转为随着坡度增大而减小。在北向坡上的辐射量，不论在任何纬度都随坡度增大而减少。

不同坡向所接收太阳辐射能差异很大，南坡最多，由南向两侧递减，北坡最少。同一坡向因季节和坡度不同而不同，在中纬度地区，夏季最大，冬季最小。同一季节，在一定的坡度范围内，其辐射量随坡度的增加而增加。

2. 温度　不同方位坡地上的温度差异，主要是由辐射的差异引起的，在其他条件相似的情况下，凡是接受太阳辐射多的坡地，其温度也高。因此，坡地上温度随坡向、坡度及季节和纬度而变化的规律，一般是与坡地上的辐射变化相类似，而且气候愈干燥、植被愈稀少、天气愈晴稳，不同方位之间的温度差异愈显著。但是由于不同坡地上的风速差异很大，特别是在大地形下，云雾和降水的差异，会在不同程度上加强或减弱这种由于辐射分布特点所造成的温度差异。在中纬度地区，就相对高度差几十米到二三百米的中等坡度的小地形来说，南坡的平均气温在冬季可比北坡高 1～2℃，在夏季一般只高零点几度，东坡和西坡的温度介于南坡和北坡之间，而与平地相接近。但随着地形尺度增大，不同方位之间的温度差异也相应增大。冬季，特别是有冷平流时，南北坡地的温度可以相差好几度。坡地方位对土温的影响比对气温的影响大得多，在冬季晴天南坡表层土壤的平均温度可比北坡高 4～6℃，比平地高 3～4℃，地面最高温度南坡可比北坡高十多度，最低温度可比北坡高 3～5℃。

坡向对温度的影响不仅与纬度、季节有关，而且还受土壤、植被、天气条件的制约。纬度越高，影响越大；冬季影响大，夏季影响小；土壤干燥，植被稀少，天气晴朗，不同坡向的温度差异大，对土壤温度影响更大。南坡地温最高，北坡地温最低，西坡略高于东坡；就气温而言，南坡贴地气温高于北坡，其差异随着高度的增加而减小，东西两坡平均介于南北坡之间。

一年之内，最暖的方位是西南坡，但在夏季，因午后多对流性天气，最暖的方位移至东南坡，最冷的方位终年都是北坡。

3. 湿度　坡地方位对湿度的影响比较复杂，一般是向风坡降水多、湿度大，背风坡降水少、湿度小。但是高度不大的地形，因为降水本身影响不大，其土壤湿度和空气湿度的相对大小主要决定于蒸发的强弱以及降水的分布和地面保水情况。坡地方位对土壤湿度的影响，一般正好与对太阳辐射的影响相反。凡是接受太阳辐射多、温度高的坡地，因为蒸发能力强，土壤水分消耗快，其土壤湿度一般都比较小；凡是接受太阳辐射少、温度低的坡地，由于蒸发弱，土壤水分消耗慢，其土壤湿度一般比较大。坡地方位对空气湿度的影响与气候条件有关，在气候湿润的地区，因为各个坡向上土壤水分都比较充足，坡地上的蒸发主要决定于热力条件，所接受太阳辐射多的坡向，随着蒸发到空气中的水汽多，其空气湿度也大；反之，则小。在气候比较干燥的地区，由于接受太阳辐射多的坡地土壤湿度小，其蒸发能力虽强，但实际蒸发到空气中的水汽少，空气湿度就反比接受太阳辐射少而土壤湿度大的坡地小，特别是相对湿度在上述两种坡地上，可出现很大的差异。

坡地小气候的一般特点可归结为因坡向、坡度的不同，存在明显的分布规律，南坡光照条件、温度条件优于北坡，北坡的水分条件优于南坡：因坡度不同，中纬度的地区南坡在一定的坡度范围内，每增加 1°，其辐射能的吸收等于水平面上向南移动一个纬度；北坡则相反。

总之，夏半年，南向坡的小气候特点是太阳辐射较强、温度较高、温度日较差大，冬季土壤冻结较浅，霜冻少而轻，但蒸发能力较强，土壤比较干燥。北向坡的小气候特点是太阳辐射较弱、温度较低、温度日较差小，冬季土壤冻结较深，霜冻多而重，但蒸发能力较弱，土壤湿度较大。纬度愈高，南北坡向之间的小气候差异愈大，而冬季的差异又远大于夏季。因此，在小气候比较湿润而温度条件不足的地区是南向坡地的小气候条件对植物的生长比较有利，北向坡地最差。但是在日射丰富而水分不足的地区，则是北向坡地小气候条件比南向坡地对植物生长更为有利。

（三）水域小气候

江、河、湖、冰川、沼泽、水库等自然水体和人工水体，统称为水域。以这些水面及其沿岸地带为活动面而形成的小气候，称为水域小气候。

由于水面反射率小于陆地，在同样的太阳辐射条件下，进入水体的太阳辐射比进入陆地的多 10%～30%，白天有效辐射小于陆地，夜间大于陆地；水体总辐射与陆地总辐射相差不大，但反射率小，因此，水体净辐射大于陆地。水体蒸发耗热大，在热量交换中是主要能量支出项，蒸发耗热比热交换大 10～20 倍，水面上空气乱流白天指向水面以补充蒸发耗热，夜间是由水面指向空气。水面附近上空的空气湿度大于陆地上空的空气湿度。

由于水域对其岸边进行热量和水汽的输送，促使陆地出现温和湿润的小气候特征。水域岸边初霜推迟，终霜提前，无霜期延长。我国新安江水库建成后，岸边无霜期比以前延长 20d 左右。

水域的面积越大、深度越深，则对岸边陆地的影响越大，在其下风岸陆地，受水域的影响比上风岸的陆地大。

四、林地小气候

（一）果园小气候

1. 果园小气候的概念 在一定的大气候背景下，由于果树的树种、树龄、树冠结构与形态、郁闭程度及管理技术等综合影响下所形成的小气候环境。

2. 果园小气候的特点

（1）光。树冠、叶幕结构和叶的形态都影响果园的光照条件。自然生长的果树，叶和果实多集中于树冠外围，只有少数叶和果实分布在树冠的内膛。树冠内光照分布大致可以分为四层：第一层的光照度为 70% 以上，第二层为 50%～70%，第三层为 30%～50%，第四层小于 30%。随着树龄的增加，树冠不同部位光照度差别愈来愈大，进入内膛的光照度越来越少。光照不足，使内膛出现小枝完全光秃的部位，这种部位占树冠总体积的比例还随着树龄的增加而加大，如20～30年生的树，其内膛部位占树冠总体积的30％，甚至可达50％。当然经过修剪，树冠的无效部分可降低，冠内的光照条件可以得到改善。此外，树冠内不同高度上太阳辐射的透光率也不一样，从树冠活动面以上部位到活动面以下部位太阳辐射透射率逐渐减小，其比值从高于80％降到40％以下。

（2）温度。果园内的温度决定于辐射强弱，枝条、叶片的疏密和部位等状况。资料表明，主枝条与主干角度大，树体温度低，反之树体温度高。夏季日光直射在果树及果实上，使果实温度上升。温度过高时抑制果实的膨大，导致日灼病的发生。不同方位树皮温度有所不同，如最高温度出现时间就有自东向南、西、北逐渐滞后的现象。

（3）湿度。果园内的空气湿度受土壤水分、果树大小、树体蒸腾强弱和天气类型等的影响。雨季园内南面空气湿度比北面大2％，在旱季，北坡比南坡大3％～4％，雨季过后的晴天园内湿度比裸地大5％，旱季和有风的天气，两者差异较小，为2％～3％。冠内相对湿度垂直梯度较大。湖泊、河、海等大水体，对附近果园有调节作用，因此使某些树种和果树的栽培界限向北推移。果园覆盖草被也可以调节果园内的湿度，特别是在旱季果园内有利于果树生长。

（4）风。果园内正常的风速对调节温、湿度有利，大风有害。风灾危害大树较重，小树较轻；短果枝较重，长果枝较轻。果园内风速的分布，决定于果树种植行向、种植密度、树龄、冠形、种植行向与风向平行时，则风速增大，但较裸地仍小1/2～1/3。枝叶密集的冠内风速最小，树冠以上风速随高度而增大，地表附近的风速几乎为0，地表至第一侧枝下，风速又有所增大。防护林是调节果园风速、减轻风害的有效措施。据测定，林外风速为11.8m/s，通过防护林在林高4倍处风速为4.5m/s，14倍处为5.9m/s。因此，园内水分蒸发减少，空气湿度提高，林地土壤含水量比无林地土壤含水量高4.7％～6.4％，相对湿度高10％。此外，北方果园防护林还具有改善果园积雪和防止土壤冲刷的作用。

3. 果园小气候的调节　果园小气候直接影响果树的生长发育、产量和品质，通过人工措施调节小气候环境，满足果树所需要的气候条件，从而提高果品产量和质量。常见的调节措施有：

（1）果园地面覆盖法。目前使用的有两种方法：

①用碎草、马粪、草粪等有机物覆盖。

②用各种塑料薄膜覆盖，夏季有降低地温、减少高温对根系灼伤的作用，冬季有减缓地温下降、减少低温危害的作用。另外覆盖可以减小地表径流，增加地下水含量，提高土壤湿度；塑料薄膜覆盖地面，除有明显的增温保湿外，还可用薄膜的反射光改善树冠下层和内膛的光照条件，增加产量，提高品质。

（2）果园灌溉。合理灌溉不仅影响果树当年生长和结果，而且还会影响果树的寿命。灌溉直接增加了土壤湿度和空气湿度，从而调节了果园的地温和气温。因此可根据作物需要和温度的变化情况，确定合理的灌溉时间和灌溉指标。滴灌是20世纪60年代发展起来的技术，目前不少地区已推广使用，效果显著。

（3）树干涂白。为保护树体，在冬春季或夏季，给树干涂刷白色保护剂，以降低树干和主枝温度，减轻日灼。据测，涂白的树干比不涂白的树干南侧的温度降低7.5℃。

（4）修剪整形。科学的修剪整形可以改善果树通风透光条件和温度、湿度条件。

（5）兴建果园防护林。实践证明，果园防护林不仅可以减轻大风危害，而且也可以改善温度状况，对防止果树冻害有重要作用。

（二）护田林带小气候

在多风的地区的农田上营造防护林，不仅能减弱风沙对作物的危害，而且也可改善农田水分循环和防止干旱。由于护田林的存在，调节了农田温湿度，形成了特殊的护田林小气候。

1. 防护林的防风效应　防护林具有很好的防风效果，林带越高，则其影响的范围越广，林带作用越有效果，常用林带树高（H）的倍数来表示。

风近林带时，速度减慢，而当气流通过和越过林带以后，并不立刻下降到地面，也不是立刻恢复其强度。所以，在林带后面形成弱风带。研究认为在离开林带树高 20 倍的距离内，风速明显减弱。如林带树木平均高度为 10m，那么在林带的背风面，离林带 200m 的距离内，风速将要减小，在林带附近——距林带不超过 50～70m 的地方，风速减弱得最多。

风向对林带的防风距离也有很大影响，当风向与林带斜交交角小于 45°时，林带防风距离比风向与林带正交时要小，但如交角大于 45°，防风距离随交角的变化不显著。林带的宽度也是组成林带结构的主要因素。在营造防护林时，为了少占地，通常林带宽度为 5～8m，栽植 4 行。如果一个地区，林带数目较多，形成林网，防风效应就更好。

2. 林带对田间温度、湿度的调节　林带对辐射、风速、乱流交换和蒸发等的影响，使防护林附近的热量平衡各分量发生变化，影响附近的空气温度和土壤温度。这种影响和林带的结构、天气状况、气候条件等有关，一般在 0～10 倍，尤其在 0～2 倍范围内较明显，直到 20 倍仍能观测到温度的差异。

（1）护田林的温度效应。一般天气条件下，增温效应不明显，白天林带内气温比空旷地稍高，夜间由于林带使冷空气停滞不动，林带内气温稍低于空旷地，但在冷平流天气下，林网内气温比旷野高。据对新疆护田林的研究，当寒潮过境时，在背风面 2～4 倍树高处保温应为 5.5～5.6℃，在 6～8 倍树高处为 0.8℃。通常林网中的日平均气温比旷野高 2℃左右，在暖平流天气下，林网中的温度比旷野低 0.5～1.0℃，特别在 1～5 倍树高处最为明显。

（2）护田林的湿度效应。林带内由于风速和乱流交换减弱，护田林中蒸散明显减小，我国北方防护林的观测结果表明，网格内的蒸发能力平均降低 10%～25%，林网内空气湿度一般比旷野高，相对湿度高 2%～10%，这种效应在干旱条件下更为显著。冬季林带保护的农田，可保持较厚的积雪，它既可减弱越冬作物冻害又可使土壤获得较多的水分，再加上农田土壤蒸发的减小，所以护田林农田土壤墒情较好。

3. 林带能很好地防御干热风　干热风主要是高温、低湿并伴有一定风力等级而形成的大气干旱现象。主要发生在 5 月中下旬，这时正是华北冬麦区进入灌浆乳熟期，对小麦产量影响很大。在防御干热风的各种措施中，以营造防护林的效果最为显著。这主要是因为：由于林网的存在，林内农田风速大大降低，同时由于林木遮挡和蒸腾作用，改善了风的性质，使温度有所降低，湿度有所增加；林网内风速和乱流交换作用减弱，使农田内的空气保持相对稳定，林木和作物蒸腾到空气中的水分不易向外输送，林网减少土壤水分的蒸发，使土壤保持适宜的湿度。由于林网的存在，改善了林网内的小气候条件，一般林网内气温比对照低 2.8℃，相对湿度高比对照高 10.5，从而减弱了干热风的危害程度。

营造防护林也有占地和遮阳的问题，但总的情况是利大于弊，另外，通过林网、水渠、道路等合理规划，也可尽量减少林带因占地和遮阳问题所带来的不利影响。

项目四　主要农业气象灾害及防御对策

一、干　旱

(一) 干旱的概念及危害

因长期无雨或少雨，空气和土壤极度干燥，植物体内水分平衡受到破坏，影响正常生长发育，造成损害或枯萎死亡的现象称为干旱。干旱是气象、地形、土壤条件和人类活动等多种因素综合影响的结果。其中大气环流异常（主要是指太平洋副热带高压的强弱、进退）和高压天气系统长期控制一个地区，是造成大范围严重干旱的气象原因。

干旱是我国重要的灾害性天气之一。在我国各主要农业地区都有发生，危害作物、树木、牧草等，造成严重减产歉收或绝收，给农业生产带来很大危害。就作物生长发育的全过程而言，下列三个时期发生干旱危害最大。

1. 作物播种期　此时干旱，影响作物适时播种或播种后不出苗，造成缺苗断垄。

2. 作物水分临界期　指作物对水分供应最敏感的时期。对禾谷类作物来说，一般是生殖器官的形成时期。此时干旱会影响结实，对产量影响很大。如玉米水分临界期在抽雄前的大喇叭口时期，此时干旱会影响抽雄，群众称之为"卡脖旱"。

3. 谷类作物灌浆成熟期　此时干旱影响谷类作物灌浆，常造成籽粒不饱满、秕粒增多、粒重下降而显著减产。

(二) 干旱的防御措施

1. 建设高产稳产农田　农田基本建设的中心是平整土地，保土、保水，修建各种形式的沟坝地。进行小流域综合治理，以小流域为单位，工程措施与生物措施相结合，实行缓坡修梯田，种耐旱作物，陡坡种草种树，坡下筑沟，坝地种经济作物，充分发挥拦土蓄水、改善生态环境、兴利除害等综合治理的作用。

2. 合理耕作蓄水保墒　在我国北方运用耕作措施防御干旱，其中心是伏雨春用，春旱秋抗。具体措施是：

①秋耕壮垡。秋收后先浅耕耙去根茬杂草，平整土地，施足底肥，深耕翻下，有利于接纳秋冬雨雪。

②浅耕塌墒。已壮垡的地春季不再耕翻，只在播种前4～5d浅串，耙耢后播种，以减少土壤水分蒸发。

③早春土壤刚解冻时就进行顶凌耙耢。

④镇压提墒。

3. 兴修水利、节水灌溉　为防止大水漫灌，发挥灌溉水的作用，首先要根据当地条件实行节水灌溉，即根据作物的需水规律和适宜的土壤水分指标进行科学灌溉。其次采用先进的喷灌、滴灌和渗灌技术。

4. 地面覆盖栽培，抑制蒸发　利用沙砾、地膜、秸秆等材料覆盖在农田表面，可有效地抑制土壤蒸发，起到很好的蓄水保墒效果。

5. 选育抗旱品种　选用抗旱性强、生育期短和产量相对稳定的作物和品种。

6. 抗旱播种　抗旱播种是北方地区抗御春旱的重要措施。其方法有抢墒早播、适当深播、垄沟种植、镇压提墒播种、"三湿播种"（即湿种、湿粪、湿地）和育苗移栽等。

7. 化学控制措施 化学控制措施是防旱抗旱的一种新途径。目前运用的化学控制物质有化学覆盖剂、保水剂和抗旱剂等。

8. 人工降雨 人工降雨是利用火箭、高炮和飞机等工具把冷却剂（干冰、液氮等）或吸湿性凝结核（碘化银、硫化铜、盐粉、尿素等）送入对流性云中，促使云滴增大而形成降水。

二、洪涝与湿害

（一）湿害

1. 湿害的概念 土壤水分长期处于饱和状态使作物遭受的损害，又称渍害。雨水过多，地下水位升高，或水涝发生后排水不良，都会使土壤水分处于饱和状态。土壤水分饱和时土中缺氧使作物生理活动受到抑制，影响水、肥的吸收，导致根系衰亡，缺氧又会使嫌氧过程加强，产生硫化氢，环境恶化。

2. 湿害的危害 湿害程度与雨量、连阴雨天数、地形、土壤特性和地下水位等有关，不同作物及不同发育期耐湿害的能力也不同。麦类作物苗期虽较耐湿，但也会有湿害。表现烂根烂种，拔节后遭受湿害，常导致根系早衰、茎叶早枯、灌浆不良，并且容易感染赤霉病。湿害是南方小麦的主要灾害之一。玉米在土壤含水量超过田间持水量的90%以上时，也会因湿害造成严重减产。幼苗期遭受湿害，减产更重，有时甚至绝收。油菜受湿害后，常引起烂根、早衰、倒伏，结实率和千粒重降低，并且容易发生病虫害。棉花受害时常引起棉苗烂根、死苗、抗逆力减弱，后期受害引起落铃、烂桃，影响产量和品质。

3. 温害的防御措施 主要是开沟排水，田内挖深沟与田外排水沟要配套，以降低湿度和地下水位。此外，深耕和大量施用有机肥能改善土壤物理性状，提高土壤渗水能力，作物布局应避免由于秧田、水旱田交错"插花"导致湿害。

（二）洪涝

1. 洪涝的概念 洪涝是指由于长期阴雨和暴雨，短期的雨量过于集中，河流泛滥，山洪暴发或地表径流大，低洼地积水，农田被淹没所造成的灾害。

2. 洪涝的危害 洪涝是我国农业生产中仅次于干旱的一种主要自然灾害。每年都有不同程度的危害。

洪涝对农业生产的危害包括物理性破坏、生理性损伤和生态性危害。

（1）物理性破坏。主要指洪水泛滥引起的机械性破坏。洪水冲坏水利设施，冲毁农田，撕破作物叶片，折断作物茎秆以至冲走作物等。这种物理性的破坏一般是毁坏性的，当季很难恢复。

（2）生理性损伤。作物被淹后，因土壤水分过多，旱田作物根系的生长及生理机能受到严重影响，进而影响地上部分生长发育。作物被淹后，土壤中缺乏氧气并积累了大量的CO_2和有机酸等有毒物质，严重影响作物根系的发育，并引起烂根，影响正常的生命活动，造成生理障碍以至死亡。

（3）生态性危害。在长期阴雨湿涝环境条件下，极易引发病虫害的发生和流行。同时，洪水冲毁水利设施后，使农业生产环境受到破坏，引起土壤条件、植被条件的变化。如洪水能冲走肥沃的土壤，并夹带大量泥沙掩盖农田，还可破坏土壤的团粒结构，造成养分流失。

3. 洪涝的类型 洪涝灾害是由大雨、暴雨和连阴雨造成的。其主要天气系统有冷锋、准静止锋、锋面气旋和台风等。在我国由于洪涝发生时间不同，所以对作物的危害也不一样。根据洪涝发生的季节和危害特点，可将洪涝分为以下几种类型。

（1）春涝及春夏涝。主要发生在华南及长江中下游一带，多由准静止锋形成的连阴雨造成，引起小麦、油菜烂根、早衰、结实率低、粒重下降。阴雨高湿还会引起病虫害流行。

（2）夏涝。主要发生在黄淮海平原、长江中下游、华南、西南和东北。多数由暴雨及连续大雨造成。在北方影响夏收夏种，使小麦籽粒不饱，延迟收割脱粒，严重时造成发芽甚至霉烂，使棉花蕾铃大量脱落；在长江两岸，使水稻倒伏，降低结实率和粒重，严重时颗粒无收。

（3）夏秋涝或秋涝。主要发生在西南地区，其次是华南沿海，长江中下游地区及江淮地区。由暴雨和连绵阴雨造成，对水稻、玉米、棉花等作物的产量品质影响很大。

4. 洪涝的防御措施

（1）治理江河，修筑水库。通过疏通河道、加筑河堤、修筑水库等措施，既能有效地控制洪涝灾害，又能蓄水防旱。治水与治旱相结合是防御洪涝的根本措施。

（2）加强农田基本建设。在易涝地区，田间合理开沟，修筑排水沟，畅通排水，搞好垄、腰、围三沟配套降低地下水位，使地表水、潜层水和地下水能迅速排出。同时要抓住有利天气及时进行田间管理，改善通气性，防止地表结皮及盐渍化。

（3）改良土壤结构，降低涝灾危害程度。通过合理的耕作栽培措施，改良土壤结构，增强土壤的透水性，可有效地减轻洪涝灾害程度。实行深耕打破犁底层，提高土壤的透水能力，消除或减弱犁底层的滞水作用，降低耕层水分。增加有机肥，使土壤疏松。采用秸秆还田或与绿肥作物轮作等措施，减轻洪涝灾害的影响。

（4）调整种植结构，实行防涝栽培。在洪涝灾害多发地区，适当安排种植旱生与水生作物的比例，选种抗涝作物种类和品种。根据当地条件合理布局，适当调整播栽期，使作物易受害时期躲过灾害多发期。实行垄作，有利于排水，提高地温，散表墒。

（5）封山育林，增加植被覆盖。植树造林能减少地表径流和水土流失，从而起到防御洪涝灾害的作用。

（6）加强涝后管理，减轻涝灾危害。洪涝灾害发生后，要及时清除植株表面的泥沙，扶正植株。如农田中大部分植株已死亡，则应补种其他作物。此外，要进行中耕松土，施速效肥，注意防治病虫害，促进作物生长。

三、寒　潮

（一）寒潮的概念

寒潮是北方强冷空气大规模向南活动的过程。国家气象局制定的全国性的寒潮标准是：凡冷空气入侵后，气温在 24h 内下降 10℃ 或 10℃ 以上，同时最低气温在 5℃ 以下，称为寒潮。如果 24h 内最低气温下降 14℃ 以上，陆上有 3～4 个大行政区出现 7 级以上大风、沿海所有海区出现 7 级以上大风，称为强寒潮。

（二）寒潮活动

入侵我国的寒潮冷空气的源地有两个：一是北冰洋，属北极气团；二是西伯利亚一带，属极地大陆气团。寒潮冷空气在入侵我国以前一般取 3 条主要路径移向东经 70°～90°、北纬

43°～65°之间的广大地区（称关键区），并在这里汇集增强，然后再分 3 路进入我国各地（图 6-12）。

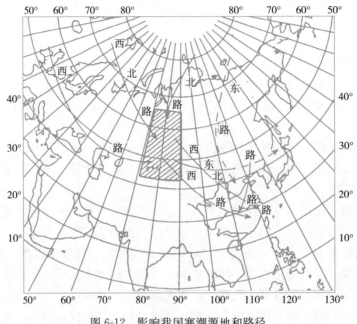

图 6-12　影响我国寒潮源地和路径

(闫凌云．2005．农业气象)

1. 东路　寒潮冷空气从关键区经蒙古到我国内蒙古及东北地区，以后主力继续东移，其底层部分冷空气经华北、渤海南下。此路寒潮势力较弱，主要影响东北、华北地区。

2. 中路　寒潮冷空气从关键区经我国内蒙古、河套地区南下直达长江中下游和华南地区，影响范围最广。

3. 西路　寒潮冷空气经我国新疆、青藏高原、华北、内蒙古、最后到达华中、西南等地。此路寒潮势力较弱，对西南地区影响较大。

(三) 寒潮天气及其与农业生产的关系

1. 寒潮天气　寒潮是我国冬半年的重要天气。它的实质是一个强大的冷高压，冷高压的前沿为一冷锋，即寒潮冷锋。寒潮冷锋过境时，各种气象要素发生急剧变化。主要天气表现为风向突变，锋后有偏北或西北大风，温度剧烈下降，气压很快升高；有时伴有雨、雪、霜冻。

寒潮带来的天气，视冷空气强弱、路径及季节不同而有差异。一般来说，在我国北方寒潮天气主要特征是偏北大风，剧烈降温，降水较少，有时一些地区伴有风沙和暴风雪。在我国南方寒潮天气除了剧烈降温外，还有较多的降水。尤其是冷空气到达华南时，常引起大范围持久的阴雨天气。

2. 寒潮天气与农业生产的关系　寒潮天气对农业生产的影响是相当大的。冬季寒潮引起的剧烈降温，造成北方越冬作物和果树经常发生大范围冻害，也使江南一带作物遭受严重冻害。同时，冬季强大的寒潮给北方带来暴风雪，常使牧区畜群被大风吹散，草场被大雪掩盖，导致大量牲畜冻饿死亡。春季，寒潮天气常使作物和果树遭受霜冻危害。尤其是晚春时节，当一段温暖时期来临时，作物和果树开始萌芽、生长，此时突然有强大的寒潮侵入，常使幼嫩的作物和果树遭受霜冻危害。另外，春季寒潮引起的大风，常给北方带来风沙天气。因为内蒙古、华北一带土壤已解冻，气温升高地表干燥，一遇大风便尘沙飞扬，摧毁庄稼，吹走肥沃的表土并影响春播。另外，大风带来的风沙淹没农田造成大面积沙荒。秋季，寒潮天气虽然不如冬春季节那样强烈，但它能引起霜冻，使农作物不能正常成熟而减产。夏季，冷空气的活动已达不到寒潮的标准，但对农业生产也产生不同程度的低温危害。同时这些冷空气的活动对我国东部降水有很大影响。

防御寒潮灾害，必须在寒潮来临前，根据不同情况采取相应的防御措施。如在牧区采取定居、半定居的放牧方式，在定居点内发展种植业，搭建塑料棚，以便在寒潮天气引起的暴风雪和严寒来临时，保证牲畜有充足的饲草饲料和温暖的保护牲畜场所，达到抗御寒潮目的。在农业区，可采用露天增温、加覆盖物、设风障、搭拱棚等方法保护菜畦、育苗地和果园。对越冬作物除选择优良抗冻品种外，还应加强冬前管理，提高植株抗冻能力。此外还应改善农田生态条件。如冬小麦越冬期间可采用冬灌、松土、镇压、盖粪（或盖土）等措施，改善农田生态环境，达到防御寒潮的目的。

四、霜　冻

（一）霜冻的概念及危害

1. 霜冻的概念　霜冻指在温暖季节里（平均温度在0℃以上）土壤表面或植物表面的温度下降到足以引起植物遭到伤害或死亡的短时间低温冻害。

霜和霜冻是两个不同的概念，霜是一种天气现象，而霜冻则是一种生物学现象，霜在温度低于0℃的日子里都可能出现，霜冻则在作物生长的温暖季节里出现。但是由于大多数作物当最低温度低于0℃时受霜冻危害，而这时也往往有霜出现。因此常误解为霜使作物遭受冻害。实际上出现霜冻时可能有霜，也可能无霜。有霜的霜冻称白霜冻；无霜的霜冻称黑霜冻。黑霜冻对作物的危害比白霜冻严重，因白霜形成时有水汽凝结放热，可使温度下降缓和。

2. 霜冻的危害　在我国霜冻发生的地区很广，危害的作物很多，造成的损失也很大。

①就其危害范围面积来看，霜冻在秋季对北方作物的成熟危害最大，发生次数也多。

②在冬季危害华南地区的农作物、蔬菜、亚热带常绿果树和热带经济作物的生长，造成很大的经济损失。

③在春季危害春播作物和越冬作物的生长。

霜冻就其危害程度来看，首先决定于农作物抗霜冻的能力，不同作物和品种以及同一作物不同发育期抗霜冻的能力不同。

（二）霜冻的类型

1. 按季节分类　主要有秋霜冻和春霜冻两种。

（1）秋霜冻。秋季发生的霜冻称为秋霜冻，又称早霜冻，是秋季作物尚未成熟、陆地蔬菜还未收获时产生的霜冻。秋季发生的第一次霜冻称为初霜冻。秋季初霜冻来临越早，对作物的危害越大。纬度越高初霜冻日越早，霜冻强度也越大。

（2）春霜冻。春季发生的霜冻称为春霜冻，又称晚霜冻，是春播作物苗期、部分果树花期、越冬作物返青后发生的冻害。春季最后一次霜冻称为终霜冻。春季终霜冻发生越晚，作物抗寒能力越弱，因此对作物危害就越大。纬度越高终霜冻日越晚、霜冻强度也越弱。

从终霜冻至初霜冻之间持续的天数称为无霜冻期。无霜冻期的长短，是反映一个地区热量资源的重要指标。

2. 按形成原因分类　分为平流霜冻、辐射霜冻、平流辐射霜冻。

（1）平流霜冻。由于强冷平流引起剧烈降温而发生的霜冻。其特点是范围广、强度大、持续时间长（一般 3～4d）。我国多发生于初春和晚秋。因发生时伴有强风，所以又称"风霜"。冬季强寒潮暴发时也可在华南、西南地区发生。

（2）辐射霜冻。在晴朗无风的夜晚，植物表面强烈辐射散热而引起的霜冻，又称"静霜"或"晴霜"。有时连续几个晚上出现辐射霜冻。它的形成受地形、土壤性质影响明显。常见于洼地及干燥疏松的黑色土壤。发生的范围较小，危害也较小。

（3）平流辐射霜冻（混合霜冻）。冷平流和辐射冷却共同作用下发生的霜冻。它以平流霜冻为主，辐射霜冻为辅，其特点是范围广、强度大、危害最严重。多发生于初秋和晚春。实际上危害作物的霜冻多属这种类型。

（三）影响霜冻的因素

霜冻的发生及其强度和持续时间受天气条件、地形条件及下垫面状况等因素影响。

1. 天气条件　当冷空气入侵时，晴朗无风或微风，空气湿度小的天气条件最有利于地面或贴地气层的强烈辐射冷却，容易出现较严重的霜冻。

2. 地形条件　洼地、谷地、盆地等闭塞地形，冷空气容易堆积，容易形成最严重的霜冻，故有"风打山梁霜打洼"之说。此外，霜冻迎风坡比背风坡重，北坡比南坡重，山脚比山坡中段重，缓坡比陡坡重。

3. 下垫面性质　由于沙土和干松土壤的热容量和热导率小，所以，易发生霜冻；黏土和坚实土壤则相反。在临近湖泊、水库的地方霜冻较轻，并可以推迟早霜冻的来临，提前结束晚霜冻。

（四）霜冻的防御

1. 避霜措施

（1）选择适宜的种植地。选择气候适宜的种植地区和适宜的种植地形。

（2）选择适宜的品种。根据当地无霜期长短选用与之熟期相当的品种。选择适宜的播（栽）期。做到"霜前播种霜后出苗"。育苗移栽作物，移栽时间要以能避开霜冻为准。

（3）化控避霜。用一些化学药剂处理作物或果树，使其推迟开花或萌芽。如用生长抑制剂处理油菜，能推迟抽薹开花；用 2,4-D 或马来酰肼喷洒茶树、桑树，能推迟萌芽从而避开霜冻，使遭受霜冻的危险性降低。

（4）其他避霜技术。如架防霜风扇，树干涂白，反射阳光，降低体温，推迟萌芽；在地面逆温很强的地区，把葡萄枝条放在高架位上，使花芽远离地面；果树修剪时去掉下部枝条，植株成高大形，从而避开霜冻。

2. 抗霜措施

（1）减慢植株体温下降速度，使日出前不出现能引起霜冻的低温。

①覆盖法。利用芦苇、草帘、秸秆、泥土、厩肥、草木灰、树叶及塑料薄膜等覆盖作物，可以减小地面有效辐射，达到保温、防霜冻的目的。对于果树采用不传热的材料（如稻草）包裹树干，根部堆草或培土 10～15cm，也可以起到防霜冻的作用。

②加热法。霜冻来临前在植株间燃烧草、油、煤等燃料，直接加热近地气层空气。一般

用于小面积的果园和菜园。

③烟雾法。利用秸秆、谷壳、杂草、枯枝落叶，按一定距离堆放，上风方向分布要密些，当温度下降到霜冻指标1℃时点火熏烟，一直持续到日出后1~2h气温回升时为止。也可用沥青、硝酸铵、锯末、煤末等按一定比例制成防霜弹，防霜效果也很好。防霜冻的原理在于：燃烧物产生的烟幕能减少地面有效辐射，并直接放出热量，同时，水汽在烟粒上凝结放热。烟雾法能提高温度1~2℃。

④灌溉法。在霜冻来临前1~2d灌水，灌水后土壤热容量和热导率增大，夜间土温下降缓慢，同时由于空气湿度增大，减小了地面有效辐射，促进了水汽凝结放热。灌水后可提高温度2~3℃。也可采用喷水法，利用喷灌设备在霜冻前把温度在10℃左右的水喷洒到作物或果树的叶面上。水温高植株体能释放大量的热量达到防霜冻的目的。喷水时不能间断，霜冻轻时15~30min喷一次，如霜冻较重7~8min喷一次。

⑤防护法。在平流辐射型霜冻比较重的地区，采取建立防护林带、设置风障等措施都可以起到防霜冻的作用。

（2）提高作物的抗霜冻能力。选择抗霜冻能力较强的品种；科学栽培管理；北方大田作物多施磷肥，生育后期喷施磷酸二氢钾；在霜冻前1~2d在果树喷施磷、钾肥；在秋季喷施多效唑，来年11月采收时果实抗冻能力大大提高。

五、冻　　害

越冬作物，如冬小麦、冬大麦、冬油菜、越冬叶菜类及某些宿根饲料和牧草等常有冻害发生，其中主要是冬小麦。

（一）冻害的类型

1. 冬季严寒型　当冬季有2个月以上平均气温比常年偏低2℃以上，可能发生这种冻害，如冬季积温偏少，麦苗弱则受害更重。

2. 入冬剧烈降温型　指麦苗停止生长前后因气温骤降而发生的冻害，另外，如播种过早或前期气温偏高，生长过旺，再遇冷空气更易使冬小麦受害。

3. 早春融冻　早春回暖解冻，麦苗开始萌动，这时抗寒力下降，如遇较强冷空气可使麦苗受害。

（二）冻害指标

大多采用植株受冻死亡50%以上时，分蘖节处最低温度作为小麦冻害的临界温度，临界温度的高低可作为衡量植株抗冻的指标。此外也有冬季负积温、极端最低气温、最冷月平均温度等作为冻害指标的。不同品种、不同发育时期及不同外界条件下植株抗冻力是不同的，通常冬小麦在初冬抗冻力较强，冬末随气温回升而抗冻力逐渐下降，返青后迅速下降。华北、西北强冬性品种冻害的临界温度冬季大多为−16~−18℃，冬性越弱，抗寒性越差。弱冬性品种早春遇−6~−8℃低温，即可死亡。

（三）冻害的防御措施

1. 合理布局　确定合理的冬小麦种植北界和上限。目前一般以年绝对最低气温−22~−24℃为北界或上限指标；冬春麦兼种地区可根据当地冻害、干热风等灾害的发生频率和经济损失确定合理的冬春麦种植比例；根据当地越冬条件选用抗寒品种，采用适应当地条件防冻保苗措施。

2. 提高植株抗性 选用适宜品种，适时播种。强冬性品种以日平均气温降到 17～18℃，或冬前 0℃以上的积温 500～600℃时播种为宜，弱冬性品种则应在日平均气温 15～16℃时播种。此外掌握播种深度使分蘖节达到安全深度，施用有机肥、磷肥和适量氮肥作为种肥以利于壮苗，提高抗寒力。

3. 改善农田生态条件 提高播前整地质量，冬前及时松土，冬季耱麦、反复进行镇压，尽量使土达到上虚下实。在日消夜冻初期适时浇上冻水，以稳定地温。停止生长前后适当覆土，加深分蘖节，稳定地温，返青时注意清土。在冬麦种植北界地区、黄土高原旱地、华北平原低产麦田和盐碱地上可采用沟播，不但有利于全苗、壮苗，越冬期间还可以起到代替覆土加深分蘖节的作用。

六、冷 害

(一) 冷害的概念及危害

冷害是指在作物生育期间遭受到 0℃以上（有时在 20℃左右）的低温危害，引起作物生育期延迟或使生殖器官的生理活动受阻造成农业减产的低温灾害。直观上一般不易看出受害的明显症状。

不同地区的农作物种类不同，同一农作物的不同发育时期，对温度有不同的要求。因此，冷害具有明显的地域性，不同地区有不同的名称。

春季，在长江流域将冷害称为春季冷害或倒春寒。倒春寒是指春季在天气回暖过程中，出现间歇性的冷空气侵袭，形成前期气温回升正常偏高，后期明显偏低而对作物造成损害的一种灾害性天气。在南方倒春寒主要威胁水稻育秧，常造成大范围烂秧和死苗，不仅损失良种，也延误了农时，影响全年的产量。在北方倒春寒前期气温偏高使冬小麦返青拔节，有些果树开始含苞，抗低温能力下降，故后期低温易造成大范围严重危害。

秋季，在长江流域及华南地区将冷害称为秋季冷害。在两广地区称为"寒露风"。寒露风天气是寒露节气前后，由北方强冷空气侵入，北风，温度剧烈下降（通常可使南方气温连续降低 4～8℃）致使双季晚稻受害的一种低温天气。长江中下游地区 9 月中、下旬，两广福建 9 月下旬，10 月上旬，双季晚稻进入孕穗、抽穗、开花期，对低温十分敏感，此时正是夏秋之交冷空气势力日益增强，频频南侵，遇低温阴雨天气，即受危害。"寒露风"在湖南被称为"社风"或"秋分暴"，湖北称为"秋寒"，贵州称为"秋风"，"冷露"，江苏称为"翘穗头"。虽然各地出现时间不一，称呼不同，但实质都是秋季低温危害双季晚稻、单季晚稻等正常孕穗、抽穗和开花。使空秕率明显增加，造成减产。

东北地区将 6～8 月出现的低温危害称为夏季冷害。东北地区夏季冷害发生频率较高，使多种作物延迟成熟，严重影响农产品产量和品质。

冷害在我国影响南北各地，发生频率很高，3～5 年出现一次，主要危害水稻、玉米、高粱、果树、桑树及蔬菜等多种作物，给农业生产带来严重威胁。

(二) 冷害的类型

1. 根据冷害对农作物危害特点划分

(1) 延迟型冷害。指作物营养生长期（有时有生殖生长期）遭受较长时间低温，削弱了作物的生理活性，使作物生育期显著延迟，以至不能在初霜前正常成熟，造成减产。秋后突出表现是秕粒增多。东北地区水稻、玉米、高粱，华北地区麦茬稻，长江流域及华南地区双季早稻，云南高原单季早稻等多为延迟型冷害。东北地区分别以≥10℃的活动积温比多年平均值低100℃和200℃作为一般冷害年和严重冷害年的冷害指标。长江流域及华南地区在春季早稻播栽期以日平均气温连续3d低于10℃、低于11℃分别作为粳稻、籼稻烂秧的冷害指标。

（2）障碍型冷害。指作物生殖生长期（主要是孕穗和抽穗开花期）遭受短时间低温，使生殖器官的生理活动受到破坏，造成颖花不育而减产。秋后突出表现是空粒增多。南方水稻的寒露风属此种类型。东北东部山区、半山区的水稻、高粱，云贵高原双季早稻孕穗期和结实期有障碍型冷害发生。在长江流域及华南地区双季晚稻孕穗期，以日平均气温＜20℃或日最低气温≤17℃作为障碍型冷害指标。在抽穗开花期，粳稻以日平均气温连续3d以上＜20℃，籼稻以日平均气温连续3d以上＜22℃作为障碍型冷害指标。

（3）混合型冷害。指延迟型冷害与障碍型冷害交混发生的冷害。对作物生育和产量影响更大。对水稻来说这种类型主要出现在北方稻区。

2. 根据形成冷害的天气特征划分

（1）东北地区冷害。

①低温多雨型。低温与多雨涝湿相结合，对东北中部地区涝洼地高粱危害最大，严重延迟成熟，造成贪青减产。

②低温干旱型。低温与干旱相结合。这种冷害对降水偏少的西部地区和怕干旱的大豆威胁最大。

③低温早霜型。低温与特殊早霜相结合，这种冷害使晚熟的水稻、高粱大幅度减产。

④低温寡照型。低温与日照少相结合，对东部山区水稻危害最大。

（2）南方双季稻区冷害（寒露风）。

①干冷型。以晴冷天气为特征，降温明显（日平均气温降到20℃以下）并无阴雨天气出现，表现为日较差大（白天最高气温有时可达到25℃），空气干燥，有时伴有三级以上偏北风，天气晴冷。

②湿冷型。以低温阴雨天气为特征，由于秋季冷空气南下，带来明显的降温（使日平均气温也降到20℃以下），并伴有连绵阴雨天气。

（三）冷害的防御措施

1. 合理布局　搞好品种区划，适区种植，根据冷害的规律合理选择和搭配早、中、晚熟品种。

2. 加强农田基本建设　加强农田基本建设，防旱排涝，可以防止或减轻旱涝对作物生长发育的抑制，从而减少作物对积温的浪费，达到防御冷害的目的。

3. 建立保护设施　利用地膜覆盖、建防风墙、设防风障等措施提高土温和气温防御冷害。

4. 加强田间管理，促进作物早熟　在冷害将要发生或已经发生时，应采取综合农业技术措施，促进作物早熟，战胜冷害。

七、热　　害

（一）热害的类型

热害是高温对植物生长发育以及产量形成造成危害的一种农业气象灾害。包括高温逼熟和日灼。

1. 高温逼熟　高温逼熟是高温天气对成熟期作物产生的热害。华北地区的小麦、马铃薯，长江以南的水稻，北方和长江中下游地区的棉花常受其害。水稻受害表现为最后 3 片功能叶早衰发黄，灌浆期缩短，粒重下降，秕粒率增加 10％～30％，有的高达 40％～50％，受害指标是日最高温度连续 3d 以上≥35℃，敏感期在乳熟期前后，即抽穗后 6～15d，长江以南的早稻、早中稻、杂交稻的灌浆期正值盛夏，往往受害。棉花受害表现为花、铃大量脱落，受害指标为日最高温度 34～35℃。马铃薯受害后表现退化，薯块变小，受害指标为薯块形成期平均温度≥22℃。形成热害的原因是高温，因为高温使植株叶绿素失去活性，阻滞光合作用的暗反应，降低光合效率，呼吸消耗大大增强；高温使细胞内蛋白质凝聚变性，细胞膜半透性丧失，植物的器官组织受到损伤；高温还能使光合同化物输送到穗和粒的能力下降，酶的活性降低，致使灌浆期缩短，籽粒不饱满，产量下降。

2. 日灼　日灼是因强烈太阳辐射所引起的果树枝干伤害，亦称日烧或灼伤。

日灼常常在干旱天气条件下产生，主要为害果实和枝条的皮层。由于水分供应不足，使植物蒸腾作用减弱。在夏季灼热的阳光下，果实和枝条的向阳面光照剧烈，因而遭受伤害。受害果实上出现淡紫色或淡褐色干陷斑，严重时出现裂果，枝条表面出现裂斑。夏季日灼在苹果、桃、梨和葡萄等果树上均有发生，它的实质是干旱失水和高温的综合危害。冬春季日灼发生在隆冬和早春，果树的主干和大枝的向阳面白天接受阳光的直接照射，温度升高到0℃以上，使处于休眠状态的细胞解冻；夜间树皮温度又急剧下降到 0℃以下，细胞内又发生结冰。冻融交替的结果使树干皮层细胞死亡，树皮表面呈现浅红紫色块状或长条状日烧斑。日灼常常导致树皮脱落，病害寄生和树干朽心。

（二）热害的防御措施

防御措施是可采取灌溉等措施防止高温逼熟。果园可采取保墒等措施，增加果树的水分供应，满足果树生育所需要的水分；在果面上喷洒波尔多液或石灰水，也可减少日灼病的发生；冬季可采用在树干涂白以缓和树皮温度骤变；修剪时在向阳方向应多留些枝条，以减轻冬季日灼的危害。

项目五　设施环境中农业气象要素的调控

在气候不适宜或不利于作物生长的季节或场所，人们为了进行作物栽培，创造了各种人工设施，如地膜覆盖、改良阳畦、塑料大棚、温室等，这些用来克服不良气候条件的人工设施称为保护地。我国传统的保护地生产历史悠久，近年来，随着生产的发展和科学技术水平的提高，保护地在农业生产上的应用愈来愈广，目前主要用于蔬菜、花卉等经济价值较高的植物栽培。

一、地膜覆盖

地膜覆盖是用薄而透明的塑料薄膜直接覆盖于土壤表面的一种保护地栽培方式。地膜覆盖不仅用于蔬菜栽培，而且还广泛应用在西瓜、花生，棉花、甘蔗等经济作物生产上。在纬度较高的地区，玉米生产也大面积使用地膜覆盖，甚至还将其用到果树栽培上。地膜覆盖不仅用在平原上，而且在山区也开始推广使用。

（一）地膜覆盖的基本原理

聚乙烯薄膜具有良好的透光性和气密性，太阳辐射投射到地膜上，一部分被反射，一部分被吸收，绝大部分透过地膜被土壤吸收转化为热能。土壤增温后，以长波方式向外辐射能量，但地膜有较强的阻止长波辐射散失的能力，从而使膜下地温升高。地膜的气密性强，不仅抑制了土壤水分蒸发，减小了潜热的损失，而且在膜下凝结水形成时释放潜热，提高地温。

（二）地膜覆盖的小气候特点

1. 光照　地膜覆盖增强近地面株间的光照度。田间观察证明，地膜覆盖有明显的反光作用，其反光能力与膜的颜色有关。

2. 地温　地膜覆盖提高耕层地温。地膜覆盖的地块 0～20cm 日平均地温比露地增高2～4℃（表 6-6）。

表 6-6　地膜覆盖对不同深度地温影响

（闫凌云 . 2005. 农业气象）

土深（cm）	地膜覆盖温度（℃）	露地（℃）	增温（℃）
0	21.9	17.4	4.5
5	20.3	16.7	3.6
10	18.6	14.9	3.7
15	17.5	14.2	3.3
20	16.8	13.9	2.9

3. 温度　地膜覆盖增加土壤湿度。地膜不仅抑制了土壤水分的外散，而且蒸发在地膜内形成凝结，返回土壤，使土壤湿度增高，据测定，春天盖膜 6d 后 5～20cm 土壤湿度比露地增加 8.0%～23.7%。52d 后，5cm 土壤湿度比露地高 34.5%，但 10～20cm 的土壤湿度反而比露地低 9.8%～29.1%，易于引起作物早衰，必须灌水。

4. 促进土壤养分转化，增加土壤肥力　地膜覆盖由于土壤温度高，保水力强，利于微生物活动，加快了有机物质的分解，便于作物吸收，阻止土壤养分随土壤水分蒸发和被雨水或灌水冲刷而淋溶流失，从而增加了土壤肥力，利于作物生长，由于地膜覆盖抑制土壤水分外散，使近地气层水汽减少，空气湿度下降。

近年来许多国家在农田中施用增温剂，以提高地温。在农田喷洒增温剂作用大体有二：

①在水面或土壤表面、植物叶面覆盖一层单分子或多分子膜，从而大大抑制农田中的水分蒸散，减少耗热。

②改变下垫面颜色，增加辐射收入，从而达到增温目的，这一措施和覆盖塑料薄膜增温的原理相似。

二、改良阳畦

改良阳畦是在阳畦的基础上改进而来，坐北向南，北有后墙，东、西有山墙，南有柱、柁、檩、竹片等构成棚，上用塑料薄膜覆盖，夜加盖草苫，它比阳畦空间大，便于操作和管理，同时改良阳畦所产生的小气候条件比阳畦对栽培作物更有利。

（一）改良阳畦的小气候特点

1. 光照 改良阳畦采光面与太阳光线构成的角度大，一般光的反射损失只占 13.5％，进入畦内的光照比阳畦多，随着薄膜污染或老化而使畦内照度下降，光照时间随着自然光照和揭草苫早晚而变化。

2. 温度 畦内地温明显高于露地。据观测资料，10cm 最高地温比露地高 13.8℃，10cm 最低地温比露地高 15.5℃，日平均温度比露地高 14.2℃。畦内地温局部差异明显，中部最高且变化小，前缘与东西端低，而变化大。改良阳畦白天不仅增温快，而且保温能力强，白天拉开草苫后，畦内升温很快，上午平均每小时气温升高 7℃ 左右，13 时前后达最高峰，最低温度出现在凌晨，气温日较差大。改良阳畦的温度效应在不加温而有草苫的条件下如果管理得当，畦内最低气温可比露地增高 13～15℃。

3. 湿度 改良阳畦由于密封条件好，水汽不易外散，因此，昼夜形成高湿环境，在管理时应加以注意。

（二）改良阳畦的小气候调节

改良阳畦的小气候调节措施主要有选用透光性好的薄膜，保持膜面清洁，提高透光率；布局时，应使其不受遮阳物的影响，保证畦内光照度；适时揭苫争取光照时间，提高畦内温度；提早扣膜烤地，增施有机肥料，增加畦内地热贮存，适时放风，调节气温，在最低气温达 0℃ 之前，应加草苫覆盖，保持畦内湿度；根据作物需要和畦内环境条件，确定放风、浇水指标。

三、塑料大棚

塑料大棚是以竹木、钢筋、钢管作为拱形的骨架，其跨度一般为 10～12m，中高 2m 以上，长 30～60m，棚面将 0.1mm 厚的聚乙烯薄膜用压膜线压紧，夜间不加盖草苫的一种保护地设施。在生产上实际多为竹木结构。

（一）塑料大棚的小气候特点

1. 光照 由于拱形物的遮阴，塑料薄膜的吸收和反射，棚内光照度低于棚外，一般大棚内 1m 高度处的光照度为棚外自然光照度的 60％。钢架大棚遮阴少，光照优于竹木结构大棚。大棚内的自然光照因薄膜的性质而不同，无滴膜优于普通膜。棚内光照日变化与自然光照日变化一致。在垂直方向上，光照度自上而下减弱，棚越高，近地面光照越弱（表 6-7）。水平方向上，光照不仅因太阳的位置而不同，而且随棚体走向而变化。南北延伸的大棚，午前东侧强于西侧，午后西侧强于东侧，日平均光照度两侧无大差异，东西延伸的大棚，南侧光照强于北侧，日平均光照差异显著。

表 6-7 大棚内相对光照度垂直变化

（闫凌云 . 2005. 农业气象）

距膜的距离（cm）	相对光照度（％）
30	61
70	35
200	25

2. 地温 生产上多以 10cm 地温作为大棚内作物适期定植的温度指标。在大棚的利用季

节，大棚地温有明显的日变化特点，早春 5cm 地温午前低于气温，午后与气温接近，傍晚开始高于气温，一直维持到次日日出。气温最低值一般出现在凌晨，但这时地温高于气温，有利于减轻作物冻害。5cm 地温比 10cm 地温回升快，一般稳定在 12℃以上的时间比 10cm 提早 6d。棚内 10cm 地温最低值一般比露地高 5～6℃。棚内地温也具有明显的季节变化。据资料表明，2 月中旬至 3 月上旬，10cm 地温高达 8℃以上，能定植耐寒作物；3 月中下旬升高到 12～14℃，可定植果菜类；4～5 月棚内地温达 22～24℃，有利于作物的生长，棚内地温比气温下降缓慢，有利于作物的延后栽培；10 月至 11 月上旬，10cm 地温下降到 21～10℃，某些秋作物可以生长，直到 11 月中下旬以后，棚内的边缘为低温带，一般比中部低 2℃以上。

3. 气温 大棚内气温增温十分明显，最高温度比露地高 15℃以上，棚内外最高气温的差异因天气条件而不同（表 6-8），大棚内最低气温比露地高 1～5℃，天气条件、土壤贮热、管理技术对棚内最低气温的影响很大。据河北、山东、河南观测资料证明，在密封条件下，露地最低气温为 -3℃时，棚内气温可达 0℃，在生产上多把露地稳定通过 -3℃的日期，作为大棚内稳定通过 0℃的日期。这一指标对确定和预防棚内作物冻害有一定的参考价值。初冬或早春，在一些特殊天气条件下，偶尔会出现棚内最低气温低于棚外的现象，这被称为棚温逆转，棚温逆转所产生的原因，目前认识尚不一致，但这种现象的出现，有时会给棚内作物造成冻害，必须采取预防措施。

表 6-8 不同天气条件大棚内外温度比较（℃）

（闫凌云．2005．农业气象）

天气	地点		
	大棚内	大棚外	内外温差
晴天	38.0	19.3	18.7
多云	32.0	14.1	17.9
阴天	20.5	13.9	6.6

4. 湿度 大棚内土壤水分来自人工灌溉，空气中的水分来自土壤蒸发和植物蒸腾。由于薄膜气密性好，生产又在低温季节，通风量小，所以在大棚的生产时期多形成高湿环境。在正常生产的大棚内，相对湿度的日变化与气温相反，夜间高而稳定，白天随气温的升高而剧烈下降，最低值出现在 13～14 时。由于棚膜凝结水向地面滴落，造成浅层土壤湿度增高甚至泥泞，而下层往往干燥。

（二）塑料大棚的小气候调节

1. 光照调节 选用透光率高的薄膜，在使用中保持清洁，减轻老化；确定棚体合理走向，使棚内光照度均匀；确定合理的棚面造型，减少光的反射；既要棚体稳固，又要尽量减少骨架的遮阴，满足特殊需要，如扦插育苗、软化栽培，可用不透光材料遮阴。

2. 温度调节 选用优质薄膜，增加进入棚内的太阳辐射；提前扣膜烤地，增加地热贮存，周围开挖防寒沟，减少热量外传，缩小边缘效应；用草苫或旧膜在四周设"防寒裙"，使最低温度提高 1～2℃；棚内设二道幕，使温度提高 2℃；棚内扣小棚，增温效应十分明显；通风是白天降温的主要措施，通风时间、通风量应根据天气和作物状况掌握。

3. 湿度调节 通风是降低湿度的主要措施，但通风与保温存在矛盾，要合理解决。高温时段，通风量要大，低温时段通风口小或不通风；灌水可提高棚内湿度，地膜覆盖既可提高棚内地温，又可降低棚内湿度。

四、温　室

（一）温室的小气候特点

1. 光照　日光温室内光照度小于自然光照，一般为室外的 60%～80%。室内光照度分布不均匀，以中柱为界，分为前坡下的强光区和后坡下的弱光区。中柱前以南 1m，光照的水平梯度变化较小，是温室光照条件最好的地方；前坡下光照度自上而下减弱，且比室外快，在冬季晴天的条件下，大多数温室内光照度可达 3 000lx 以上，进入 3 月，中午前后要达 5 000lx 以上，能满足大多数作物生长的需要。后坡及两山附近光照弱，在后坡下，从南向北逐渐减弱。

2. 温度　日光温室完全靠吸收太阳辐射增温，因此室内温度有明显的日变化特点，并与室外温度变化趋势相同。在管理较好的日光温室内，冬季 0～20cm 地温平均可保持 12℃以上；温室内温度的水平梯度较大，中柱以南 3m 宽的范围是一个高温区；室内气温的变化，因天气条件而不同，晴天增温显著，阴天增温较少。最低温度出现在刚揭草苫之后，午前气温上升很快；最高温度出现在 13 时。冬季室内气温不低于 10℃，1 月最高气温可达 40℃以上，室内气温的垂直变化很大，热空气集中在上部，在 2m 高的小空间内，上下温差在 4～5℃。在水平方向上，由于结构原因，前部最低气温比中部低 2～3℃，近前沿处气温日较差最大，由于采用多层覆盖，温度夜间下降缓慢，下降 4～7℃，在有风或阴天时下降 2～3℃。

3. 湿度　日光温室结构严密，放风量小，空气湿度大，夜间相对湿度经常在 90% 以上，且变化小，白天随着气温升高相对湿度下降，但仍保持在 80% 左右，14 时前后或放风时，短时下降至 60%～70%。

（二）日光温室的小气候调节

1. 温室内光照的调节　温室内对光照的要求是光照充足且分布均匀。高纬地区的冬季或冬季多阴天地区，温室需要用补光加以调节；夏季光照过强或进行特殊方式栽培时，要用遮阴方法进行调节。遮阴方法简单易行，但补光的方法因成本高，还不能普遍进行。目前温室太阳光的透射率一般只有 40%～60%，在结构和管理上还有很多不合理的地方，改进的潜力很大。如用无滴膜，并及时清洗玻璃与薄膜表面的灰尘，改进屋面角度减少反射角，屋架尽量使用钢材减少遮光面积，充分利用反射光，不仅能增加温室光照度，还能改进其室内的照度分布。在后墙或中柱悬挂反光幕，能将投射于北墙的阳光反射到床面的北部和中部，改善温室内的光照条件。

2. 温室内温度的调节　为了提高温室内温度，可以用加温设备进行加温，但在目前我国能源紧张的条件下，还不能大面积推广，一般仍采取充分利用阳光，加强温室保温措施，达到提高温度的目的。为了减少土壤横向散热损失，可在内侧设"防寒裙"；在温室底脚的外侧设置防寒沟，沟中保温物以树叶为最好，保温期限长；后墙和东、西山墙可砌成空心墙，后坡和墙外均用热导率低的秸秆与土分层覆盖；在室内加设小拱棚，更可使床面保温；在玻璃或薄膜外夜间加盖草苫、纸被，增加多层覆盖保温效果也好。

3. 温室内湿度的调节　通风排除湿气，暖湿空气集中在温室上部，一般开上风口除湿效果好。

实验实训　农田小气候的观测

【能力目标】

会观测农田小气候。

【仪器设备、材料用具】

1. 仪器设备　通风干湿表、风向风速表、照度表、地面温度表和曲管地温表。

2. 材料用具　特制纱布、蒸馏水、铁锹、直尺、农田小气候测杆。

【知识原理】

小气候是指近地层（0～2m）的光、温、湿和风的状况，以及土壤上层、表层的热状况和水分状况。在进行农田小气候观测时，要求所测数据资料能客观地反映出农田小气候的特征。

1. 通风干湿表的结构与原理　仪器结构如图 6-13 所示。干球、湿球温度表感应部分分别在（1）、（2）的双层辐射防护管内，防护管借三通管和两支温度表之间的中心圆管与风扇相通。工作时用插入通风器上特制的钥匙上发条，以开动风扇，在通风器的边沿有缝隙，使得从防护管口引入的空气经过缝隙排到外面去。就这样，风扇在温度表感应部分周围造成了恒定速度的气流（2.5m/s），以促进感应部分与空气之间的热交换，减少辐射误差。

2. 轻便风向风速表的结构和原理　仪器结构如图 6-14 所示，由风向部分（包括风向标、风向指针、方位盘和制动小套）、风速部分（包括十字护架、风杯和风速表主机体）和手柄三个部分组成。

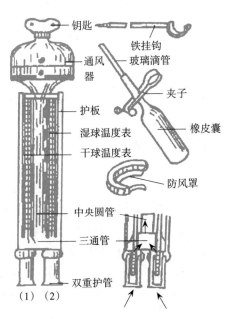

图 6-13　通风干湿球温度表的结构
（闫凌云 . 2005. 农业气象）

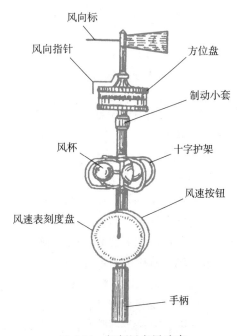

图 6-14　轻便风向风速表
（闫凌云 . 2005. 农业气象）

【观测方法】

1. 观测地段的确定 由于小气候和农田小气候特征受观测地段下垫面性质（如地形、地势、土壤分布及农业技术措施等）的影响，在选择小气候和农田小气候观测地段时，应考虑以下原则：

（1）测点的代表性原则。即所选地段能代表当地一般情况，或根据研究目的要求确定观测地段。

（2）测点的比较性原则。指根据研究内容进行对比观测的因子允许有差异，其他条件要力求一致，如研究地膜覆盖的小气候效应，除观测地段与对照有地膜与无地膜差异外，其他条件如地形、地势、土壤特性、作物种类及耕作措施等均应一致，否则，就不能客观分析出地膜覆盖的小气候效应。

（3）测点面积的确定原则。该地段与周围活动面的特性差异越大，所选观测地段最小面积就应当越大；反之，可适当小些。如在广阔平坦地区，活动面性质近于一致时，观测地段最小面积为 10m×10m 就可以了。

（4）测点的布置原则。农田小气候观测点一般分为基本测点和辅助测点两种。基本测点是主要测点，应选在观测地段中最有代表性的点上，其观测项目、高度、深度要求比较齐全和完整，观测时间要求固定，观测次数要求多些；辅助测点是为某一特殊项目而设置的测点，目的是补充基本测点的不足和更加完全地了解基本测点的小气候特征，辅助测点可以是流动的，也可以是固定的，重点的观测项目、观测高度和深度应与基本测点一致，辅助测点的多少应根据人力和仪器的条件而定。

2. 测定项目 测点确定后，必须对测点的客观条件进行描述和记载，主要有以下几个项目：

（1）编号。即对所有测点统一编号，以免观测记载产生混乱或各测点资料的混杂。

（2）测点的地理位置。标明所在纬度、经度和海拔高度。

（3）测点的地形遮蔽情况。绘制测点的地形遮蔽图，记载测点周围的水域、村庄、工矿、山脉、森林等自然景物的面积大小、相对位置的高度和离测点距离等详细情况。

（4）土壤状况。包括土壤种类、湿润程度以及土壤物理特性。

（5）植被情况。包括森林种类（阔叶林、针叶林、混合林）、作物种类以及栽培措施和生长发育状况。

（6）天气条件。记载当时的天气条件以及观测温度时的太阳视面状况。

3. 小气候的仪器观测

（1）通风干湿表观测方法。观测前先将仪器挂在测杆上（仪器的温度表感应部分离地面高度视观测目的而定），暴露 15min（冬天 30min），用玻璃滴管湿润温度表的纱布，然后上好风扇发条，规定的观测时间一到，就可读数。观测注意事项为：

①玻璃滴管中的水不能超过标线，湿润纱布时，不能让水溢出而弄湿防护管。

②上发条通风时，所上的发条不能过紧，应留一转，以免拉断发条。

③观测时观测者应站在下风向，以免使身体的热量影响感应部分；读数时，先干球后湿球，其他读数方法与百叶箱内的读数相同。

④每一个高度，要读取 3 次记录，在读完第一次记录后约 30s 即应连续读取第二、第三次记录，当读完一个高度的 3 次记录后，必须加上一次发条（3～4r），以保证仪器正常

通风。

⑤当风速大于4m/s时，观测前安装仪器就应将防风罩套在风扇迎风面的缝隙处。在没有通风干湿表的条件下，可以做一个有不同梯度的档罩，将干、湿球温度表平放在档罩臂上（感应部分在档罩的两片木制圆盘下方），使得感应部分不受阳光照射，档罩的作用与百叶箱相似。因此，观测值近似于百叶箱内干、湿球的数值。但因为档罩四周风速不能控制，所以，以这种干、湿球温度所查算出的空气湿度不够准确。若用遥测多点温度计，观测更为方便。

（2）轻便风向风速表的观测。观测时，人应保持直立（若是手持仪器，要使仪器高出头部），风速表刻度盘与当时风向平行。观测者应站在仪器的下风向，将方位盘的制动小套管向下拉，并向右转一角度。启动方位盘，使其能自由转动，按当地子午线的方向固定下来，注视风向指针约2min，记录其最多的风向，就是所要观测的风向。测风速可与测风向同时进行。在测风时，待风杯旋转约0.5min，按下风速按钮，待1min后指针自动停止转动，即可从刻度盘上读出风速示值（m/s），将此值从风速检定曲线图中查出实际风速（取一位小数），即为所测的平均风速。观测完毕，随手将方位盘自动小套管向左转一小角度，让小套管弹回上方，固定好方位盘。

（3）照度表的观测。照度表是测量光照度的仪器，其使用方法如前所述。

【操作步骤】

1. 观测仪器的设置 在一个测点上观测不同项目的仪器设置，必须遵循仪器间互不影响，并尽量与观测顺序（图6-15）一致的原则。通风干湿表应离地面、地中温度表距离1.5m左右，其他仪器间隔也要有1.0m左右；轻便风速表要安装在上风位置上。在农田中，可安装在同一行间或两个行间，若作物行间很窄，地面温度表和地面最高、最低温度表也可排成一线。在垂直方向上，由于越靠近活动面，气象要素的垂直变化就越大。因此，设置的观测高度必须越靠近活动面越密，而不能机械地按几何等距离分布。农田中一些主要要素的观测参考高度（深度）及仪器种类见表6-9。

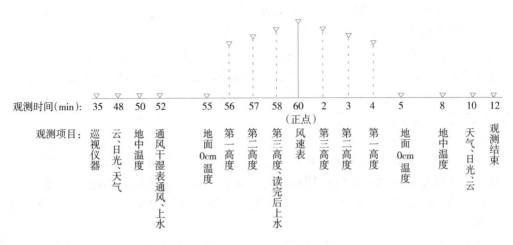

图6-15 农田小气候的观测顺序

（闫凌云. 2005. 农业气象）

表 6-9　农田小气候观测项目、所用仪器及记录要求

观测项目	观测高度、深度	常用仪器种类	记录单位及要求
辐射	0cm、20cm、2/3 株高、作物层顶、150cm	辐射表	J/（cm^2·min），取两位小数
空气温、湿度	20cm、2/3 株高、作物层顶、150cm	通风干湿表、普通温度表、温度计、湿度计及遥测仪器	温度：℃，取一位小数；相对湿度：%，取整数
地中温度	0cm、5cm、10cm、15cm、20cm、40cm、80cm	普通温度表、直管、曲管地温表、多点温度计遥测	取一位小数
风向、风速	20cm、2/3 株高、株高以上 1m	轻便风向风速表	风向：十六方位 风速：m/s，定时观测取整数，其他取一位小数
光照度	地面、2/3 株高、株顶上方	照度表	lx（勒克斯），取整数

2. 观测资料的整理与分析

（1）资料的整理。一个测点的原始记录，在确定所测数据无误的情况下，将记录填写在资料整理表中，进行器差订正，并检查记录有无突变现象，根据日光情况和风的变化决定取舍，然后计算读数的平均值及湿度查算等工作，再根据报表资料绘制气象要素的时间变化图和空间变化分布图。

气象要素时间分布图，以纵坐标表示要素值，横坐标表示时间，此图可以得出气象要素随时间变化的特点。

气象要素空间分布图，以纵坐标表示高度或深度，横坐标表示气象要素值随高度（或深度）的分布情况和变化规律。

通过气候要素随时间和空间分布及变化规律，可以了解一测点气候要素的变化特点，并且对各测点资料进行分析，还可以从图中检查各记录的准确性等。在时间变化图上，发现某一时间记录有突变等不连续现象，可从天气变化情况（如云况、日光等）寻找原因，然后对时间变化图进行订正。

（2）各测点资料的对比分析。在完成各测点的基本资料整理后，为在各测点的小气候特征中寻找它们的差异，必须根据研究任务，进行测点资料对比分析。如只有同裸地的资料比较，才能显示出农田小气候特征，同其他作物田的小气候资料进行对比，才能发现某一作物的小气候特征。在对比分析时，要特别注意自然地理环境条件以及天气情况的一致性。

3. 农田小气候观测报告　当对比分析完成以后，就可以书面总结，其中要对测点情况、观测项目、高度（深度）、使用仪器和天气条件进行说明，对观测过程也要适当介绍，但中心内容是气象要素的定性和定量的对比描述，对产生的现象和特征，必须根据气象学的原理，说明物理本质，用表格和图解来揭示各现象之间的联系，从而得出农田小气候观测的初步结论。

【资料收集】

收集本省主要的农业气象灾害情况，调查当地保护地栽培设施的种类及规模。

【信息链接】

可以查阅《中国农业气象》《气象学报》《气候与环境研究》《应用气象学报》《××气象》等专业杂志，也可以通过上《中国气象局网站》等浏览查阅与本模块内容相关的文献。

【习做卡片】

了解本地区小麦、油菜等农作物冻害的发生情况，提出主要的防御措施，做成学习卡片。

【练习思考】

1. 为什么中国气候具有显著的季风性？
2. 中国气候的主要特征是什么？
3. 气候资源有何特点？中国气候资源的生产潜力如何？
4. 气压是如何随时间和高度变化的？气压的水平分布有何特点？
5. 季风、海陆风、山谷风和焚风形成的原因及其特点是什么？
6. 护林田有何防风效应（对寒潮、干热风）？
7. 什么是气团？我国冬、夏季主要受什么气团影响？天气特点如何？
8. 什么是锋、冷锋、暖锋、准静止锋、锢囚锋？各自天气特征如何？
9. 气旋和反气旋控制下的天气特征如何？为什么？
10. 试述农田中二氧化碳的时空分布特点对农业生产的意义。
11. 试述森林对降水及土壤水分的影响。
12. 试述坡地坡向在形成坡地小气候中的作用。
13. 什么是干旱？在作物生长发育过程中，哪些时期干旱危害最大？防旱抗旱措施如何？
14. 什么是霜冻？霜冻与霜有什么区别？
15. 什么是冷害？分哪些类型？对作物有何危害？如何防御？
16. 洪涝和湿害有哪些类型？如何防御？
17. 为什么塑料大棚一般是南北延长的？
18. 温室小气候如何调节？

【总结交流】

在实训时连续进行小气候的观测，并进行资料的整理、比较分析，写出书面小结。分小组汇报、讨论。

【阅读材料】

二十四节气农历与公历对照表

季	节气	农历	公历
春	立春	正月初	2月3、4或5日
	雨水	正月中	2月18、19或20日
	惊蛰	二月初	3月5、6或7日
	春分	二月中	3月20或21日
	清明	三月初	4月4、5或6日
	谷雨	三月中	4月19、20或21日
夏	立夏	四月初	5月5、6或7日
	小满	四月中	5月20、21或22日
	芒种	五月初	6月5、6或7日
	夏至	五月中	6月21或22日
	小暑	六月初	7月6、7或8日
	大暑	六月中	7月22、23或24日
秋	立秋	七月初	8月7、8或9日
	处暑	七月中	8月22、23或24日
	白露	八月初	9月7、8或9日
	秋分	八月中	9月22、23或24日
	寒露	九月初	10月8或9日
	霜降	九月中	10月23或24日
冬	立冬	十月初	11月7或8日
	小雪	十月中	11月22或23日
	大雪	十一月初	12月6、7或8日
	冬至	十一月中	12月21、22或23日
	小寒	十二月初	1月5、6或7日
	大寒	十二月中	1月20或21日

（摘自农谚800句）

模块七　植物生长与养分环境调控

【学习目标】

　　了解植物必需的营养元素种类、植物对营养元素的吸收规律；了解植物营养临界期和植物营养最大效率期的基本概念；掌握各种营养元素在土壤中的存在形态与转化规律；掌握氮、磷、钾等化学肥料的性质与施用方法；了解钙、镁、硫和微量元素肥料的性质与施用方法，了解复混肥料和其他化学肥料的施用技术；掌握有机肥料的特点和施用方法；掌握作物配方施肥技术；会定性鉴定化学肥料，能测定土壤碱解氮、速效磷、速效钾，会配制营养土和水培营养液。

项目一　养分与植物生长发育

一、植物必需的营养元素

　　在植物生产过程中，除了从外界环境中吸收光、二氧化碳、水外，还必须吸收其他所需的营养物质，这些营养物质一部分用来建造自身的结构物质，另一部分用来参与体内的各种代谢和生理调节作用，以维持其正常的生长发育。

　　通过对植物的分析，了解到组成植物体的化学元素有 70 余种。其中不少化学元素对植物具有直接或间接的营养作用。在植物体内含有的多种化学元素中，已被确定下述 17 种化学元素为植物生长所必需的营养元素，即：碳（C）、氢（H）、氧（O）、氮（N）、磷（P）、钾（K）、钙（Ca）、镁（Mg）、硫（S）、铁（Fe）、锰（Mn）、铜（Cu）、锌（Zn）、钼（Mo）、硼（B）、氯（Cl）、镍（Ni）。这些元素都是维持植物生长发育所必需的，且又不能用其他元素替代的植物营养元素。根据植物对必需营养元素需要量的多少，将这 17 种营养元素又分为两大类，即大量元素和微量元素。当某元素的含量占植物干物质量在千分之几到百分之几十范围时，称之为大量元素，包括碳（C）、氢（H）、氧（O）、氮（N）、磷（P）、钾（K）、钙（Ca）、镁（Mg）、硫（S）等 9 种元素，含量在十万分之几到千分之几甚至更少时，称之为微量元素，包括铁（Fe）、锰（Mn）、铜（Cu）、锌（Zn）、钼（Mo）、硼（B）、氯（Cl）、镍（Ni）等 8 种元素。由于植物体营养元素的含量因环境条件的变化而发生较大的变化，所以不少情况下大量元素和微量元素之间的界线并非截然分明。如钙（Ca）、镁（Mg）、硫（S）这三元素一般归在大量元素中，也在不少情况下单独划出来作为一类，称之为中量元素。必需营养元素对植物的营养和生理功能而言都是同等重要的，不可相互替代。

　　除这 17 种必需营养元素之外，植物体内还有一些营养元素，如钠（Na）、钴（Co）、硒（Se）、硅（Si）、钒（V）、铝（Al）等元素，对特定的植物生长发育有益，或为某类植物所必需，或对植物的某个生理过程有特异性作用，通常将这些元素称为"有益元素"或"增益元素"，"有益元素"的作用越来越在生产实践中显示出良好效应，因而受到整个农业科研部门和技术推广部门的重视。

二、植物对营养元素的吸收

根系是植物吸收所需养分和水分的主要器官。因此，植物的根部对养分的吸收就是植物营养的核心。植物主要依靠伸展在土壤中的根系吸收养分，当然，植物地上部分即茎、叶也可吸收养分，进行根外营养，作为根系营养的补充。

植物一方面从营养环境中吸收无机物和某些简单的有机物，同时也向营养环境分泌相应的物质，如氨基酸等。

（一）植物根系对养分的吸收

1. 根吸收养分的过程 根系吸收养分的过程一般包括四个过程，即：养分由土体向根表的迁移；养分从根表进入根内自由空间，并在细胞膜外表面聚集；养分跨膜进入原生质体；养分由根部运输到地上部。

（1）养分向根的迁移。土壤中养分到达根表的方式有 3 种：即质流、扩散和截获。

①质流。指养分作为土壤溶液中的溶质随土壤溶液运送到根表的过程。植物地上部的蒸腾作用是土壤中质流向根部输送的基本动力。因为植物的蒸腾作用和根系吸水造成根表土壤与土体间出现明显的水势差，土壤水分由土体向根表流动，土壤溶液中的养分随着水流向根表迁移。养分通过质流方式迁移的距离较长，数量较多。

②扩散。由植物根系吸收某种养分形成的根际亏缺区，与根际外土体该种养分的较丰富区之间，存在该养分的浓度差或浓度梯度，养分沿着浓度梯度由土体向根表迁移，形成了养分的扩散作用。这种迁移一般速度慢，距离也短。影响扩散作用的主要因素有土壤水分的含量、不同土体间土壤溶液中离子的浓度差以及根系的吸收活力。

③截获。根系生长过程中，直接从与根系接触的土壤颗粒表面吸收养分。根系通过扩大伸展范围和增加伸入土粒间空隙，与土粒密切接触，便从土粒表面截取接触根表的有效养分。

由于不同养分在土壤中存在的形态和移动速率不同，且不同植物根系伸展和接触土壤的特点各异，因此，对不同植物吸收的养分总量，这三种养分运送方式所占的比例是不同的，对同一种植物吸收的不同养分，三种运送方式所占的比例也有很大的差异（表 7-1）。

表 7-1　小麦根部的养分供应（%）

（北京农业大学 . 1981. 植物营养）

养分	供应比例		
	质流	扩散	截获
N	82	11	7
P_2O_5	20	56	24
K_2O	30	63	7

（2）养分在细胞膜外表面聚集。到达根系的养分离子必须穿过由细胞间隙、细胞壁微孔和细胞壁与原生质膜之间的空隙构成的自由空间，才能到达细胞质膜。细胞壁微孔构成了物质进出细胞壁的通道，水分和无机离子可以由此进入。

（3）养分的跨膜吸收过程。养分通过自由空间到达原生质膜后，还需穿过该膜和各种细胞器（线粒体、叶绿体、液泡等），才能进入细胞内部，参与各种代谢过程。

（4）养分由根部运输到地上部。根系吸收的养分首先进入木质部导管，然后向上运输。其中一部分养分由根的外表皮，穿过皮层进入中柱，另一部分养分则通过木质部和韧皮部的薄壁组织由根系向地上部运输。

2. 植物根系吸收养分的特性

（1）植物的基本营养方式是无机营养。尽管植物根系能直接吸收极少量可溶性的有机物分子，但其基本的营养方式是吸收无机物，主要是无机离子。

（2）植物吸收养分的选择性。尽管植物组织内可以分析出许多种元素，但植物对必需的营养元素吸收存在着选择性。因而，养分离子要进入植物体内或参与同化时，植物就有其主动性。

（3）植物吸收养分的相对稳定性。人们栽培不同的作物，利用其不同的器官。不同作物有不同的遗传特性，并在长期与一定的营养环境相互作用过程中，逐步形成和稳定其对必需养分的吸收，如对养分的吸收量、吸收比例等。其主要表现有二：

①同一植物在不同的营养环境中吸收大致相似的养分量，如世界各地的小麦，其麦粒的含氮量均在 $1.8\% \sim 2.2\%$ 的范围内。

②种植在相同环境中的不同植物，其吸收的营养元素可能差异就很大（表 7-2）。

表 7-2　几种作物的养分含量（%）

（奚振邦 . 2003. 现代化学肥料学）

作物	养分含量			
	N	P_2O_5	K_2O	CaO
小麦粒	2.1	0.82	0.50	0.07
大豆	5.8	1.08	1.26	0.17
烤烟	2.7	0.73	4.35	5.06

（二）根外营养

1. 根外营养的概念　除了根系以外，植物地上部分（茎、叶片、幼果等器官）也可以吸收少量养分，这个过程称为根外营养（又称为叶面营养）。农业生产中有时将一些肥料配成一定浓度的溶液，直接喷施于植物地上部分，供植物吸收，这种施肥方法称为根外施肥或叶面施肥。

2. 根外营养的特点与应用

（1）根外营养的特点。用量少、见效快（如叶面喷施尿素后在 24h 内即有 80% 以上被吸收），可避免肥料被土壤固定或淋失等。

（2）根外营养的应用。对于植物生长的特殊阶段或在一些特殊环境条件下，根外施肥具有不可替代的作用。在植物生长后期根系活力降低、吸收能力减弱时；土壤结构差、根系生长不良；某些元素易被土壤固定，有效性低；矫治植株某些元素缺乏症；植株因内部营养竞争而影响花、果等器官的正常发育；由于生长期间的自然灾害（霜害、雹害、风害）和病虫害，植株衰弱而急需恢复时等，可应用根外追肥以迅速满足植物生长发育的需要。根外追肥进入植株的营养元素数量少，只是起补充和调节作用，不能完全代替土壤施肥。

3. 影响根外营养的因素

（1）养分的种类。叶片对不同种类矿物质养分的吸收速率是不同的。叶片对氮、钾吸收的速度比磷快，微量元素的吸收速度比较慢。同种养分，不同的盐类，叶片对其吸收速度也不同，叶片对氮肥的吸收速率依次为尿素＞硝酸盐＞铵盐，对钾肥的吸收速率为氯化钾＞硝酸钾＞磷酸二氢钾。一般无机盐的吸收速率比有机物的吸收速率快。

（2）植物叶片的类型。双子叶植物叶表面积大，对溶质的吸收比单子叶植物多。幼嫩叶片由于角质层薄，溶质的吸收比成长叶片迅速。对成长叶，双子叶植物叶面表皮结构比叶背面较紧实些，所以叶背比叶面易于吸收。

（3）养分的浓度和 pH。在一定的浓度范围内，养分进入叶片的速度和数量随着浓度的增加而增加，适当提高喷洒溶液的浓度，可提高根外营养的效果，但若浓度过高，叶片会出现灼伤症状。此外，通过调节 pH，亦可促进不同的离子吸收，偏碱时有利于阳离子的吸收，偏酸时有利于阴离子的吸收。

（4）溶液湿润叶片的时间。叶片只能吸收液体，如果溶液水分蒸发干，溶质就不易透入叶片。溶液在叶面上的时间越长，吸收养分的数量就越多，凡是影响液体蒸发的外界环境如风速、气温及大气湿度等，都会影响叶片对营养元素的吸收量。因此，根外追肥的时间以选择在无风的傍晚较为理想（阴天例外）。

（5）喷施次数与部位。植物吸收量与喷施的次数有关，喷施次数越多，吸收量越大，通常喷施次数以 2～3 次为宜，两次间隔 5～7d。同时还应注意喷施部位，喷施在新叶上或双子叶植物叶片背面效果更好。

三、植物营养的阶段性

植物从种子萌发到种子形成的不同生育阶段中，除了萌发期靠种子营养和生育末期根部停止吸收营养外，植物都要通过根系从介质中吸收养分。植物根系从介质中吸收养分的整个时期，称为植物营养期。植物在不同生育阶段对营养元素的种类、数量和比例等都有不同的要求，这种特性就是植物营养的阶段性。

植物吸收养分的一般规律是生长初期吸收的数量少、强度低，随着时间的推移，对营养物质的吸收量逐渐增加，到成熟期，又趋于减少。一般植物营养有两个关键时期，即植物营养临界期和植物营养最大效率期。

（一）植物营养临界期

植物营养临界期是指某种养分缺乏、过多或比例不当，对于植物生长发育起着明显不良影响的那段时间。在营养临界期，植物对某种养分需求的绝对数量虽然不多，但很迫切，若因该养分缺乏、过多或比例不当而受到损失，即使在以后该养分供应正常也很难弥补。

同种植物的不同营养元素以及同种营养元素对不同的植物其营养临界期不完全相同，但多出现在植物生育前期。大多数植物磷素营养的临界期多出现在幼苗期，或种子营养向土壤营养的转折期。如冬小麦在分蘖初期、玉米在出苗后 7d 左右、棉花在出苗后 10～20d。植物的氮素营养临界期也在生育前期。如冬小麦是在分蘖和幼穗分化期。水稻钾素的营养临界期则在分蘖初期和幼穗形成期。

（二）植物营养最大效率期

植物营养最大效率期是指某种养分能够发挥最大效能的那段时间。植物在不同阶段吸收养分的数量往往差别很大，一般把植物在单位时间内吸收养分数量最多的时期称为植物营养最大效率期，也称植物强度营养期。这一时期一般是植物营养生长的旺盛期或营养生长与生殖生长同时并进的时期，此时植物吸收养分的数量最大、速度最快，如能及时满足植物对养分的需求，其增产效果非常显著。

营养最大效率期因植物而异。如就氮素营养最大效率期而言，水稻在分蘖期，油菜在花期，玉米一般在喇叭口期至抽雄初期，小麦在拔节至抽穗期，棉花在开花结铃期。

项目二　化学肥料的合理施用

一、氮肥的合理施用

（一）土壤中的氮素

1. 土壤中氮素的形态　土壤中的氮素属于非矿物质养分，主要来源于外源的有机物和无机物，少量的是由豆科作物的根瘤固定空气中的氮。大多数外源氮是通过施用有机肥和无机肥得来的，少量的氮是通过下雨将空气中的氮带入土壤的。土壤中氮存在的形态分为无机态氮、有机态氮和有机无机氮 3 种（图 7-1）。

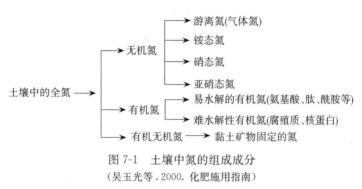

图 7-1　土壤中氮的组成成分
（吴玉光等 . 2000. 化肥施用指南）

（1）无机态氮。土壤中的无机态氮主要包括游离氮、铵态氮、硝态氮、亚硝酸态氮等，是由直接施入土壤中的化学肥料或各种有机肥在土壤微生物的作用下经过矿化作用转变成的，都可以直接被植物所吸收，是作物的速效养分，称为速效态氮。在一定条件下土壤中速效氮的浓度与作物的生长具有一定的相关性，如果土壤中速效氮的浓度降低就会引起作物的缺氮现象，施用氮肥就是向土壤中补充速效的氮来满足作物生长发育的需要。

（2）有机态氮。土壤有机态氮占土壤中全氮含量的 98% 左右，有机氮主要指土壤中动、植物残体中所含的氮素，它们一般来自施用的有机肥，如秸秆还田的秸秆肥、动物残体、人工施用的牲畜和人的排泄物等。有机态氮的氮素主要以各种氨基酸、氨基糖、嘌呤、嘧啶、维生素等形式存在。

（3）有机无机氮。指被黏土矿物固定的氮。

2. 土壤中氮素的转化　土壤中的氮素绝大部分来源于施肥，这些氮在土壤中总是不断转化的，不同条件下氮素在土壤中转化的形式不同。在土壤中，有机氮经微生物矿化成铵态氮；一部分铵态氮可以被土壤胶体吸附固定，另一部分被微生物利用转化为有机氮，或经硝化作用氧化形成硝态氮；硝态氮经反硝化作用转变成 N_2、NO、N_2O，或经硝酸还原作用还原成氨或微生物利用形成有机氮（图 7-2）。微生物是土壤氮转化的主要参与者，凡是影响微生物活动的因素均会影响氮在土壤中的转化。

（1）矿化作用。矿化作用是指在土壤中的有机物经过矿化作用分解成无机氮素的过程。有机物的矿化过程需要在一定温度、水分、空气及各种酶的作用下才能进行。矿化作用主要分为两步：水解作用和氨化作用。水解作用是指在蛋白质水解酶、纤维素水解酶、木酵素菌

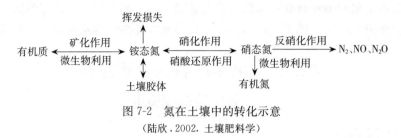

图 7-2　氮在土壤中的转化示意

（陆欣．2002．土壤肥料学）

等各种水解酶的作用下将高分子的蛋白质、脂肪、糖类分解成为各种氨基酸。氨化作用是指土壤中的有机氮化物在微生物——氨化细菌的作用下进一步分解成为铵离子（NH_4^+）或氨气（NH_3）。氨化作用的结果是产生大量的氨，氨溶于水形成铵离子。铵离子在土壤溶液中可以被植物吸收、被土壤胶体吸附固定或是经过硝化作用转化为硝态氮。

（2）硝化作用。土壤中的氨（NH_3）或铵离子（NH_4^+）在硝化细菌的作用下转化为硝酸的过程称为硝化作用。氨在亚硝化细菌的作用下被氧化成亚硝酸。硝化作用产生的硝态氮是植物最容易吸收的氮素，特别是甘蓝、白菜、芹菜、生菜等叶菜类蔬菜极易吸收硝态氮。

（3）反硝化作用。硝酸盐或亚硝酸盐还原为气体分子态氮氧化物的过程中，当土壤处于通气不良的条件下，土壤中的硝态氮或亚硝态氮在反硝化细菌的作用下发生分解作用，产生N_2O、NO 和 N_2。

（4）土壤中的生物固氮作用。指通过一些生物固氮菌将土壤空气中气态的氮所固定而存在于土壤中的氮，这种氮在初期是以氮气分子的形式被固氮菌所捕获，然后在固氮菌的作用下转化成铵态氮，生物固氮作用一般发生在豆科植物的根系。

（5）土壤对氮素的固定与释放。土壤中的氮素在处于铵离子状态时可以从土壤溶液中被颗粒表面所吸附，另一方面被土壤吸附的铵离子还可以被释放出返回土壤溶液中。在一定条件下铵离子在固相和液相之间处于一种动态平衡状态。

（6）氮素在土壤中的淋溶作用。土壤中以硝酸或亚硝酸形态存在的氮素在灌溉条件下很容易被淋溶，随着灌溉水的下渗作用，溶液中的硝酸根和亚硝酸根同样下渗，下渗后被深层土壤所固定。

（7）氨的挥发作用。铵和氨之间总是在互相转化，发生着土壤溶液中的动态平衡。氨的挥发主要取决于土壤表层的铵离子浓度、土壤的阳离子代换量、土壤表层的温度、土壤表层的 pH 以及光照、风速等。

（二）氮素化学肥料的性质与施用

1. 铵态氮肥的特点与施用

（1）铵态氮肥的特点。氮素形态以氨或铵离子形态存在的氮肥称为铵态氮肥。如氨水、碳酸氢铵、硫酸铵、氯化铵等。这些氮肥的共同特点是：

①易溶于水，易被植物吸收利用，肥效迅速，施后可及时提供植物所需要的氮素。

②施入土壤后，从肥料中解离出来的铵离子能被土壤胶体吸附，不易流失。

③遇碱性物质，易分解放出氨气挥发，导致氮素损失，北方碱性土壤上施用注意深施。

④在通气良好的条件下，铵离子经硝化作用由铵态氮素转变为硝态氮素，硝态氮素虽能被植物根系吸收，但不易被土壤胶体吸附保存，容易流失。

（2）铵态氮肥的施用。

①氨水。农用氨水工业生产成本低，一般含氮 15%～18%，易挥发，有腐蚀性。水田使用氨水可随水注入稀释，然后多次犁耙，以便土壤胶体吸附。旱地使用氨水，宜采用注入方式，以减少挥发损失。

②碳酸氢铵。碳酸氢铵简称碳铵，含氮 17%，其稳定性差，易分解。宜在干燥、通风、阴凉的地方贮存防止损失，土壤施用应深施盖土，减少挥发；或做成颗粒肥料，提高其稳定性；或少量多次施用。碳铵可作为基肥、追肥，但施用浓度不宜过高。

③硫酸铵。硫酸铵含氮 20% 左右，适用于多种土壤和各种作物，但最好应用于缺硫土壤和葱、蒜、十字花科等喜硫作物上，不可施用于水田。硫酸铵可作为基肥、追肥和种肥。但要注意的是长期、大量地施用硫酸铵会使土壤结构受到破坏，造成土壤板结。

④氯化铵。氯化铵含氮 24%～25%，特适用于水田，一方面可以防止 Cl^- 在土壤中积累；另一方面 Cl^- 可以抑制硝化作用，减少稻田氮肥的损失。但氯化铵不宜用于耐氯能力差的烤烟、果树、糖料作物和薯类作物等忌氯作物和盐碱土上。氯化铵可作为基肥和追肥，但不宜作为种肥。

2. 硝态氮肥的特点与施用

（1）硝态氮肥的特点。氮素形态以硝酸根离子形态存在的氮肥称为硝态氮肥。如硝酸铵、硝酸钙等。这类氮肥的共同特点是：

①易溶于水，易被植物吸收利用，肥效快。

②施入土壤后，NO_3^- 不易被土壤胶体吸附，随土壤水分流动而移动，容易引起氮素流失。

③在土壤厌氧条件下（如水稻田），易引起反硝化作用，形成植物根系不能吸收的氮气或氧化氮气，造成氮素损失。

④具有较强的吸湿性、助燃性和易爆性。

（2）硝态氮肥的施用。生产上主要施用的是硝酸铵。硝酸铵适宜于旱地各种作物上施用，但不宜用于水田。硝酸铵特别适用于喜欢硝态氮的作物，如烤烟、糖料作物等，可作为基肥、追肥。

3. 酰胺态氮肥的特点与施用

（1）酰胺态氮肥的特点。氮素形态以酰胺基（—$CONH_2$）或在分解过程中产生酰胺基的氮肥，称为酰胺态氮肥。尿素是这类氮肥的主要品种。

尿素俗称碳酰胺，白色结晶，含氮 46%，是一种高浓度的固体氮肥，易溶于水，水溶液呈中性反应，易吸湿。尿素在造粒过程中，会产生少量副成分——缩二脲，其含量高时不利于种子发芽和植株生长。由于尿素是中性肥料，所以连年施用尿素对土壤性质无影响。尿素是一种简单有机态分子，除少部分能以分子态被植物吸收外，大部分需转化成铵态氮后才能被植物吸收利用，故肥效比其他氮肥要迟缓些。

（2）酰胺态氮肥的施用。尿素适用于各种植物和土壤，可用作基肥、追肥，作为种肥时一定要慎重，不能与种子直接接触，防止缩二脲危害。在化学肥料中尿素最适宜于用作根外追肥。

4. 长效氮肥的特点与施用

（1）长效氮肥的特点。长效氮肥能缓慢释放营养物质，水溶性低，一次施用能满足植物整个生长季节甚至几个生长季节所需要的养分。适宜于各类作物和各类土壤条件。我国推广使用的长效氮肥主要有两个品种：长效尿素和长效碳酸氢铵。

（2）长效氮肥的施用。长效氮肥的氮素释放相对缓慢，释放高峰期比尿素约迟 5d，故应比尿素的常规施用期提前。一般早春提前 5～6d，夏季提前 3～4d 为宜。长效氮肥在土壤中的保氮能力比较强，利用率也较高。因此，它的用量比一般氮肥要略少些，通常比常量减少 10％～15％ 为宜。土质不同，长效氮肥在土壤中的吸收保存能力也有明显差异。黏土的吸收保存能力较强，一次用量可多些；而沙质土应以少量多次施用为宜。根据作物不同的吸氮特性，科学施用长效氮肥。

二、磷肥的合理施用

（一）土壤中的磷素

1. 土壤中磷的形态 土壤中的磷可分为有机态磷和无机态磷两大类，它们之间可以互相转化（图 7-3）。

（1）有机态磷。有机态磷来源于有机肥和生物残体，它与有机质含量呈现正相关。有机态磷以磷脂、植素、核酸、核蛋白等形式存在。有机态磷除少数能被植物直接吸收外，大部分要经过微生物的作用，使有机磷变为无机磷，植物才能吸收利用。

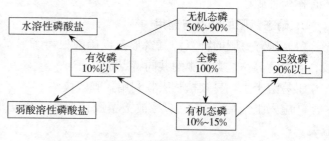

图 7-3 土壤中磷的形态
（吴玉光等.2000.化肥施用指南）

（2）无机态磷。土壤中无机态磷占全磷的 50％～90％，主要由土壤中的矿物质分解而成。根据植物对磷的吸收程度，土壤中无机态磷可分为水溶性磷、弱酸溶性磷和难溶性磷三种类型。

①水溶性磷。水溶性磷包含那些能在常温下被水溶解的磷酸盐，如磷酸钾、磷酸钠、磷酸一钙等。它们易被植物直接吸收利用，肥效快，是速效磷。水溶性磷在土壤中很不稳定，容易受各种因素作用而转化为溶解度低的磷酸盐而降低有效性。

②弱酸溶性磷。弱酸溶性磷也称枸溶性磷，是指能够被弱酸溶解，但不溶于水的磷，如磷酸氢钙等。它们不能被植物直接吸收，只能为植物根系所分泌的弱酸或土壤中的其他弱酸溶解后供植物吸收利用，因此，这种形态的磷素也是有效磷。通常所说的土壤有效磷一般包括水溶性磷和弱酸溶性磷。

③难溶性磷。指那些不能被水和弱酸溶解的磷。这种形态的磷素大多数植物不能直接吸收利用，在土壤中受环境条件的影响而发生变化，逐步转化成有效磷后，才能被植物吸收利用。

2. 土壤中磷的转化 土壤中的磷在种植植物、人为施肥等因素的影响下总是处于动态的转化中。有机磷在微生物的作用下可以分解成为无机磷，而无机磷被植物吸收又成为有机磷，而且不同溶解性的磷酸盐之间也可以互相转化（图 7-4）。

（1）土壤中有机磷的水解。土壤中的各种有机磷化合物都可以在微生物的作用下水解成为无机磷化合物，再进一步分解成为磷酸（H_3PO_4）。

卵磷脂 $\xrightarrow{\text{水解}}$ 磷酸甘油 $\xrightarrow{\text{水解}}$ H_3PO_4

植素 $\xrightarrow{\text{水解}}$ 植酸 $\longrightarrow$ H_3PO_4

植蛋白 $\xrightarrow{\text{水解}}$ 植酸 $\longrightarrow$ H_3PO_4

（2）有效态含磷化合物在土壤中的固定。固定的主要方式有：

①化学性固定。包括碱性土壤中水溶性磷酸盐和弱酸性磷酸盐与土壤中水溶性钙镁盐、吸附性钙镁及碳酸钙镁作用产生化学固定，及在酸性土壤中水溶性磷酸盐和弱酸性磷酸盐与土壤中活性铁、铝或代换性铁、铝生成难溶性磷酸铁、磷酸铝沉淀两种情况。

②阴离子代换固定。在酸性土壤中黏土矿物晶格表层的 OH^- 解离使黏粒带正电荷，磷酸根离子被吸附固定在黏粒表面。

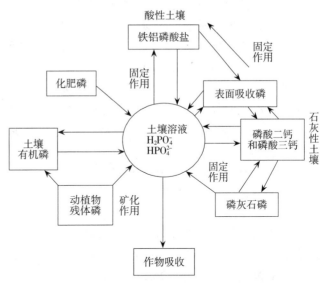

图 7-4　磷在土壤中的循环
（吴玉光等．2000．化肥施用指南）

③生物固定。当土壤中有效磷不足时就会出现微生物与植物争夺磷营养现象，因而发生磷的生物固定。

（二）磷素化学肥料的性质与施用

1. 水溶性磷肥的性质与施用

（1）过磷酸钙。

①成分和性质。过磷酸钙又称过磷酸石灰，简称普钙，是我国目前生产最多的一种化学磷肥，系磷矿粉用硫酸处理而制成。

过磷酸钙的主要成分是水溶性的磷酸一钙和难溶于水的硫酸钙，两者分别占肥料质量的 $30\%\sim50\%$ 和 40% 左右，成品中有效磷（P_2O_5）的含量为 $12\%\sim20\%$，另外还含有少量硫酸铁、硫酸铝等杂质和磷酸、硫酸等游离酸。

过磷酸钙一般为灰白色粉末，呈酸性反应，具有腐蚀性和一定的吸湿性。当过磷酸钙吸湿后，除易结块外，其中的磷酸一钙还会与硫酸铁、硫酸铝等杂质发生化学反应形成溶解度低的铁、铝磷酸盐，这种作用通常称为过磷酸钙的退化作用。因此，在贮运过程中要注意防潮。

②施用方法。过磷酸钙适用于各类土壤及植物，可作为基肥、种肥（不与种子直接接触）和追肥施用。但要注意，其无论施在何种土壤上，均易发生磷的固定作用。因此，合理施用过磷酸钙的原则是尽可能减少其与土壤的接触面积，以减少土壤对磷的吸附固定；增加过磷酸钙与植物根群的接触机会，以提高过磷酸钙的利用率。具体有以下几种施用方法。

a. 集中施用。过磷酸钙无论以何种方式施于土壤中，都应将其相对集中施于根系密集的土层中，以提高局部土壤的供磷强度，促进磷向根表的扩散，从而利于植物根系对磷的吸收。旱作集中施肥可采取条施或穴施。

b. 分层施用。为有效地解决磷在土壤中移动性小而植物根系又不断扩展的矛盾，在集中施用和深施的原则下，还可采用分层施肥的方法，即将 2/3 左右的磷肥作为基肥，在耕地时犁入根系密集的底层中，以满足植物生长中、后期对磷的需求；剩余的 1/3 在种植时作为种肥或追肥施于土壤表层中，以改善植物幼苗期的磷素营养状况。

c. 与有机肥料混合施用。这是提高过磷酸钙施用效果的有效措施之一。因为过磷酸钙与有机肥料混合施用后，可以减少磷肥与土壤的接触面积，可以减少水溶性磷的化学固定作用；同时，有机肥分解产生的有机酸能减少 Ca^{2+}、Fe^{3+} 等离子对磷的化学沉淀作用。

d 制成粒状磷肥。将过磷酸钙制成颗粒状，可减少其与土壤的接触面积，从而有效地减少磷的吸附和固定。

e. 根外追肥。过磷酸钙作为根外追肥不仅能避免磷肥在土壤中的固定，而且用量少、见效快。尤其在植物生长后期，根系吸收能力减弱且不易深施的情况下效果较好。

（2）重过磷酸钙。重过磷酸钙是由浓磷酸处理磷矿粉制得。

重过磷酸钙是一种高浓度磷肥，含磷（P_2O_5）在 $40\%\sim50\%$。主要成分是磷酸一钙（不含石膏），含有少量的游离磷酸，具有较强的吸湿性和腐蚀性，呈深灰色颗粒或粉末状。由于不含硫酸铁、硫酸铝等杂质，故吸湿后，不至于有磷酸盐的退化现象发生。

重过磷酸钙的施用方法与过磷酸钙相同。但其磷的有效成分含量高，用量应比过磷酸钙少。同时，由于其不含石膏，对于喜硫的植物，如豆科植物、十字花科植物和薯类植物的肥效不如等磷量的过磷酸钙。

2. 弱酸溶性磷肥的性质与施用

（1）钙镁磷肥。钙镁磷肥是用磷矿石与适量的含镁硅矿物如蛇纹石、白云石等在高温下熔融、经水淬冷却而制成玻璃状颗粒，再磨成细粉状而制成。其主要成分为 α-磷酸三钙、硅酸钙、硅酸镁等。含磷量（P_2O_5）$14\%\sim22\%$，含镁（MgO）$8\%\sim18\%$，含钙（CaO）$25\%\sim38\%$，含硅（SiO_2）为 $20\%\sim35\%$，同时还含有少量的氧化钾和锰、锌、铜等微量元素。钙镁磷肥不溶于水，但能溶于 2% 柠檬酸溶液中。

钙镁磷肥新产品外观灰白、浅绿、墨绿或灰褐色，微碱性（pH8.0～8.5），无毒、无臭、无腐蚀性，不易吸湿结块，长期贮存不易变质，是弱酸溶性磷肥生产和使用量较多的一个代表品种。

由于钙镁磷肥是弱酸溶性的碱性肥料，故应优先在酸性土壤上施用。

不同植物对钙镁磷肥中磷的吸收能力不同。水稻、小麦、玉米等作物的当季效果为过磷酸钙的 $70\%\sim80\%$，而油菜、豆科作物等对钙镁磷肥具有较强的利用能力，钙镁磷肥施用于此类作物其肥效与过磷酸钙相似或略高。

钙镁磷肥可以作为基肥、种肥和追肥施用，而以基肥深施的效果最好。基、追肥宜适当集中施用，追肥以早施为好。做种肥可施于播种沟或穴内。

钙镁磷肥与有机肥料混合或堆沤后施用，可以减少土壤对磷的固定作用。与水溶性磷肥、氮肥和钾肥等肥料配合施用，可提高肥效。

（2）钢渣磷肥。含磷量（P_2O_5）$14\%\sim18\%$，是炼钢工业的副产品。为灰黑色至深棕色粉末，强碱性，不吸湿、不结块。适用于酸性土壤，宜作为基肥施用，对水稻、豆科作物等需硅喜钙作物有较好的肥效。目前这种磷肥的生产和使用仍集中在欧洲。

（3）脱氟磷肥。由氟磷灰石在高温下通以水蒸气后加工制得，含磷量（P_2O_5）$14\%\sim18\%$，高的可达 30% 以上，含氟量很低（$0.1\%\sim0.3\%$），同时含有镁、铁等微量元素，不吸湿、无腐蚀性，运输贮藏都很方便，施用方法与钙镁磷肥相似，但在石灰性土壤上施用肥效较差。

3. 难溶性磷肥的性质与施用

（1）磷矿粉。磷矿粉由天然磷灰石直接磨成粉末制造而成，其外观色泽因磷矿不同而异，大都呈黄褐色、灰褐色等，性质稳定，可长期贮存。

磷矿粉宜作为基肥，不宜作为追肥和种肥；作为基肥以深施或撒施为好。生产上，最好把磷矿粉与酸性肥料或生理酸性肥料混合施用，这样可以提高磷矿粉的当季利用率。磷矿粉肥效较长，因此，连续施用几年后，可以停一段时间后再用。

（2）骨粉。由动物骨骼加工制成的有机磷肥，其主要成分是磷酸三钙。由于骨骼中含有较多的脂肪，不易分解、不易粉碎，需采用脱脂处理去除脂肪，以提高磷的有效性。

骨粉肥效缓慢，宜作为基肥施用，最好是与有机肥料堆积发酵后施用。如在水田施用，要注意骨粉如未经发酵，要先排干水后再施，否则骨粉漂浮水面，会影响肥效。

三、钾肥的合理施用

（一）土壤中的钾素

1. 土壤中钾素的存在形态　土壤中钾素的形态可分为水溶性钾、交换性钾、固定态钾和矿物态钾等 4 种形态。

（1）水溶性钾。指以离子形态存在于土壤中的钾，容易被植物所吸收利用。它的含量最少，变化也快，受到植物地上部吸收量、施肥、灌溉、降水、土壤水分状况等因素的影响。

（2）交换性钾。指吸附在胶体表面，可以用一定浓度的醋酸铵中的铵离子或硝酸钠中的钠离子交换下来的钾离子，交换性钾可以被植物吸收利用。

水溶性钾和交换性钾统称为土壤速效钾。

（3）固定态钾。固定态钾也称非交换性钾，指 2∶1 型次生黏土矿物如蒙脱石、伊利石等的晶片之间固定的钾，以及水云母系和一部分黑云母中的钾，一般可占土壤全钾的 2%～8%，虽然很难直接被植物吸收利用，但可以在一定条件下逐渐释放出来，以供植物吸收利用，故一般称之为缓效性钾。

（4）矿物态钾。指存在于矿物晶格中或深受晶格束缚的钾，占土壤全钾的 90%～98%。土壤中的白云母、正长石、微斜长石等矿物都含有钾，但这些矿物中的钾不能被植物吸收利用，称为无效钾。

在土壤钾的 4 种形态中，对当季植物有效的是速效钾，决定土壤钾素潜在供应水平的以缓效性钾为主。

2. 土壤中钾的转化　土壤中的钾存在固定、释放的循环过程，在整个变化过程中存在自由态向吸附态和固定态的转化，也存在着由固定态向自由态钾的转化（图 7-5）。

（1）土壤中钾的释放。即土壤中固定态钾变为交换性钾或水溶性钾的过程。

①矿物态钾的风化。含钾矿物的风化是在一定条件下发生缓慢的分解过程，像其他矿物一样经过风蚀、

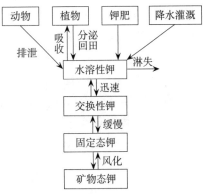

图 7-5　农田土壤钾素循环示意

（陆欣 . 2000. 土壤肥料学）

水蚀、人为干扰逐渐由大颗粒变为小颗粒，矿物质由高分子态转化为化合物或离子化合物。由于分子不同的矿物其晶格结构不同，风化作用不同，释放能力也不同，钾的释放过程主要是缓效钾转化为速效钾的过程。

②土壤交换性钾的释放。当土壤溶液中钾的浓度降到很低的水平时，被土壤胶体所吸附的钾可以释放出来，用以补偿土壤溶液中的钾；植物对土壤溶液中钾离子进行吸收时产生一定的动力能，这种动力能可以将被土壤胶体所吸附的钾释放出来为植物吸收。

③有机物在土壤中的腐解释放出钾离子。各种植物的秸秆和土壤施用的各种有机肥都含有一定量的钾，这些钾在有机体中以有机物固定钾形式存在，当这些有机物被微生物分解后可以转变成为可溶性的钾离子。

（2）土壤中钾的固定。即速效钾转化成缓效钾的过程，其主要是水溶性钾及交换性钾被黏土矿物的晶格电荷吸附，继而随晶层间缝隙的收缩而进入晶格网眼的过程。

（二）钾素化学肥料的性质与施用

1. 氯化钾 氯化钾含钾（K_2O）60%左右，呈红色、浅黄色或白色粒状结晶，易溶于水，贮存时易吸湿结块，属化学中性、生理酸性肥料，是目前世界上使用量最大的一种钾肥。

氯化钾可用于多种作物，特别适宜于棉花、麻类等纤维作物，可提高纤维品质。氯化钾可作为基肥、追肥，施用时可以沟施、撒施，也可兑水浇施，但不宜作为种肥，也不宜在盐碱土及对氯敏感的甘薯、马铃薯、甘蔗、甜菜、烟草等忌氯作物上使用。

2. 硫酸钾 硫酸钾是仅次于氯化钾的主要商品钾肥，含钾（K_2O）48%～52%，含硫（S）18%。呈白色、浅灰或淡黄色结晶，有辣味，易溶于水，不易结块，便于贮存、运输，施用时分散性好，属化学中性、生理酸性肥料。

硫酸钾适宜在各种植物和多种土壤上施用，由于其含有硫，特别适宜于在十字花科和葱蒜类作物，以及忌氯作物。硫酸钾可作基肥、追肥、种肥及根外追肥。

硫酸钾长期用于酸性土壤时应与有机肥、石灰等配合施用，以防止土壤酸化及板结。在通气不良的土壤中，要尽量少用硫酸钾，以免对植物根系产生毒害。

3. 碳酸钾 碳酸钾又称钾碱，含钾（K_2O）≥50%，纯品为白色粉末，吸湿性很强，易潮解，易吸收空气中的 CO_2，形成碳酸氢钾，易溶于水，水溶液呈碱性。碳酸钾是草木灰中钾素的主要存在形态。

碳酸钾一般宜作为基肥，不宜作为种肥，作为追肥时宜深施入土。

4. 草木灰 草木灰是我国农村广泛使用的一种农家肥料，即各种作物秸秆、杂草、枯枝落叶及木柴燃烧后的残灰，其主要成分除钾外，还含有磷、钙、镁和微量元素等，所含的钾一般以碳酸钾形态存在，水溶液呈碱性。

草木灰适宜在酸性土壤上作为基肥、追肥及盖种肥。农村有"种豆点灰"的谚语，说明草木灰对豆科作物有较高的肥效。作为基肥时可加湿土或水，以防被风吹散。作为追肥时，可撒于叶面，既能提供养分，又能减少病虫害发生。草木灰不能与氨态氮肥和腐熟的有机肥料混合施用，以免造成氨的挥发损失。

四、钙、镁、硫肥的合理施用

（一）土壤中的钙、镁、硫

1. 土壤中的钙 土壤中的含钙量主要取决于成土母质、风化作用、淋溶程度。我国南方的红壤和黄壤的含钙量低，北方的石灰性土壤含钙量较高。土壤中的钙有 4 种存在形态，即矿物态钙、有机物中的钙、土壤溶液中的钙、土壤代换性钙。土壤矿物态钙一般占土壤总钙量的 40％～90％，是钙主要的存在形式，但不能被作物直接吸收利用。土壤中的有机物和有机肥料中都含有一定数量的钙，但是只有在分解后才可以被植物吸收。土壤代换性钙含量一般在每千克几十到几百毫克之间，占土壤总钙量的 20％～30％，土壤溶液中钙含量很少，与代换性钙处于交换平衡，二者合称土壤有效钙，作为评价土壤钙素的供应水平的重要指标。

2. 土壤中的镁　我国土壤全镁的含量受气候条件和母质的影响差异较大，一般为 0.1％～0.4％，南部、东部地区全镁含量低于西部和北部。土壤中镁的形态与钙相似，除 4 种形态外，另有半交换性镁——能被稀酸提出的潜在镁，占全镁的 5％～25％，可看作有效镁的贮备和补充。土壤水溶性镁与代换性镁合称土壤有效镁，通常把有效镁低于 50mg/kg 或低于 40mg/kg 作为缺镁标准。我国土壤有效镁含量较低的地区主要分布在长江以南，如湖南、广西等。

3. 土壤中的硫　土壤中硫的总含量大致在 0.01％～0.50％（相当于 SO_2 0.02％～1.0％）范围，平均含硫为 0.085％（或 SO_2 0.17％），略高于地壳的平均含硫量 0.06％。影响土壤含硫量的主要因素是成土母质、成土条件、植被、土壤通气条件与雨水中含硫量等。除沿海酸性硫酸盐土、滨海盐土、沼泽地以及内陆的硫酸盐盐土的含硫量可达 0.5％～1.0％以外，其余土壤含硫量大都在 0.05％～1.00％附近。据刘崇群调查统计，我国土壤含硫量较低的西南和长江以南 10 省（自治区）平均含硫量 299.2mg/kg，其中有机硫占 89.2％，有效硫含量 34.3mg/kg，以海南、江西、广东和福建较低。

（二）钙、镁、硫素化学肥料的性质与施用

1. 钙肥的性质与施用

（1）钙肥的种类及性质。

①石灰。由破碎的石灰岩石、泥灰石和白云石等含碳酸钙岩石，经高温烧制形成生石灰，其主要成分是氧化钙。生石灰吸湿或与水反应形成熟石灰。

②石膏。石膏是含水硫酸钙的俗称。微溶于水，农业上直接施用的为熟石膏。

（2）钙肥施用。主要是石灰和石膏的合理施用。

酸性土壤施用石灰是改土培肥的重要措施之一。

①可以中和土壤酸度。

②提高土壤的 pH，土壤微生物活动得以加强，有利于增加土壤的有效养分。

③可以增加土壤溶液中钙的浓度，改善土壤物理性状。

石灰多作为基肥，也可以用作追肥。

石膏在改善土壤钙营养状况上可以称得上是石灰的姊妹肥。尤其在碱化土壤，施用石膏可调节土壤胶体的钙钠比，可较好地改善土壤的物理性能。

2. 镁肥的性质与施用

（1）镁肥的种类及性质。通常用作镁肥的是一些镁盐粗制品、含镁矿物、工业副产品或由肥料带入的副成分。常用的镁肥有硫酸镁、氯化镁、钙镁磷肥等。同时，有机肥料中也含有少量的镁。硫酸镁与氯化镁均为酸性、易溶于水，易被作物吸收，而钙镁磷肥为微碱性，难溶于水。

（2）镁肥施用。需镁多的作物如大豆、花生、糖用甜菜、马铃薯、果树等，这些植物往往会出现缺镁症状，须施用镁肥。镁肥既可作为基肥，也可作为追肥。施用时，应注意要适当浅施，要严格控制用量，同时要因土选用镁肥品种。不同镁肥品种对土壤酸碱性影响不同，接近中性或微碱性的土壤宜选用硫酸镁和氯化镁，而酸性土壤宜选用钙镁磷肥等肥料。镁肥可作为基肥或追肥。追肥时也可运用根外追肥的形式，但肥效不持久，往往需要连续喷施几次。

3. 硫肥的性质与施用

（1）硫肥的种类及性质。

①石膏。石膏也是一种重要的硫肥。农用石膏有生石膏、熟石膏和含磷石膏 3 种。

②其他含硫肥料。硫黄、硫酸铵、过磷酸钙、硫酸钾中均含有硫。其中硫黄为无机硫，难溶于水，需在微生物作用下逐步氧化为硫酸后，才能被作物吸收利用，硫酸铵微溶于水，其他硫酸盐肥料则为水溶性肥料。

（2）硫肥施用。在温带地区，可溶性硫酸盐类硫肥，在春季施用比秋季好，而在热带、亚热带地区则宜在夏季施用。硫肥主要作为基肥，常在播种前耕耙时施入，通过耕耙使之与土壤充分混合并达到一定深度，以促进其转化。在施用硫肥时，应注意土壤通气性，以免对作物根系产生毒害。

五、微量元素肥料的合理施用

（一）土壤中的微量元素

土壤中微量营养元素含量的多少，与母质、质地轻重、有机质含量、环境 pH 以及淋溶程度等有关。其中，以铁的含量最高，其全量可以百分数计，其余元素大多以毫克/千克计，其中钼的含量最低。

1. 土壤中微量元素的形态 土壤中的微量营养元素有 4 种形态：

（1）有机态。土壤中有机态微量元素存在于土壤有机质中，它必须在有机残体分解以后才能释放出来。有机质分解比矿物风化容易，所以有机态的微量元素养分的有效程度比较高。

（2）矿物态。它是指存在于矿物内的微量元素，不能和土粒上的阳离子进行交换。矿物中的微量元素，一般都很难溶解，只有在酸性条件下，多数微量元素才能逐步风化，转化为植物能够吸收的形态。

（3）吸附态。吸附在胶粒表面，可被交换的微量元素。其数量很少，占总量比例不足10%。

（4）水溶态。溶于土壤溶液中的微量元素。水溶态微量元素的浓度都很低，多以微克/千克计算。它们的存在都有一定的 pH 范围，超过此 pH 范围时，微量元素即形成沉淀，而不再属于速效性养分。土壤的氧化还原状况，对微量元素养分的有效性也有影响。

由此可见，土壤中微量元素含量的特点是虽然全量较多，但作物可以吸收利用的有效态微量元素却很少，因此应重视微肥的施用。

2. 影响土壤微量元素有效性的因素

（1）土壤酸碱性。酸性（pH＜6.5）条件下，由于铁、硼、锰、铜、锌的溶解度增加，因而它们的有效性也随之提高；而钼相反，其有效性会降低，所以酸性土上容易缺钼，而当土壤 pH 下降到 5.0 以下时，锰、铜、锌、硼的有效性也会下降。碱性（pH＞7.5）条件下，钼的有效性增加，提高 pH 能显著降低土壤中铁、硼、锰、铜、锌的有效性，所以石灰性土壤上容易缺乏这些微量营养元素。

（2）氧化还原状况。在相同 pH 条件下，还原态铁、锰、铜的溶解度一般均比氧化态的大，因而有效性较高。

（3）有机质。土壤有机质是一种天然螯合剂，它可以与金属微量元素螯合，如铁、锰、铜、锌等，使其有效性降低。但是一些简单的螯合物可以被作物吸收利用。

（二）微量元素肥料的性质与施用

1. 硼肥的性质与施用

（1）硼肥的种类及性质。主要包括硼砂、硼酸、硼镁肥和硼泥等肥料。硼砂含硼量为 11％，为白色结晶或粉末，溶于水；硼酸含硼量为 17％，为白色结晶呈粉末，溶于水；硼镁肥含硼量为 1.5％，为灰色粉末，主要成分溶于水；硼泥含硼量为 0.6％，是生产硼砂的工业废渣，呈碱性，部分溶于水。

（2）硼肥施用。我国主要在油菜、棉花、甜菜、豆科植物、果树等植物上施用硼肥，可作为基肥和叶面喷施等。

硼泥价格低，适宜作为基肥施用，也可与过磷酸钙或有机肥混合施用。用硼砂作为基肥时，应先与干细土混匀，进行条施或穴施，不能让硼肥直接接触种子或幼根。硼砂用量过大时，会降低种子出苗率，甚至产生死苗。

根外追肥主要用 0.1％～0.2％的硼砂或硼酸溶液，也可和波尔多液或 0.5％尿素配成混合液进行喷施。硼以多次喷施为好，一般可喷 2～3 次。不同植物喷施时期不同。棉花以苗期、初蕾期、初花期为好；油菜以幼苗后期、抽薹期、初花期为好；果树以蕾期、花期、幼果期喷施为宜。

2. 锌肥的性质与施用

（1）锌肥的种类及性质。主要包括硫酸锌、氧化锌、氯化锌和碳酸锌等肥种。硫酸锌含锌量为 23％，白色或淡橘红色结晶，易溶于水；氧化锌含锌量为 78％，白色粉末，不溶于水，溶于酸和碱；氯化锌含锌量为 48％，白色结晶，溶于水；碳酸锌含锌量为 52％，难溶于水。

（2）锌肥施用。锌肥用量较少，在土壤中移动性较差。水溶性锌肥常用作基肥、追肥、浸种、拌种和叶面喷施等。

旱地作为基肥一般用前与细土混合后撒于地表，然后耕翻入土。用于水田可作耕面肥，将锌肥与细土均匀拌混后撒于田面，也可与尿素掺和在一起，随掺随用。用作追肥，水稻一般在分蘖前期，玉米在苗期或拔节期施用，也可拌干细土后撒于田面，玉米可以条施或撒施。如用硫酸锌浸种，可配成 0.02％～0.10％浓度的溶液，将种子倒入溶液中，溶液以淹没种子为度。浓度过高，会影响种子发芽。拌种时可掌握每千克种子用硫酸锌 2～6g，先以少量水溶解，喷于种子上，边喷边搅拌，用水量以能拌匀种子为度，种子晾干后即可播种。锌肥也常用作叶面喷施。水稻以苗期喷施为好，硫酸锌的喷施浓度为 0.1％～0.3％，要连续喷 2～3 次；玉米用 0.2％硫酸锌溶液在苗期至拔节期连续喷施 2 次；果树叶面喷施硫酸锌溶液，以在新芽萌发前比较安全，喷施浓度一般为落叶果树 1％～3％，常绿果树 0.5％～0.6％。

3. 钼肥的性质与施用

（1）钼肥的种类及性质。主要包括钼酸铵、钼酸钠、氧化钼和钼矿渣等肥种。钼酸铵含钼量为 49%，青白色结晶或粉末，溶于水；钼酸钠含钼量为 39%，青白色结晶或粉末，溶于水；氧化钼含钼量为 66%，难溶于水；钼矿渣含钼量为 10%，是生产钼酸盐的工业废渣，难溶于水，其中含有效态钼 1%～3%。

（2）钼肥施用。钼肥主要作为基肥、拌种和叶面喷施等。

钼矿渣因价格低廉，常用作基肥。一般用干细土拌匀后施用，或撒施耕翻入土，或开沟条施或穴施。水溶性钼肥常用作种子处理和根外追肥。用钼酸铵拌种，一般每千克种子用钼酸铵 2g，先用少量水溶解，对水配成 2%～3% 的溶液，用喷雾器喷在种子上，边喷边搅拌，拌好后，种子晾干即可播种。如采用叶面喷施，则先要用少量温水溶解钼酸铵，再用凉水兑至所需浓度，一般使用 0.05%～0.10% 的浓度。根外追肥可在苗期和初花期进行。

4. 锰肥的性质与施用

（1）锰肥的种类及性质。主要包括硫酸锰、氯化锰、氧化锰和碳酸锰等肥种。硫酸锰含锰量为 26%～28%，粉红色结晶，易溶于水；氯化锰含锰量为 19%，粉红色结晶，易溶于水；氧化锰含锰量为 41%～68%，难溶于水；碳酸锰含锰量为 31%，白色粉末，较难溶于水。

（2）锰肥施用。主要用于基肥、浸种、拌种和叶面喷施。

难溶性锰肥如工业矿渣等宜作为基肥，基肥一般撒施于土表，而后耕翻入土，也可条施或穴施，但要与种子保持 3～5cm 的距离，以免影响种子发芽。硫酸锰则可与有机肥结合施用，以减少土壤对锰的固定。土壤施锰效果较差，一般以拌种、浸种和根外追肥等施用方法较为经济有效。浸种一般用 0.1%～0.2% 的硫酸锰溶液浸种 8h，捞出晾干后播种。拌种一般每千克种子需用钼酸锰 4～8g，拌前先用少量温水溶解，然后均匀喷洒在种子上，边喷边翻动种子，均匀晾干后播种。叶面喷施一般在花期和结实期进行，配成 0.1%～0.2% 的硫酸锰溶液喷施。

5. 铜肥的性质与施用

（1）铜肥的种类及性质。主要包括五水硫酸铜、一水硫酸铜、氧化铜、氧化亚铜、硫化铜等肥种。五水硫酸铜含铜量为 25%，蓝色结晶，溶于水；一水硫酸铜含铜量为 35%，蓝色结晶，溶于水；氧化铜含铜量为 75%，黑色粉末，难溶于水；氧化亚铜含铜量为 89%，暗红色晶状粉末，难溶于水；硫化铜含铜量为 80%，难溶于水。

（2）铜肥施用。铜肥主要用于基肥、拌种和叶面喷施。

含铜矿渣多用作基肥，一般在冬耕或早春耕地时施入。硫酸铜拌种时每千克种子需用硫酸铜 1g，先用少量水溶解，然后均匀喷洒在种子上，边喷边翻动种子，均匀晾干后播种。叶面喷施的硫酸铜浓度一般为 0.02%～0.10%。

6. 铁肥的性质与施用

（1）铁肥的种类及性质。主要包括硫酸亚铁、硫酸亚铁铵等肥种。硫酸亚铁含铁量为 19%，淡绿色结晶，易溶于水；硫酸亚铁铵含铁量为 14%，淡蓝绿色结晶，易溶于水。

（2）铁肥施用。铁肥主要用于基肥和叶面喷施。

硫酸亚铁常用作基肥。硫酸亚铁施到土壤后，有一部分会很快氧化成不溶性的高价铁而失效。因此，硫酸亚铁最好与有机肥混合后施用，这样可防止亚铁被土壤固定。叶面喷施可避免土壤对铁的固定，但硫酸亚铁在植物体内移动性差，喷到的部位叶色转绿，而喷不到的部位叶片不变色。因此，在果树上，可采用注射器快速向树枝内注射 0.3%～1.0% 的硫酸亚铁溶液，或在树干上钻一个小孔，每棵树用 1～2g 硫酸亚铁塞入孔中，这两种方法均有较好的效果。另外，果树在叶芽萌发后，可用 $0.3\% \sim 0.4\%$ 的硫酸亚铁溶液，进行叶面喷施，每周喷一次，共喷 $2\sim3$ 次。

7. 氯肥的性质与施用

（1）氯肥的种类及性质。主要包括氯化铵、氯化钙、氯化镁、氯化钾、氯化钠等肥种。氯化铵含氯量为 66%，白色结晶，溶于水；氯化钙含氯量为 65%，白色，溶于水；氯化镁含氯量为 74%，溶于水；氯化钾含氯量为 47%，白色、淡黄色，溶于水；氯化钠含氯量为 60%，白色、溶于水。

（2）氯肥施用。氯作为一种肥料，可以对一些喜盐植物，如菠萝、油棕、甜菜、甘蓝、菠菜等产生良好作用。但在一般情况下，土壤、灌溉水和空气中都含有足够量的氯化物，能满足植物生育需要，没有必要施氯。而且，对于茶树、甘薯、烟草、马铃薯等对氯敏感的植物，应慎用含氯化肥。同时，氯化铵、氯化钾等不宜作为种肥和秧田基肥，尤其不能和种子接触，更不能拌种，以免影响种子发芽。因此，含氯化肥应作为基肥深施或条施在植物行间。

六、复混肥料的合理施用

（一）常用复混肥料的种类和特点

复混肥料是指同时含有 2 种或 2 种以上氮、磷、钾主要营养元素的化学肥料。肥料中仅含氮、磷、钾其中 2 种元素的称为二元复混肥料，同时含有氮、磷、钾 3 种元素的称三元复混肥料。

1. 常用复混肥料的种类　一般根据生产工艺可分为以下 3 种类型。

（1）化合复混肥。在生产工艺流程中发生显著的化学反应而制成的复混肥料，也称化成复混肥，一般属二元型复肥，无副成分。如磷酸铵、硝酸磷肥、硝酸钾和磷酸钾等。

（2）混合复混肥。通过几种单元肥料，或单元肥料与化合复混肥简单的机械混合，或经过二次加工造粒而制成的复混肥料。也称配成复混肥。在混合过程中，可通过加热和添加酸、含氮溶液或水蒸气提供少量液相，在滚动的条件下进行造粒，常含有副成分。如尿素磷酸钾、硫磷铵钾、氯磷铵钾、硝磷铵钾等。

（3）掺和复混肥。将颗粒大小比较一致的单元肥料或化合复混肥作为基础肥料，直接由肥料销售系统按当地土壤和农作物要求确定的配方，经称量配料和简单机械混合而成，常含副成分，一般随掺和随用，不长期存放。如由磷酸铵与硫酸钾及尿素固体散装掺混的三元复肥等。

复混肥的剂型可以是固体的，也可以是流体的。其有效成分，一般用 $N\text{-}P_2O_5\text{-}K_2O$ 的含量百分数来表示。如含 $N12\%$、$P_2O_5 52\%$ 的磷酸一铵，其有效成分可顺序表示为 12-52-0；含 $N13\%$、$K_2O 44\%$ 的硝酸钾肥，可用 13-0-44 表示。复混肥料中氮、磷、钾营养元素含量百分数的总和，称为复混肥料的总养分含量。总养分含量 $\geq 40\%$ 的复混肥料，称为高浓度复混肥料；$\geq 30\%$ 的复混肥料，称为中浓度复混肥料；三元肥料 $\geq 25\%$、二元肥料 $\geq 20\%$，称为低浓度复混肥料。

2. 复混肥料的特点

（1）复混肥料的优点。与单元肥料相比，主要表现在：

①养分种类多，含量高。复混肥料是具有多种营养成分的化肥品种，养分均衡，同时供应植物两种以上的主要养分，这样就可以减少养分比例失调、肥料增产效益低等问题，实现科学施肥。

②可以大量节省包装、贮存、运输及施用等费用。复混肥料有效养分含量高，因而肥料包装、贮存、运输成本低。而且复混肥料多为颗粒肥料，物理性状好，吸湿性小，不易结块，施用方便，便于机械化施肥，可减少施肥方面的用工，节约生产成本。

③肥料副成分少，在土壤中不残留有害成分，对土壤性质不会产生不良影响。

（2）复混肥料的缺点。

①养分比例固定，不能完全满足各种土壤、植物对养分比例的不同需要。

②难于满足施肥技术的要求。复混肥料中的各种养分只能采用同一施肥时期、同一施肥方式和施肥深度，难以充分发挥每种营养元素的最佳施肥效果。

（二）常用复混肥料的性质与施用

1. 二元复混肥料

（1）磷酸铵。磷酸铵是一类磷酸与氨反应生成的高浓度化成复混肥料，使用最广泛的是磷酸一铵和磷酸二铵。

磷酸一铵（12-52-0 或 10-50-0），性质比较稳定，呈酸性反应，pH 为 4.4，氮磷比为1∶4 或 1∶5。适合作为生产其他复混肥料的原料。磷酸二铵（18-46-0 或 16-48-0），稳定性稍差，呈碱性反应，pH 为 8.0，在高温、高湿条件下促进氨的挥发。其氮磷比约为1∶2.5。适用于各种土壤和作物，特别适于需磷较多的作物和缺磷土壤。

磷酸铵类新产品都是白色结晶状物质，通常为颗粒状，物理性好，一般不吸湿、不结块，便于贮运和施用。磷酸铵是水溶性肥料，易溶于水，属化学中性肥料。

磷酸铵适于各种土壤和作物施用，对水稻、玉米、小麦、大豆、花生等作物有明显的增产效果，可作为种肥、基肥和追肥，但最好不作为追肥，以使所含磷素能在作物生长的早期发挥作用。如作为种肥不宜与种子直接接触，以免对种子发芽产生不良影响。要注意磷酸铵不宜与草木灰、石灰等碱性肥料混合，以免引起氨的挥发和磷素有效性的降低。

（2）硝酸磷肥。硝酸磷肥（20-20-0 或 26-13-0）是用硝酸或硝酸硫酸（或硝酸磷酸）混合酸分解磷矿粉制得的氮磷复混肥料。其主要组成成分是磷酸二钙、磷酸铵和硫酸铵等。一般为灰白色颗粒，有一定的吸湿性，应注意防潮。水溶液呈酸性反应，含氮成分可溶于水。

硝酸磷肥可用于多种作物和土壤，由于其大部分的氮素为硝态氮，易随水流失，故宜在旱地上施用。一般不用于水田和豆科作物。硝酸磷肥宜作为基肥和种肥，也可用作追肥。做基肥时集中深施的效果更好，作为种肥不能和种子直接接触，以免烧种。适用于油菜、小麦、玉米、马铃薯、甘蓝、番茄等植物。

（3）磷酸二氢钾。磷酸二氢钾（0-52.2-34.5）是由磷酸和硫酸钾（或氯化钾）反应制成，是一种高浓度磷钾复合肥，为白色或灰白色细结晶，吸湿性弱，物理性质良好，易溶于水，呈酸性反应，pH 为 3～4。磷酸二氢钾的肥效较高，其所含的磷全为水溶性磷，与过磷酸钙等效；所含的钾为水溶性钾，与单元素钾肥等效。

磷酸二氢钾可对任何作物和土壤施用，尤其适用于磷、钾养分同时缺乏的地区和喜磷喜钾作物。主要用作浸种或根外追肥，适宜的浸种浓度为 0.2%，浸 18～20h，晾干后即可播种；适宜的根外追肥浓度为 0.1%～0.3%，最高可达到 0.5%。一般禾谷类作物拔节到抽穗期，大豆在盛花至结荚期，棉花在盛花前后喷施为好，应连续喷施 2 次。

（4）硝酸钾。硝酸钾（13.5-0-45.5）为高浓度的不含氯的氮钾复合肥，氮钾比为1∶3.4。可通过硝酸钠与氯化钾反应制得，为白色结晶，物理性状良好，易溶于水，吸湿性较小，一般不易结块，具有强氧化性质，属易燃、易爆品，因此，贮运时应特别注意，贮藏时切忌与有机物一起存放。

硝酸钾是一种生理酸性肥料，特别适用于烟草、葡萄、马铃薯、番茄等忌氯喜钾作物。硝酸钾除可单独施用外，也可与硫酸铵等氮肥混合或配合施用。在温室等设施栽培时，由于其在土壤中不会残留和积累 Cl^-、Na^+、SO_4^{2-} 等有害盐类，故不会改变土壤的性质。

硝酸钾施入土壤后较易移动，适宜作为追肥特别是根外追肥，也可用作浸种。适宜的浸种浓度为 0.2%，适宜的根外追肥浓度为 $0.6\%\sim1.0\%$。

（5）聚磷酸铵。聚磷酸铵也称多磷酸铵。聚磷酸铵〔（11～13）-（60～64）-0〕由多磷酸和氨中和反应制成。常见的是二聚磷酸铵、三聚磷酸铵和四聚磷酸铵。

聚磷酸铵的养分有效性高，易溶于水，适合各种土壤和作物，尤其适用于喜磷植物和缺磷土壤。植物能直接吸收和利用聚磷酸铵，且聚磷酸铵可作为许多微量元素的载体，但由于其浓度高，容易溶解，因此不宜作为种肥。

（6）偏磷酸铵。偏磷酸铵系把元素磷氧化为五氧化二磷，然后，在高温和水蒸气存在下，五氧化二磷、水蒸气和氨气相互作用，生成偏磷酸铵，为高浓度的氮磷复混肥料，白色粉末，纯品偏磷酸铵（14.4-73-0）稍有吸湿性，不结块，偏磷酸铵中的磷约 70% 为水溶性磷，肥效比较持久。

偏磷酸铵产品可以固体形式直接做肥料施用，也可制成液体肥料，宜作为基肥施用。

2. 三元复混肥料

（1）尿磷钾肥。尿磷钾肥是由尿素、磷酸一铵和氯化钾按不同比例掺混造粒而成的三元混合复混肥料，为颗粒状肥料。该体系的肥料品种有 19-19-19、27-13.5-13.5、23-13.5-23 等，适于做基肥，因含有氯离子，注意盐碱土和忌氯作物不宜施用。

（2）铵磷钾肥。铵磷钾肥是用硫酸钾、磷酸铵按不同比例混合而成的三元复混肥料，也可用磷酸铵加钾盐制成，物理性状良好。一般有 12-14-12、10-20-15、10-30-10 等几种比例。由于铵磷钾肥中磷的比例较大，故可以适当配合单元氮、钾肥，以更好地发挥肥效。适于做基肥，主要在棉花、烟草和甘蔗等作物上施用。

七、其他化学肥料的合理施用

（一）二氧化碳气肥的施用

二氧化碳是植物光合作用的重要原料，它对植物生长发育起着与水肥同等的作用。美国科学家在新泽西州的一家农场里，利用二氧化碳对不同植物的不同生长期进行了大量的试验研究，他们发现二氧化碳在植物的生长旺盛期和成熟期使用，效果最显著。在这两个时期中，如果每周喷射 2 次二氧化碳气体，喷上 4～5 次后，蔬菜可增产 90%，水稻增产 70%，大豆增产 60%，高粱甚至可以增产 200%。

（二）缓（控）释肥料

1. 概念　缓（控）释肥料是指采用物理、化学和生物化学方法制造的能使肥料中养分（主要是氮、钾）释放速率缓慢，释放期较长，在作物的整个生长期都可以满足植物生长所需的肥料。

2. 分类　目前，肥料市场上所出现的缓（控）肥料主要有以下 3 种类型。

（1）有机合成微溶型缓释氮肥。包括醛缩尿素、草酰胺、异丁叉二脲等有机态氮肥，人为对养分释放调控的可能性小，其商品售价很高，市场发展速度较慢。

（2）包膜（包裹）类缓（控）释肥料。通过包膜、包裹、包囊、涂层等物理方法，达到长效的目的，如包膜尿素、涂层肥料。

（3）胶结型有机-无机缓释肥料。这种肥料用各种具有减缓养分释放速率的有机、无机胶结剂，通过不同的化学键力与速效化肥结合的一类肥料。

3. 施用

（1）有机合成缓（控）释肥的施用。一般做基肥一次性施入，对于生育期短的植物，配合适量的化学肥料。目前主要用于花卉、草坪、苗木等。

（2）包膜（包裹）类缓（控）释肥料。可做基肥一次性施入，前期配施适量化学肥料。适用于各种植物，肥效优于水溶性氮肥。

（三）水溶性肥料

水溶性肥料是指用水溶解或稀释，用于灌溉施肥、叶面施肥、无土栽培、浸种蘸根、滴喷灌等用途的液体或固体肥料。该种肥料不但配方多样，而且施用方法十分灵活，一般有三个方面的应用。

1. 滴灌、喷灌和无土栽培　在一些沙漠地区或者极度缺水的地方、规模化种植的大农场，以及高品质、高附加值经济作物种植园，往往需用滴灌、喷灌和无土栽培技术来节约灌溉水并提高劳动生产效率，肥料随之施入。

2. 土壤浇灌　浇水的时候，将水溶肥先行混合溶解在灌溉水中，这样在浇水灌溉的同时可以让植物根部全面地接触到肥料，吸收各种营养元素，通过根把化学营养元素运输到植株的各个组织中。

3. 叶面施肥　把水溶性肥料先行稀释溶解于水中进行叶面喷施，或者与非碱性农药一起溶于水中进行叶面喷施，通过叶面气孔进入植株内部。对于一些幼嫩的植物或者根系不太好的作物出现缺素症状时是一个最佳纠正缺素症的选择。

（四）稀土肥料

稀土肥料是指含有稀土元素的肥料，合理施用稀土肥料可促进作物生根、发芽和增加叶绿素，提高产量，同时对大部分农产品有改善品质的作用。稀土肥料的施用方法如下：

（1）浸种。用稀土肥料浸种，其水溶液浓度因作物而异，如玉米、小麦用 0.08％的浓度浸种 4～6h；辣椒用 0.01％～0.10％浓度浸种 4h，捞出晾干即可播种。

（2）拌种。拌种一般每千克种子用稀土肥料 2g，加少量水溶解后，喷洒于种子上，边喷边拌，力求拌匀，随拌随用。

（3）叶面喷施。不同作物适宜的喷施时期和浓度不同，如小麦、水稻在苗期，稀土肥料浓度为 0.03％；玉米在拔节到抽雄期喷 2 次，稀土肥料浓度为 0.03％；大豆在花期，稀土肥料浓度为 0.03％；烟草栽后 40d 喷 2 次，稀土肥料浓度为 0.04％；番茄、西瓜在初花和幼果期喷 2 次，其浓度为 0.04％～0.05％。

项目三　有机肥料的合理施用

一、有机肥料的作用

有机肥料种类很多，有人粪尿、畜禽粪、厩肥、堆肥、沤肥、饼肥等。各种有机肥的成分、性质、肥效各不相同，但在农业生产过程中都能发挥如下作用。

1. 供给植物养分和活性物质，提高光合作用强度　有机肥料在土壤中不断矿化的过程中，能持续较长时间供给植物必需的多种营养元素，同时还可供给多种活性物质，如氨基酸、核糖核酸、胡敏酸和各种酶等。尤其在家畜、家禽粪中酶活性特别高，是土壤酶活性的几十倍到几百倍，既能营养植物，又能刺激植物生长，还能增强土壤微生物活动，提高土壤养分的有效性。在有机肥料分解过程中，产生大量二氧化碳供植物进行碳的同化。

2. 提高土壤肥力　有机肥料转化为土壤有机质的量约占土壤有机质年形成量的 2/3，施用有机肥料能不断更新土壤有机质、提高土壤有机质含量，对提高土壤肥力非常重要。

3. 改善土壤理化性质　有机肥料进入土壤后，经微生物分解，合成新的腐殖质，它能与土壤中的黏土及钙离子结合，形成有机-无机复合体，促进土壤中水稳性团粒结构的形成，从而可以协调土壤中水、肥、气、热的矛盾。降低土壤容重，改善土壤的黏结性和黏着性，使耕性变好。此外，施用有机肥可以提高土壤的保肥能力。

4. 提高农产品品质　单一施用化肥或养分配比不当，均会降低产品质量。实践证明，有机肥料与化学肥料配合施用能显著提高农产品品质，如提高小麦和玉米籽粒中蛋白质含量。

5. 减轻环境污染　有机废弃物中含有大量病菌虫卵，若不及时处理会传播病菌，使地下水中氨态、硝态和可溶性有机态氮浓度增高，以及地表与地下水富营养化，造成环境质量恶化，甚至危及到生物的生存。因此，合理利用这些有机肥料，既可减轻环境污染，又可减少化肥投入。有机肥料还能吸附和螯合有毒的金属阳离子如铜、铅阳离子，增加砷的固定。

二、有机肥料的合理施用

（一）粪尿肥与厩肥的积制与施用

1. 人粪尿的积制与施用

（1）人粪尿的组成和性质。

①人粪。人粪是食物不消化的部分，混有各种消化液、半消化液和少量腐败生成物，70%～80%是水分，20%左右是有机物质和少量无机物质。主要成分是纤维素、半纤维素、脂肪和脂肪酸、蛋白质、肽、氨基酸、胆汁和各种无机化合物，同时还含有大量已死的和活着的微生物。具有臭味物质如吲哚、丁酸、硫化氢等，一般呈中性反应。

②人尿。含水量 95%，其余为可溶性氮化物和无机盐类。如尿素 1%～2%、NaCl 1% 左右，还有氨基酸等，不含任何微生物，人尿属酸性反应。

（2）人粪尿的积制。即人粪尿的合理贮存，其主要原则是减少养分渗漏、挥发和消灭病菌传播。

保存养分的主要方法有：

①粪坑、粪池的四周及底部防尿液渗漏。

②上部遮阴加盖，防日晒雨淋，在此基础上，还须加保氮物质。物理性保氮物质如泥炭、干土、秸秆、落叶等；化学性保氮物质如过磷酸钙、石膏、硫酸亚铁等。

③粪、尿分存。

消灭病菌的主要方法有化粪池灭菌，使用杀虫药物如石灰氮、敌百虫、氨水等。

（3）人粪尿的施用方法。人粪尿可用于基肥、追肥及人尿浸种等。其适用于一般植物，特别是叶菜类植物如白菜、甘蓝等以及禾谷类植物如水稻、小麦、玉米，纤维作物如麻类等，忌氯植物不宜过多施用。

2. 畜禽粪尿与厩肥的积制与施用

（1）畜禽粪尿的成分和性质。畜禽粪尿肥是指猪、牛、羊、马、家禽等的排泄物，含有丰富的有机质和各种营养元素。家禽粪的主要有纤维素、半纤维素、木质素、蛋白质、氨基酸、有机酸和各种无机盐类。尿的成分比较简单，都是水溶性物质，主要有尿素、尿酸、马尿酸以及无机盐类。各种畜禽粪具有不同特点，施用时应注意，以充分发挥肥效。

①猪粪。由于饲料的多样化，猪粪中养分含量常不一致，氮素含量比牛粪高1倍，磷、钾含量也高于牛粪和马粪，只是钙、镁含量低于其他粪肥。其肥效快且柔和，后劲足，俗称温性肥料。猪粪适用于各种土壤和植物，可作为基肥和追肥。

②牛粪。牛是反刍动物，饲料经胃中反复消化，粪质细密，含水量较高，通气性差，分解腐熟缓慢，发酵温度低，故称为冷性肥料。牛粪对改良有机质少的轻质土壤具有良好的效果。

③马粪。粪中纤维素含量高，疏松多孔，水分易于蒸发，含水量低，同时粪中高温纤维细菌很多，能促进纤维素分解腐熟，分解快，堆积时发热量大，所以称马粪为热性肥料，可做温床发热材料，马粪对改良质地黏重的土壤有显著效果。

④羊粪。羊也是反刍动物，羊饮水少，肥质细密干燥，肥分浓厚，羊粪也是热性肥料。羊粪对各种土壤均可施用。

⑤禽粪。鸡、鸭、鹅等家禽的排泄物和鸟粪的统称。有机质含量高，含水量低。禽粪中氮素以尿酸为主，分解过程也易产生高温，属热性肥料，可做基肥和追肥。

（2）畜禽粪尿的积制。

①垫圈法。畜舍内垫上大量的秸秆、杂草、泥炭、干细土等，既可吸收尿液，保存养分，又使畜栏减少臭气，保持干燥、清洁的环境，有利于家畜的健康。

南方多用草、秸秆，北方多用土，东北一些地区用泥炭。牛、马圈天天垫，天天起，羊圈天天垫，数天起。起出的牛圈粪和马圈粪可混合起来，掺些人粪尿加1%～2%过磷酸钙和少量泥土，进行圈外混合堆积，可造出大量优质粪肥。垫圈积肥的优点是养分损失少，缺点是对牲畜卫生条件不如冲圈。

②冲圈法。适宜于较大牧场饲养畜群或大型机械化养猪场的积肥方法。畜舍内每天用水把粪便冲到舍外的粪池里，在厌氧条件下沤成水粪，这样畜舍比较清洁卫生，也可沼气发酵。

（3）家禽粪尿的施用。家畜尿比家畜粪容易分解，如粪尿分别贮存，尿宜做追肥，而粪宜做基肥。但猪粪尿混合贮存，因碳氮比较小，分解较快，可做追肥也可做基肥。羊粪、马粪属热性肥料，易引起烧苗，宜先腐熟或制成厩肥后施用。家禽粪尿施用后，供给并保存了养分，可提高土壤肥力，改造土壤构造，改善土壤热量状况。

（4）厩肥及其施用。由猪、马、牛、羊等大家畜粪尿和各种垫圈材料混合堆制的肥料，统称厩肥。新鲜厩肥需经过一段时间堆积腐熟才能使用，适合各种土壤和植物，积制过程以保氮为中心。

①要定时垫圈，及时起圈，材料选择细土或碎柴草，用土垫圈时，粪土比例1：（3～4）。

②已腐熟好的厩肥备用时，应压紧堆放，并用泥封好。

③忌用草木灰等碱性材料垫圈，防止氮素挥发。

厩肥的腐熟采取早春选择背风向阳地点堆积腐熟，做到早倒粪、早送粪，为抢墒播种创造条件，避免生粪下地。腐熟后的厩肥可做种肥、追肥以及基肥，在沙质土壤上应选用腐熟程度较差的厩肥，每次不宜量多，要深施；在黏重土壤上应选用腐熟程度较好的厩肥，每次用量可多些，但要浅施。

（二）堆肥的积制与施用

堆肥是我国农村中广泛应用的一种有机肥料，它是利用秸秆、落叶、野草、水草、绿肥、草炭、垃圾、河泥及人、畜粪尿等各种有机废弃物堆制而成的，分为普通堆肥和高温堆肥两种。

1. 堆肥的成分及性质　堆肥中一般含有 15％～25％的有机质，新鲜的堆肥大致水含量为 60％～65％，含氮素 0.4％～0.5％、磷 0.18％～0.26％、钾 0.45％～0.67％，碳氮比（16～20）：1。高温堆肥的养分含量、有机质含量都比普通堆肥高。腐熟的堆肥颜色为黑褐色，汁液棕色或无色，有臭味。

2. 堆肥积制的方法

（1）普通堆肥。普通堆肥是在厌氧条件下腐熟而成，堆肥的温度不超过 50℃，腐熟时间较长，需 3～5 个月。堆积方法随季节等条件而不同，有平地式、半坑式及深坑式 3 种。

①平地式。适用于气温高、雨量多、湿度大、地下水位高的地区或夏季积肥。堆前选择地势较干燥而平坦、靠近水源、运输方便的地点堆积。堆宽 2.0m，堆高 1.5～2.0m，堆长以材料数量而定。堆置前先夯实地面，再铺上一层细草或草炭以吸收渗下的汁液。每层厚 15～24cm，每层间适量加水、石灰、污泥、人粪尿等，堆顶盖一层细土或河泥，以减少水分的蒸发和氨的挥发损失。堆置 1 个月左右，翻捣一次，再根据堆肥的干湿程度适量加水，再堆置 1 个月左右、再翻捣，直到腐熟为止。堆肥腐熟的快慢随季节而变化，夏季高温多湿，堆肥一次需 2 个月左右，冬季需 3～4 个月可以腐熟。

②半坑式。北方早春和冬季常用半坑式堆肥。首先选择向阳背风的高坦处建坑。坑深 1m 左右，坑底宽近 2m，长 3～4m，坑底坑壁有井字形通气沟，沟深 20cm 左右，通气沟交叉处立有通气塔。堆肥高出地面 1m，加入风干秸秆 500kg，堆顶用泥土封严。堆后 1 周温度上升，高温期后，堆内温度下降 5～7d，可以翻捣，使堆内上下里外均匀，再堆置直到腐熟为止。

③深坑式。坑深 2m，全部在地下堆制，堆制方法与半坑式相似。

（2）高温堆肥。高温堆肥是有机肥料、特别是人粪尿无害化处理的一个主要方法。秸秆、粪尿经过高温处理后，可以消灭病菌、虫卵、草籽等有害物质的影响。为了加快秸秆的分解，高温堆肥都必须接种高温纤维素分解菌，设立通气装置，寒冷地区还应有防寒措施。高温堆肥堆置的方式有平地式和半坑式两种。堆置的方法与普通堆肥相同，但必须加入好热性高温纤维素分解菌，以促进秸秆的分解。

高温堆肥一般经过发热、高温、降温、腐熟等几个阶段。高温阶段可以杀虫灭菌。

3. 堆肥的施用　堆肥是一种含有机质和各种营养物质的完全肥料，长期施用堆肥可以起到培肥改土的作用。堆肥属于热性肥料，腐熟的堆肥可以做追肥，半腐熟的堆肥可以做基肥施用。蔬菜作物由于生长期短、需肥快，应施用腐熟堆肥。在丰产田里，农作物需氮素较多，堆肥中氮素往往供应不足，因此必须追施氮肥以补不足。在不同土壤上施用堆肥的方法也不相同，黏重土壤应施用腐熟的堆肥，沙质土壤则施用中等腐熟的堆肥（或半腐熟的堆肥）。

（三）沼气发酵肥料的合理施用

1. 沼气发酵肥料的成分 沼气发酵产物除沼气可作为能源使用、粮食贮藏、沼气孵化和柑橘保鲜外，沼气池液（占总残留物 13.2%）和池渣（占总残留物 86.8%）还可以进行综合利用。沼气池液含速效氮 0.03%～0.08%、速效磷 0.02%～0.07%、速效钾 0.05%～1.40%，同时还含有 Ca、Mg、S、Si、Fe、Zn、Cu、Mo 等各种矿质元素，以及各种氨基酸、维生素、酶和生长素等活性物质。沼气池渣含全氮 5.0～12.2g/kg（其中速效氮占全氮的 82%～85%），速效磷 50～300mg/kg、速效钾 170～320mg/kg，以及大量的有机质。

2. 沼气发酵肥料的施用 沼气池液是优质的速效性肥料，可做追肥施用。一般土壤追肥施用量为 30t/hm²，并且要深施覆土，可减少铵态氮的损失和增加肥效。沼气池液还可以做叶面追肥，尤以柑橘、梨、食用菌、烟草、西瓜、葡萄等经济作物最佳，将沼气池液和水按 1:（1～2）稀释，7～10d 喷施一次，可收到很好的效果。除了单独施用外，沼气池液还可以用来浸种，可以和沼气池渣混合做基肥和追肥施用。做基肥施用量为 30～45t/hm²，做追肥施用量 15～20t/hm²。沼气池渣也可以单独做基肥或追肥施用。

（四）秸秆直接还田技术

秸秆直接还田是指作物秸秆不经腐熟直接施入农田作为肥料。秸秆直接还田的作为用是增加土壤有机质和养分，改善土壤物理性质，减轻杂草危害，降低生产成本，增加经济效益。其还田方法主要有留高茬、墒沟埋草、农田铺草、整草还田、直接掩青等。秸秆直接还田的主要技术：

1. 还田时期和方法 秸秆还田前应切碎后翻入土中，与土混合均匀。旱地争取边收边耕埋。水田宜在插秧前 7～15d 施用。林、桑、果园则可利用冬闲季节在株行间铺草或翻埋入土。

2. 还田数量 一般秸秆可全部还田。薄地用量不宜过多，肥地可适当增加用量。一般 4.5～6.0t/hm² 为宜。

3. 配施氮、磷化肥 由于作物秸秆碳氮比大，易发生微生物与植物争夺氮素现象，应配合施用适量氮、磷化肥。北方玉米秸秆还田应施 225kg/hm² 碳铵；南方稻田应施 150～225kg/hm² 碳铵，并配施 375kg/hm² 过磷酸钙。

（五）绿肥的合理施用

1. 绿肥的主要种类 绿肥是指栽培或野生的植物，利用其植物体的全部或部分作为肥料，称之为绿肥。绿肥的种类繁多，一般按照来源可分为栽培型（绿肥作物）和野生型；按照种植季节可分为冬季绿肥（如紫云英、毛叶苕子等）、夏季绿肥（如田菁、柽麻、绿豆等）和多年生绿肥（如紫穗槐、沙打旺等）；按照栽培方式可分为旱生绿肥（如黄花苜蓿、箭筈豌豆、金花菜、沙打旺、黑麦草等）和水生绿肥（如绿萍、水浮莲、空心莲子草、凤眼莲等）。此外，还可以将绿肥分为豆科绿肥（如紫云英、毛叶苕子、紫穗槐、沙打旺、黄花苜蓿、箭筈豌豆等）和非豆科绿肥（如绿萍、水浮莲、空心莲子草、凤眼莲、肥田萝卜、黑麦草等）。绿肥作物鲜草产量高，含较丰富的有机质，有机质含量一般在 12%～15%（鲜基），而且矿质养分含量也较高。

2. 绿肥的施用 目前，我国绿肥主要利用方式有直接翻压、作为原材料积制有机肥料和用作饲料。

（1）直接翻压。绿肥直接翻压（也称为压青）施用后的效果与翻压绿肥的时期、翻压深度、翻压量和翻压后的水肥管理密切相关。

①绿肥翻压时期。常见绿肥品种中紫云英应在盛花期；毛叶苕子和田菁应在现蕾期至初花期；豌豆应在初花期；柽麻应在初花期至盛花期。翻压绿肥时期的选择，除了根据不同品种绿肥作物生长特性外，还要考虑农作物的播种期和需肥时期。一般应与播种和移栽期有一段时间间距，一般10d左右。

②绿肥压青技术。绿肥翻压量一般根据绿肥中的养分含量、土壤供肥特性和作物的需肥量来考虑，应控制在 $15\sim25t/hm^2$，然后再配合施用适量的其他肥料，来满足作物对养分的需求。绿肥翻压深度一般根据耕作深度考虑，大田应控制在 $15\sim20cm$，不宜过深或过浅。而果园翻压深度应根据果树品种和果树需肥特性考虑，可适当增加翻压深度。

③翻压后水肥管理。绿肥在翻压后，应配合施用磷、钾肥，既可以调整氮磷比，还可以协调土壤中氮、磷、钾的比例，从而充分发挥绿肥的肥效。对于干旱地区和干旱季节，还应及时灌溉，尽量保持充足的水分，加速绿肥的腐熟。

（2）配合其他材料进行堆肥和沤肥。可将绿肥与秸秆、杂草、树叶、粪尿、河塘泥、含有机质的垃圾等有机废弃物配合进行堆肥或沤肥。还可以配合其他有机废弃物进行沼气发酵，既可以解决农村能源，又可以保证有足够的有机肥料的施用。

（3）协调发展农牧业。可以用作饲料，发展畜牧业。绿肥（尤其是豆科绿肥）由于粗蛋白含量较高，是很好的青饲料，可用于家畜饲养。

（六）生物肥料的合理施用

生物肥料是人们利用土壤中一些有益微生物制成的肥料，包括细菌肥料和抗生菌肥料。生物肥料是一种辅助性肥料，本身不含植物所需要的营养元素，而是通过肥料中的微生物活动，改善植物营养条件或分泌激素刺激植物生长和抑制有害微生物活动。

1. 根瘤菌肥料　把豆科作物根瘤内的根瘤菌分离出来，进行选育繁殖，制成根瘤菌剂，称为根瘤菌肥料。

2. 固氮菌菌剂　固氮菌菌剂是含有自生固氮细菌的微生物制品，属于自生固氮菌，如好氧性异养型微生物中的固氮菌属等、嫌氧性异养型微生物中的巴斯德梭菌等、兼性异养型微生物中的芽孢杆菌科的一些种类，以及化能自养型微生物中的氧化亚铁硫杆菌、光能自养型微生物红螺菌中的红螺菌属、绿杆菌属等几个属和蓝细菌中的鱼腥藻属、念珠藻属、颤藻属等几个属。

3. 磷细菌菌剂　磷细菌菌剂是含有异养型和化能自养型微生物的制品，能将有机态磷转化成无机态磷，或能分解利用土壤矿物磷素，或能分泌出溶解土壤矿物磷素的物质，如解磷大芽孢杆菌、假单胞菌属于有机磷细菌，单鞭毛的假单胞细菌、氧化硫硫杆菌属于无机磷细菌。

4. 抗生菌菌剂　抗生菌菌剂是含有颉颃性微生物，或含有能分泌出抗菌物质和刺激植物生长物质的微生物制品，通常用得较多的是放线菌。"5406"抗生菌是我国应用时间较长的抗生菌菌剂，属于费氏放线菌种组的细黄放线菌，除具有提高作物抗病能力作用外，还能分泌出4种植物激素，刺激作物生长发育。

5. 丛枝状菌根　菌根是真菌侵染植物根部，与植物形成菌-根共生体。由真菌内囊霉科多数属侵染形成的泡囊，称为丛枝状菌根，简称 VA 菌根。

（七）其他有机肥料的种类与合理施用

1. 有机-无机复混肥料　有机-无机复混肥料是一种既含有机质又含适量化肥的复混肥料。它是对粪便、草炭等有机物料，通过微生物发酵进行无害化和有效化处理，并添加适量化肥、腐殖酸、氨基酸或有益微生物菌，经过造粒或直接掺混而制得的商品肥料。

有机-无机复混肥一般作为基肥施用，根据农作物的不同配方也可作为追肥施用，不同土质不同作物施肥量也是不同的。

2. 微生物复混肥　微生物复混肥是指两种或两种以上的微生物，或一种微生物与其他营养物质复配而成的肥料。土壤施用时提倡与有机肥料或细土混匀后沟施、穴施、撒施做基肥，用量为 15～30kg/hm²；果树或园林树木幼树每棵 200g，环状施用，成年树每棵 0.5～1.0kg，放射状沟施；植物移栽时蘸根或移栽后灌根，通常用肥 15～30kg/hm²，兑水 3～4倍；苗床土用肥为 200～300g/m²。

3. 饼肥　饼肥是油料的种子经榨油后剩下的残渣。饼肥的种类很多，其中主要的有豆饼、菜籽饼、棉籽饼、花生饼、茶籽饼等，它是含氮量比较多的有机肥料。饼肥可做基肥和追肥，做基肥施用前必须把饼肥打碎，做追肥时要经过发酵腐熟，否则施入土中继续发酵产生高热，易使作物根部烧伤。一般中等肥力的土壤，种栽黄瓜等蔬菜时用量为 1 500kg/hm²，由于饼肥是迟效性肥料，应注意配合施用速效性氮、磷、钾肥料。

项目四　配方施肥技术

一、配方施肥概述

配方施肥也称测土配方施肥，是农业科技部门和科技人员综合运用现代农业科学理论和先进测试手段，结合当地气候条件，根据作物的需肥规律、土壤的供肥性能与肥料效应，在施用农家肥为基础的条件下，提出氮、磷、钾和微量元素肥料的适宜用量和比例及其相应的施肥技术，为农业生产单位或农户提供科学施肥指导和服务的一种技术系统。

多年的生产实践证明，实行配方施肥既能提高肥料的利用率，获得增产，又能改善农产品的质量，提高农业经济效益、生态效益和社会效益，是一项增产节肥、增收节支的施肥技术。一般增产率达 15%～20%，高的达 30% 以上，由于配方施肥运用土壤测试技术，检测土壤养分以及进行肥料效应的田间试验，使这项施肥技术具有科学性和实用性。

配方施肥包括配方和施肥两个程序。

配方即施肥推荐和肥料配制。根据土壤供肥状况和田间试验数据，参照已有的施肥经验，合理确定氮、磷、钾养分的种类和数量。如土壤缺少某一种微量元素肥料或植物对某种微量元素反应敏感，还要有针对性地适量施用这种微量元素肥料。配方施肥还应包括一定数量的农家肥以保持地力的稳定与提高。

施肥，就是根据配方确定的肥料品种、用量，根据土壤、植物特性，合理安排基肥和追肥比例，施用追肥的次数、时期、用量和施肥技术以发挥肥料的最大增产作用。

二、施肥量的确定

确定经济合理的施肥量是配方施肥技术的核心。在生产实践中，常见的确定施肥量的方法有土壤养分丰缺指标法、养分平衡法和肥料效应函数法等。现以养分平衡法为例介绍。

（一）依据

根据作物目标产量的构成，土壤和肥料两方面供给养分的原理，用需肥量和土壤供肥量之差，计算施肥量，公式如下：

$$肥料施用量＝\frac{作物目标产量所需养分量－土壤养分供肥量}{肥料养分含量（\%）×肥料利用率（\%）}$$

（二）有关参数的确定

1. 作物目标产量所需养分量

（1）目标产量的确定。目标产量通常采用平均单产法来确定。就是利用该地块前 3 年平均单产的年递增率为基础进行确定。

$$目标产量＝（1＋递增率）×前 3 年平均单产$$

一般粮食作物递增率为 $10\%\sim15\%$，露地蔬菜为 20%，设施蔬菜可达 30%。

（2）作物目标产量所需养分量的计算。查表 7-3，得到该作物单位产量养分吸收量参数，以此进一步计算出作物目标产量所需养分总量。

$$作物目标产量所需养分量＝目标产量×单位产量养分吸收量$$

例如：冬小麦目标产量为 $6\,000kg/hm^2$，实现目标产量所需 N 量＝$6\,000×3.0\%＝180$（kg）；需 P_2O_5 量＝$6\,000×1.25\%＝75$（kg），需 K_2O 量＝$6\,000×2.50\%＝150$（kg）。

表 7-3　不同植物形成 100kg 经济产量所吸收的养分数量（kg）

（吴国宜 . 2001. 植物生产与环境）

	植物	收获物	N	P_2O_5	K_2O
大田作物	水稻	稻谷	2.1~2.4	1.25	3.13
	冬小麦	籽粒	3.00	1.25	2.50
	春小麦	籽粒	3.00	1.00	2.50
	大麦	籽粒	2.70	0.90	2.20
	玉米	籽粒	2.57	0.86	2.14
	高粱	籽粒	2.60	1.30	3.00
	甘薯	块根（鲜）	0.35	0.18	0.55
	马铃薯	块根（鲜）	0.50	0.20	1.06
	大豆	籽粒	7.20	1.80	4.00
	花生	果荚	6.80	1.30	3.80
	棉花	籽棉	5.00	1.80	4.00
	油菜	菜籽	5.80	2.50	4.30
	烟草	鲜叶	4.10	0.70	1.10
	甘蔗	茎（鲜）	0.30	0.08	0.30
蔬菜作物	黄瓜	果实	0.04	0.35	0.55
	茄子	果实	0.30	0.10	0.40
	番茄	果实	0.45	0.50	0.50
	胡萝卜	块根	0.31	0.10	0.50
	萝卜	块根	0.60	0.31	0.50
	洋葱	葱头	0.27	0.12	0.23
	芹菜	全株	0.16	0.08	0.32
	菠菜	全株	0.36	0.18	0.52
	大葱	全株	0.30	0.12	0.40

（续）

	植物	收获物	N	P_2O_5	K_2O
果树	柑橘（温州蜜橘）	果实	0.60	0.11	0.40
	梨（十一世纪）	果实	0.47	0.23	0.48
	柿（富有）	果实	0.59	0.14	0.54
	葡萄（玫瑰）	果实	0.60	0.30	0.72
	苹果（国光）	果实	0.30	0.08	0.32
	桃（白凤）	果实	0.48	0.20	0.76

2. **土壤供肥量**　指当季作物在生长期内从土壤中吸收携出的养分量。它是在作物种植前土壤中原有的速效态养分与当季作物生长期间由土壤中缓效态养分经过转化后成为速效态的养分之和。土壤供肥量一般可从空白区（不施肥区）的产量求出，即空白区产量所吸收的养分量代表土壤提供的养分量。也可在不施肥的情况下采取土样测定，利用养分测定值来计算。

例如：某地块空白区冬小麦产量为 2 250kg/hm²，则该地块每公顷的土壤供 N 量＝2 250×3.0％＝67.5（kg）；供 P_2O_5 量＝2 250×1.25％＝28.125（kg），供 K_2O 量＝2 250×2.50％＝56.25（kg）。

3. **肥料利用率**　指当季作物从施用的肥料中吸收的养分占肥料中该养分总量的百分率。它是把营养元素换算成肥料实物量的重要参数。肥料利用率的计算公式：

$$肥料利用率＝\frac{施肥区作物吸收养分量－无肥区作物吸收养分量}{肥料施用量×肥料中养分含量}×100\%$$

例如：某作物施肥区施用硫酸铵 300kg/hm²，其收获物体内含总氮量（收获物产量×单位产量养分吸收量）为 105kg，不施硫酸铵的无肥区收获物体内总氮量为 81kg，硫酸铵的含氮量为 20％，求硫酸铵中氮素的利用率。

根据肥料利用率计算公式。求得：

$$硫酸铵中氮素的利用率＝\frac{105－81}{300×20\%}×100\%＝40\%$$

同样道理，只要知道某种磷、钾肥施用量及其肥料中养分含量，便可求出其磷、钾肥的利用率。

4. **肥料养分的含量**　施用肥料养分的含量，通常即肥料袋子上标明的养分含量。

5. **有机肥料与无机肥料的换算**一般可采用产量差减法或养分差减法进行换算。

（1）产量差减法。先进行试验，取得某一种有机肥料单位面积施用量能增产的作物产量值，然后从目标产量中减去有机肥料能增产的产量值，减去后的产量就是应施化肥才能得到的产量，即化肥施用量。

例如：稻田施用 2 000kg 厩肥，其施氮区产量比不施氮的空白区可增产 127kg，则 100kg 厩肥可增产稻谷为：

$$\frac{127kg}{2\,000kg}×100kg＝6.35kg$$

有一地块目标产量为 375kg，计划用厩肥为 1 000kg，其余用尿素补充，施用尿素作物每 100kg 产量吸收氮量为 2kg，问尚需施用尿素多少千克（尿素含 N46％，利用率为 40％）？

1 000kg 厩肥可增产稻谷：1 000×6.35％＝63.5（kg）

施用化肥应得到的产量为：375－63.5＝311.5（kg）

应施尿素量为：

$$\frac{311.5 \times 0.02}{46\% \times 40\%} = 33.86 \text{（kg）}$$

（2）养分差减法。在掌握各种有机肥料利用率的情况下，先计算出有机肥料当季能提供的养分量，然后从作物需要养分总量中减去有机肥料可利用吸收的量，即为化肥施用量，其计算公式为：

$$化肥施用量 = \frac{总需肥量 - 有机肥施用量 \times 养分含量 \times 有机肥当季利用率}{化肥养分含量 \times 化肥当季利用率}$$

例如：总需氮量为 15kg，计划施用含氮量 0.5％的厩肥 2 000kg，厩肥当季利用率为 20％，问应施尿素多少千克（尿素含 N46％，利用率为 40％）？

$$应施尿素 = \frac{15 - 2\,000 \times 0.5\% \times 20\%}{46\% \times 40\%} = 70.65 \text{（kg）}$$

（三）施肥量的计算

有了上面这些数据，就可用肥料施用量公式来计算出各种肥料的施用量。

例如：某农户承包种植 5hm² 水稻，种植前测定出土壤中的氮、磷、钾养分含量为：碱解氮（N）90kg/hm²、有效磷（P_2O_5）37.5kg/hm²、有效钾（K_2O）106kg/hm²，水稻目标产量为 8 400kg/hm²，每公顷打算施厩肥 30 000kg（含 N 0.125％、P_2O_5 0.05％、K_2O0.1％），问需要施用多少尿素（含 N 46％，利用率为 60％）、过磷酸钙（含 $P_2O_5$20％，利用率为 20％）和氯化钾（含 K_2O50％，利用率为 30％）？

从表 7-3 可知：形成 100kg 水稻经济产量约需 N 2.4kg、P_2O_5 1.25kg、K_2O 3.13kg。按 8 400kg/hm² 目标产量计算，5hm² 水稻需 N、P_2O_5 和 K_2O 的数量为：

总需 N 量＝8400×2.4％×5＝1008（kg）

总需 P_2O_5 量＝8400×1.25％×5＝525（kg）

总需 K_2O 量＝8400×3.13％×5＝1314.6（kg）

厩肥所能提供的养分量为：

厩肥含有效 N＝0.125％×30000×5＝187.5（kg）

厩肥含有效 P_2O_5＝0.05％×30000×5＝75（kg）

厩肥含有效 K_2O＝0.1％×30000×5＝150（kg）

根据土壤和厩肥能提供养分的数量，需补充养分的数量为：

补充 N 量＝1008－（90×5）－187.5＝370.5（kg）

补充 P_2O_5 量＝525－（37.5×5）－75＝262.5（kg）

补充 K_2O 量＝1314.6－（106×5）－150＝634.6（kg）

将上述三种养分的补充量转化为三种化肥的需用量，则为：

$$需用尿素 = \frac{370.5}{46\% \times 60\%} = 1342.39 \text{（kg）}$$

$$需用过磷酸钙 = \frac{262.5}{20\% \times 20\%} = 6562.50 \text{（kg）}$$

$$需用氯化钾 = \frac{634.6}{50\% \times 30\%} = 4230.67 \text{（kg）}$$

三、肥料的施用技术

施肥技术，是将肥料施入各种栽培基层或直接施于植物的一种手段。要提高肥料的施用效果，根据植物营养特性和肥料性质，在植物生产中，应注意肥料的分配与运筹及氮、磷、钾肥的配合比例，一般采用基肥、追肥和种肥相结合的施肥方式，以充分满足植物对养分的需求。

（一）基肥施用技术

1. 概述 基肥又称为底肥，它是指在播种（或移栽）前结合土壤耕作施入的肥料。而对多年生作物，一般把秋冬施入的肥料称作基肥。施用基肥的目的是培肥和改良土壤，同时为作物生长创造良好的土壤养分条件，通过源源不断供给养分来满足植物营养连续性的需求，为发挥作物的增产潜力提供条件。因此，基肥的作用是双重的。

2. 肥料选择 基肥选择的原则：以有机肥料以主，化学肥料为辅；长效肥料为主，速效肥料为辅；氮、磷、钾（或多种元素）配合为主，依土壤的缺素程度，个别补充为辅。宜做基肥的肥料种类较多，除硝态氮肥外几乎所有肥料都可以，但肥料能否混合基施，则因品种而定。

3. 施用技术 基肥的施用量通常根据植物的需肥特点与土壤的供肥特性而定，一般用量占该植物施肥量的50%。具体施用技术为：

（1）因肥料品种确定基施深浅。有机肥和钾肥要施入10～15cm土层为宜，氮素化肥易挥发应深施，磷肥移动慢应分层施。

（2）结合开沟集中施肥，即条施或穴施。条施是将肥料结合犁地起垅一次性施入。穴施则在播种、移栽前，把肥料施在穴中。

（3）肥料混合施用，取长补短。如有机肥和化肥混合施用，可使植物生长稳健，培育壮苗，后期不早衰。

（4）轮施和放射状施肥。此施肥方式常用于果园秋施基肥。轮施的基本方法是以树干为圆心，在地上部的田面开挖轮状施肥沟，沟一般挖在树冠垂直边线与圆心的中间或靠近边线（滴水线）的部位。一般围绕靠近边线挖成深、宽各30～60cm连续的圆形沟（图7-6A），也可靠近边线挖成对称的2～4条一定长度的月牙形沟（图7-6B），施肥后

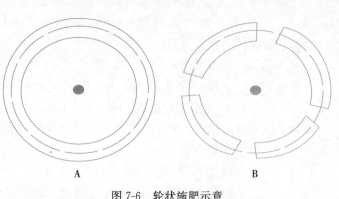

图7-6　轮状施肥示意
（谭金芳．2003．作物施肥原理与技术）

覆土踏实。来年再施肥时可在第一年施肥沟的外侧再挖沟施肥，以后逐年扩大施肥范围。施肥沟的深度随树龄和根系分布深度而异，一般以既利于根系吸收养分又能减少根的伤害为宜。

放射状施肥是在距树干一定距离处，以树干为中心，向树冠外挖4～8条放射状沟（图7-7），沟长与树冠相齐，来年再交错位置挖沟施肥。

（二）种肥施用技术

1. 概述　种肥是植物播种（或幼苗定植）时一起施用的肥料。种肥的目的是为种子萌发和幼苗生长创造良好的营养条件和环境条件。因此，种肥的作用一方面表现在供给幼苗养分特别是满足植株营养临界期时养分的需要；另一方面腐熟的有机肥料做种肥还有改善种子床和苗床物理性状的作用，有利于种子发芽、出苗和幼苗成长。

2. 肥料选择　种肥一般以速效中性肥料为主，腐熟好的有机肥料也可作为种肥。凡是浓度过大、过酸或过碱、吸湿性强、溶解时产生高温及含有毒副成分的肥料都不可作为种肥，如氯化钾、碳酸氢铵。

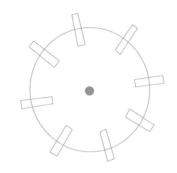

图 7-7　放射状施肥示意
（谭金芳 . 2003. 作物施肥原理与技术）

3. 施用技术　种肥的用量不宜过大，一般占施肥量的 5％～10％，如尿素以 35～70kg/hm²，过磷酸钙以 100～150kg/hm² 为宜。有机肥必须充分腐熟，一般为种子质量的2～4 倍。种肥的肥效发挥是有条件的。一般在施肥水平较低、基肥不足而且有机肥料腐熟程度较差的情况下，施用种肥的效果较好。土壤贫瘠和作物苗期因低温、潮湿、养分转化慢，幼根吸收力弱，不能满足作物对养分需要时，施用种肥一般也有较显著的增产效果。其施用方式有多种，如用于盖种、浸种、拌种、蘸秧根等。

（三）追肥施用技术

1. 概述　在植物生长发育期间施用的肥料通称追肥。其目的是满足植物在生长发育过程中对养分的需求，对产量和品质的形成是有利的。不同的植物追肥的时间不同，它受土壤供肥情况、植物需肥特性和气候条件等影响。在不同营养阶段追施的肥料作用不同，如冬小麦有分蘖肥、拔节肥、穗肥等，分别起到促进分蘖、成穗和增加粒重的作用。

2. 肥料选择　追肥应掌握肥效要迅速、水肥要结合、根部施与叶面施相结合和需肥最关键时期施等原则。追肥应选用速效性化肥和腐熟的有机肥料，对氮肥来说，应尽量将化学性质稳定的硫酸铵、硝酸铵、尿素等用作追肥。磷肥和钾肥原则上通过做基肥和种肥去补充，在一些高产田也可以拿一部分在植物生长的关键时期追施。对微量元素肥料来说，应根据不同地区和不同植物在各营养阶段的丰缺来确定追肥与否。

3. 施用技术　追肥在总施肥量中所占的比例受许多条件影响，一般用量占施肥量的40％～50％。生育期长的植物追肥比例要大一些，反之则小一些；有灌溉条件和降水量充足的地区追肥比例要大一些，降水量少的旱作区可不用追肥；豆科作物一次土壤大量施用氮肥会抵制根瘤菌的固氮作用，分次施用特别是生育期地上部喷施是非常有效的。现代施肥技术有一个重要趋势，就是增加基肥所施肥料的比例，减少追肥次数而只用于关键时期，以减少施肥用工，提高肥效。追肥的方式通常有沟施、穴施、冲施、叶面喷施、注射施肥等。

基肥、种肥和追肥是施肥的三个重要环节，在生产实践中要灵活运用，切不可千篇一律。确定施肥时期的最基本依据是植物不同生长发育时期对养分的需求和土壤的供肥特性。植物的营养临界期和营养最大效率期是作物需肥的关键时期，但不同植物及不同的养分这些时期是不同的，只有分别对待，才能充分发挥追肥的效果。当土壤养分释放快、供肥充足时，应当推迟施肥期；反之，当土壤养分释放慢、供肥不足时应及时追肥。在肥料不充足时，一般应当将肥料集中施在植物营养的最大效率期。在土壤瘠薄、基肥不足和作物生长瘦弱时，施肥期应适当提前。在土壤供肥良好、幼苗生长正常和肥料充足时，则应分期施肥，侧重施于最大效率期。在确定施肥时期时，不仅要注意植物营养的阶段性，也要注意植物营养的连续性。基肥、种肥和追肥相结合，有机肥和化肥相结合既可满足作物营养的连续性，又可满足植物营养的阶段性。但是随着科学技术的进步，传统施肥方式也可能发生彻底的革命。如控释肥料的发展可使养分释放速度和作物对养分的需求相吻合，因此生产上只需一次施肥就可满足植物整个营养期对养分的需要。

实验实训一　化学肥料的定性鉴定

【能力目标】

能定性鉴定常用化肥。

【材料用具】

1. 工具　木炭、铁片、火炉、纸条、试管、石蕊试纸、蒸馏水、酒精灯、烧杯等。

2. 试剂

（1）2.5%氯化钡溶液。将 2.5g 氯化钡（$BaCl_2$，化学纯）溶于蒸馏水中，稀释至100mL，摇匀，贮于试剂瓶中。

（2）1%硝酸银溶液。将1g 硝酸银（$AgNO_3$，化学纯）溶于 100mL 蒸馏水中，贮于棕色瓶中。

（3）稀盐酸溶液。取浓盐酸（HCl，化学纯）42mL，放入约 400mL 蒸馏水中，再加水至 500mL，即配成约 1mol/L 的盐酸溶液，贮于瓶中。

（4）稀硝酸溶液。取浓硝酸（HNO_3，化学纯）31mL，放入 400mL 蒸馏水中，再加水至 500mL，即配成约 1mol/L 的硝酸溶液，贮于瓶中。

（5）10%氢氧化钠溶液。称 10g 氢氧化钠（NaOH，化学纯）溶于 100mL 蒸馏水中，冷却后装入塑料瓶中贮存。

（6）广泛 pH 试纸。pH 1~14。

3. 材料　准备常见化学肥料品种分别装入编号的小瓶中。

碳酸氢铵、硫酸铵、硝酸铵、尿素、氯化钾、硫酸钾、硝酸钾、硝酸钠、过磷酸钙、钙镁磷肥、磷矿粉、骨粉、氯化铵。

【知识原理】

各种化学肥料都具有一定的化学成分、理化性质和外观形态。因此，可以通过观察其外形（颜色、结晶与否）、溶解性、水溶液的酸碱性、灼烧反应和离子化学鉴定等方法加以识别。外形识别主要通过看、嗅来判断肥料的颜色、颗粒形状、吸湿性、气味等。溶解性识别方法是取肥料少许放于试管中，加入 3~5 倍的水，摇动，观察其溶解情况，将其分为易溶、部分溶解和难溶三类。水溶液的酸碱性识别是用广泛 pH 试纸检查溶液的酸碱性，区分为酸性、中性和碱性。对易溶于水的化学肥料取其水溶液加氢氧化钠溶液使其碱化，检查有无氨臭味发生。与酸作用，取肥料少许置于比色盘中，加入稀盐酸溶液，观察有无气泡发生。灼烧检查是把化学肥料样品放在烧红的木炭上或放在铁片上用酒精灯加热，观察其燃烧、熔化、焰色、烟味与残渣等情况。化学检查是分别用不同的试剂溶液与肥料样品反应，观察有无沉淀生成。

【操作步骤】

1. 外表观察　主要看肥料的颜色和结晶状态、吸湿性、气味。氮肥和钾肥一般为白色，属于这类肥料的有碳酸氢铵、硫酸铵、硝酸铵、硝酸钠、尿素、氯化钾、硫酸钾、硝酸钾等。磷肥一般是非结晶体而呈粉末状，灰白色或灰黑色，属于这类肥料的有过磷酸钙、钙镁磷肥、骨粉、磷矿粉等。

2. 加水溶解　取豆粒大小体积的各种肥料样品，分别放入已编有与化学肥料编号一致的试管中，加入 10mL 蒸馏水摇动数分钟后观察其溶解性（试管中溶液保留备用）。

（1）全部溶解于水的是硫酸铵、硝酸铵、碳酸铵、氯化钾、氯化铵、尿素、硫酸钾、硝酸钠和硝酸钾等。

（2）部分溶解于水的是过磷酸钙。

（3）不溶解或基本不溶解于水的是骨粉、钙镁磷肥和磷矿粉。

3. 磷肥的识别　取少量磷肥放在铁片上，置于酒精灯上灼烧。根据所发生的下述现象识别。

（1）有焦臭味、变黑、冒烟的为骨粉。

（2）无焦臭味、比重大、褐色、有金属光泽的为磷矿粉。

（3）无焦臭味、比重不大，用 pH 试纸测试加水溶解后相应试管中的水溶液，呈酸性的为过磷酸钙，呈碱性的为钙镁磷肥。

4. 氮、钾肥的识别

（1）将氮、钾肥的瓶塞逐个打开，嗅其气味，有刺激性氨臭味的是碳酸氢铵。

（2）将少量无刺激性氨味的固体肥料逐个放于铁片上，置于酒精灯上灼烧。肥料不熔融、残留跳动、有爆裂声的是钾肥。肥料全部熔融、无残留的是氮肥和氮、钾复合肥（硝酸钾）。

5. 钾肥的识别　对属于钾肥的肥料，从相应加水溶解后的试管中取 5mL 待测肥料的水溶液，移入另外的小试管中，分别加数滴 2.5％的氯化钡溶液，观察其反应。

（1）有白色沉淀生成者，再加入约 1mol/L 的盐酸溶液 1～2mL，摇动沉淀仍不消失的是硫酸钾。

（2）不产生沉淀者，再从相应加水溶解后的试管中取 5mL 待测肥料的水溶液，加入 1％硝酸银溶液数滴，产生白色沉淀，加入 1mol/L 的硝酸溶液数滴，不溶于硝酸的是氯化钾。

6. 氮肥和钾肥复混肥的识别　分别将剩余的肥料制成饱和水溶液，将滤纸条浸透饱和溶液并稍微晾干，然后点燃纸条，观察燃烧性和火焰的颜色。

（1）易燃，火焰明亮的是含 NO_3^- 的肥料。在该类肥料的水溶液中加入 10％氢氧化钠溶液数滴，观察其反应。产生氨臭味的是硝酸铵；无氨臭味、火焰颜色为黄色的是硝酸钠；火焰颜色为紫色的是硝酸钾。

（2）纸条燃烧不旺或易熄灭的化肥，在其水溶液中各加入数滴 10％氢氧化钠溶液，无氨臭味的是尿素。

（3）在有氨味产生的肥料中，另取其水溶液约 5mL，放入小试管中，滴加数滴 2.5％氯化钡溶液，产生白色沉淀并不溶于稀盐酸溶液的是硫酸铵。加入1‰硝酸银溶液产生白色沉淀并不溶于稀硝酸溶液的是氯化铵。

化学肥料的识别程序可归纳如《常用化学肥料定性鉴定系统》（图7-8）。

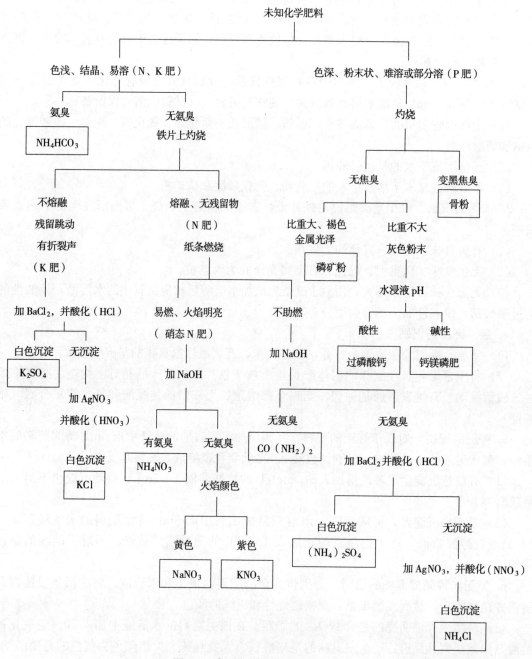

图7-8　常用化学肥料定性鉴定系统
（陈忠焕．1993．土壤肥料）

常见化学肥料的简易识别方法可参照《常用化学肥料的简易识别方法》（表7-4）。

7.实验结果　每项操作步骤和现象要表述清楚，鉴定出各编号化肥的名称。将结果填入表 7-5。

表 7-4　常用化学肥料的简易识别方法

外形	气味	加石灰揉搓	灼烧、吸湿性、溶解及质量等情况	名称
结晶状	有氨臭	有氨臭	不熔化，不发火，但缓慢分解挥发，无残留物，有氨臭	碳酸氢铵
	无氨臭	有氨臭	熔化，发火燃烧，无残留物，有氨臭，易吸湿结块	硝酸铵
			熔化，不发火燃烧，无残留物，有氨臭，不易吸湿结块	硫酸铵
			不熔化，不发火燃烧，无残留物，有氨臭及刺鼻臭，不易吸湿结块	氯化铵
		无氨臭	熔化，有氨臭，无残留物	尿素
			不熔化，无氨臭，有爆裂现象，有残留，1kg/L	氯化钾
			不熔化，无氨臭，有爆裂现象，有残留，1.5kg/L	硫酸钾
粒状	无氨臭	有氨臭	发火燃烧，有氨臭，易吸湿，与稀酸作用有气泡发生	硝酸铵钙
			不发火燃烧，有氨臭，不易吸湿，与稀酸作用无气泡发生	磷酸铵
粉状	有酸味	无氨臭	易吸湿结块，入水沉淀，投入碳酸钠溶液有气泡发生	过磷酸钙
	无气味	无氨臭	不易吸湿结块，入水沉淀，水溶液呈碱性	钙镁磷肥
			不易吸湿结块，入水沉淀，水溶液呈中性	磷矿粉
	有腥味	无氨臭	不易吸湿结块，入水飘浮，水溶液呈碱性	石灰氮

表 7-5　化学肥料鉴定结果

化肥编号	鉴定项目及结论												化肥名称
	颜色	颗粒形状	溶解性	气味	酸碱性	灼烧现象	纸条燃烧	火焰颜色	加碱反应	加 $BaCl_2$ 反应	加 $AgNO_3$ 反应		化肥名称
1													
2													
3													
4													
5													
6													
7													
8													
9													
10													

【作业】

1. 根据外表观察怎样区分化肥种类？

2. 根据加水溶解情况怎样区分化肥种类？

3. 怎样通过灼烧、pH 测试识别磷肥品种？

4. 怎样区分氮肥和钾肥？

5. 怎样区分氯化钾、硫酸钾、硝酸铵、硝酸钠、硝酸钾、碳酸氢铵、尿素、硫酸铵、氯化铵？

实验实训二　土壤碱解氮的测定

【能力目标】

能用碱解扩散法测定土壤碱解氮。

【仪器设备、材料用具】

1. 仪器设备　半微量滴定管（5mL）、恒温箱。

2. 材料用具　扩散皿、玻璃棒、橡皮筋、刻度移液管（10mL、2mL）、供试土样。

3. 试剂

（1）氢氧化钠溶液 $[c(NaOH)=1mol/L]$。40.0g 氢氧化钠（NaOH，化学纯）溶于水，冷却后，稀释至1L。

（2）混合指示剂。称取 0.099g 的溴甲酚绿和 0.066g 甲基红，溶解于 100mL 的乙醇 $[\omega(CH_3CH_2OH)=95\%]$ 中。

（3）硼酸（H_3BO_3）-指示剂溶液 $[\rho(H_3BO_3)=20g/L]$ 溶液。溶解 20g 硼酸于 950mL 的热蒸馏水中，冷却后，加入 20mL 的混合指示剂，充分混匀后，小心滴加氢氧化钠溶液 $[c(NaOH)=0.1mol/L]$，直至溶液呈红紫色（pH 约 4.5），稀释成 1L。

（4）盐酸标准溶液 $[c(HCl)=0.01mol/L]$。取密度为 1.19kg/L 的浓盐酸 8.3mL，注入盛有 150～200mL 蒸馏水的烧杯中，冷却，然后用蒸馏水稀释至 1 000mL，用标准碱或硼砂标定其正确浓度。

（5）碱性胶液。40g 阿拉伯胶和 50mL 水在烧杯中，温热至 70～80℃，搅拌促溶，约冷却 1h 后，加入 20mL 甘油和 20mL 饱和 K_2CO_3 水溶液，搅匀，放冷。离心除去泡沫和不溶物，将清液贮于玻璃瓶中备用。

（6）硫酸亚铁粉末。将硫酸亚铁（$FeSO_4 \cdot 7H_2O$，化学纯）磨细，装入密闭瓶中，存于阴凉处。

【知识原理】

土壤样品在扩散皿中，于碱性条件和硫酸亚铁存在条件下进行水解还原，使易水解态氮和硝酸态氮转化为氨，并扩散逸出，被硼酸溶液所吸收。硼酸溶液中所吸收的氨，用标准酸溶液滴定，由此计算碱解氮的含量。

【操作步骤】

1. 称取试样　称取风干土（过 1mm 筛）2.00g，置于扩散皿（图 7-9）外室，加入 0.2g 硫酸亚铁粉末于外室，轻轻地旋转扩散皿，使土壤试样均匀地铺平。

2. 样品处理　取 2mL 硼酸-指示剂溶液，放于扩散皿内室，然后在扩散皿外室边缘涂上碱性胶液，盖上毛玻片，

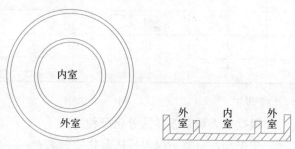

图 7-9　扩散皿示意

（李小为．2011．土壤肥料）

旋转数次，使皿边与毛玻片完全黏合。渐渐转开毛玻片一边，使扩散皿外室露出一条狭缝，迅速加入 10.0mL 氢氧化钠溶液，立即盖严，再用橡皮筋圈紧，使毛玻片固定，水平地轻轻摇动扩散皿，使碱液与土壤充分混合。随后放入 40℃±1℃ 恒温箱中，碱解扩散 24h±0.5h。

3. 滴定　取出扩散皿，取下毛玻片，用盐酸标准溶液滴定内室吸收液中的 NH_3。溶液由蓝色突变为微红色为滴定终点。

上述土样测定做 2 个平行。

在测定土壤样品的同时，必须做 2 个空白试验，取其平均值，校正试剂和滴定误差。空白试验不加土样，其余步骤与上述土样测定同步进行。

4. 结果计算

$$\omega\,(N) = \frac{(V-V_0)\times c\times 14}{m}\times 10^3$$

式中：$\omega\,(N)$——土壤碱解氮质量分数，mg/kg；

c——盐酸标准溶液的浓度，mol/L；

V——样品测定时消耗硫酸标准溶液的体积，mL；

V_0——空白试验时消耗硫酸标准溶液的体积，mL；

14——氮的摩尔质量，g/mol；

10^3——换算为毫克/千克的系数；

m——称取的风干土样质量，g。

2 次平行测定结果允许误差为 5mg/kg。

5. 注意事项

（1）扩散皿使用前必须彻底清洗。利用小毛刷去除残余后，冲洗，先后浸泡于软性清洁剂及盐酸中，然后以自来水充分冲洗，最后再用蒸馏水淋洗。

（2）在 NO_3^--N 还原为 NH_4^+-N 时，$FeSO_4$ 本身要消耗部分 NaOH，所以测定时所用 NaOH 溶液的浓度须提高或适当增加用量。例如，2g 土加 11.5mL NaOH 溶液。

（3）由于碱性胶液的碱性很强，在涂胶液时必须特别细心，慎防污染内室，致使造成错误。

（4）滴定时要用小玻璃棒小心搅动吸收液，切不可摇动扩散皿。

【作业】

1. 碱解扩散法测定的土壤碱解氮包括哪些形态的氮？

2. 碱解扩散法测定不同土壤碱解氮含量时，所用碱的浓度有何不同？为什么？

3. 碱解扩散法在操作过程中应注意哪些问题？

实验实训三　土壤速效磷的测定

【能力目标】

能利用 0.5mol/L $NaHCO_3$ 浸提钼锑抗比色法测定土壤速效磷。

【仪器设备、材料用具】

1. 仪器设备　天平（感量 0.01g）、往复式振荡机、分光光度计、pH 计。

2. 材料用具　三角瓶（250mL 及配套瓶塞）、牛角勺、移液管（100mL）、刻度移液管

（10mL、5mL）、漏斗、容量瓶（50mL）、供试土样、方格坐标纸、无磷滤纸。

3. 试剂

（1）碳酸氢钠浸提剂 [c（$NaHCO_3$）=0.5mol/L，pH8.5]。取 42.0g 碳酸氢钠（$NaHCO_3$，分析纯）溶于约 800mL 水中，稀释至约 990mL，用氢氧化钠溶液 [c（NaOH）=4.0mol/L] 调节 pH 至 8.5（用 pH 计测定），最后稀释到 1L，保存于塑料瓶中，但保存不宜过久。

（2）无磷活性炭粉。将活性炭粉先用 1：1HCl（体积比）浸泡过夜，然后在平板漏斗上抽气过滤。用蒸馏水洗到无 Cl^- 为止。再用碳酸氢钠溶液浸泡过夜，在平板漏斗上抽气过滤，用蒸馏水洗去 $NaHCO_3$，最后检查到无磷为止，烘干备用。

（3）钼锑贮存溶液。取浓硫酸（H_2SO_4，分析纯）153mL 缓慢转入约 400mL 蒸馏水中，同时搅拌。放置冷却。另外称取 10g 钼酸铵 [（NH_4）$_6Mo_7O_{24}$·$4H_2O$，分析纯] 溶于约 60℃ 的 300mL 蒸馏水中，冷却。将配好的硫酸溶液缓缓倒入钼酸铵溶液中，同时搅拌。随后加入酒石酸锑钾 [ρ（$KSbOC_4H_4O_6$·$1/2H_2O$）=5g/L，分析纯] 溶液 100mL，最后用蒸馏水稀释至 1 000mL。避光贮存。

（4）钼锑抗显色溶液。1.50g 抗坏血酸（$C_6H_8O_6$，左旋，旋光度 +21°～+22°，分析纯）加入到 100mL 钼锑贮存溶液中。此溶液须随配随用，有效期 1d。

（5）二硝基酚指示剂溶液。0.2g 2，6-二硝基酚或 2，4-二硝基酚 [C_6H_3OH（NO_2）$_2$] 溶于 100mL 水中。

（6）磷标准贮存溶液 [ρ（P）=100mg/L]。取 0.4390g 磷酸二氢钾（KH_2PO_4，分析纯，105℃烘 2h）溶于 200mL 水中，加入 5mL 浓硫酸，转入 1 000mL 容量瓶中，用水定容。此溶液可以长期保存。

（7）磷标准溶液 [ρ（P）=5mg/L]。取磷标准贮存溶液准确稀释 20 倍，即为磷标准溶液 [ρ（P）=5mg/L]。此溶液不宜久存。

（8）稀硫酸溶液 [c（H_2SO_4）=0.5mol/L]。

（9）稀氢氧化钠溶液 [c（NaOH）=1mol/L]。

【知识原理】

土壤速效磷包括水溶性磷和弱酸溶性磷，测定土壤速效磷的含量，可为合理施用磷肥提供理论依据。0.5mol/L $NaHCO_3$ 浸提-钼锑抗比色法测定土壤速效磷的方法原理是用 $NaHCO_3$ 溶液（pH8.5）提取土壤速效磷，在石灰性土壤中提取溶液中的 HCO_3^- 可以和土壤溶液中的 Ca^{2+} 形成 $CaCO_3$ 沉淀，从而降低了 Ca^{2+} 的活度而使某些活性较大的 Ca-P 被浸提出来。在酸性土壤中因 pH 提高而使 Fe-P、Al-P 水解而部分被提取。在浸提液中由于 Ca、Fe、Al 浓度较低，不会产生磷的再沉淀。溶液存在着 OH^-、HCO_3^-、CO_3^{2-} 等阴离子，也有利于吸附态磷的置换。浸出液中的磷，在一定的酸度条件下，用钼锑抗显色溶液还原显色成磷钼蓝，蓝色的深浅在一定浓度范围内与磷的含量成正比，因此，可用比色法测定其含量。

应用不同的测定方法在同一土壤上可以得到不同的速效磷含量。因此，应用土壤速效磷测定结果时，要特别注意其所采用的测定方法。

【操作步骤】

1. 待测液的制备 称取风干土样（过 1mm 筛）5.00g，置于 250mL 三角瓶中，加入一小匙无磷活性炭粉，准确加入碳酸氢钠浸提剂 100mL，塞紧瓶塞，在 20～25℃温度下振荡 30min，取出后用干燥漏斗和无磷滤纸过滤于三角瓶中。同时做试剂空白试验。

2. 定容显色　准确吸取浸出溶液 2～10mL（含 5～25μg P），移入 50mL 容量瓶中，加入钼锑抗显色溶液 5mL，摇动，将产生的 CO_2 气体排出。待 CO_2 充分放出后，用水定容，摇匀。在室温高于 15℃ 的条件下放置 30min 显色。

3. 比色　在分光光度计上用波长 660nm（光电比色计用红色滤光片）比色，以空白试验溶液为参比液调零点，读取吸收值，在工作曲线上查出显色液的磷浓度（mg/L）。颜色在 8h 内可保持稳定。

4. 工作曲线的绘制　分别吸取磷标准溶液 0mL、1.0mL、2.0mL、3.0mL、4.0mL、5.0mL、6.0mL 放于 50mL 容量瓶中，加入与试样测定吸取浸出液量等体积的碳酸氢钠浸提剂，加入钼锑抗显色溶液 5mL，摇动，将产生的 CO_2 气体排出。待 CO_2 充分放出后，用水定容，摇匀。即得 0mg/L、0.1mg/L、0.2mg/L、0.3mg/L、0.4mg/L、0.5mg/L、0.6mg/L 磷标准系列溶液，在室温高于 15℃ 的条件下放置 30min 显色。以磷标准溶液 0mg/L 为参比液调零点，比色，分别读取吸收值。在方格坐标纸上以磷浓度（mg/L）为横坐标，读取的吸收值为纵坐标，绘制成工作曲线。

5. 结果计算

$$\omega\ (P) = \frac{\rho \times V \times t_s}{m}$$

式中：ω（P）——土壤有效磷质量分数，mg/kg；

ρ——从工作曲线查得显色液中磷（P）的浓度，mg/L；

V——显色液体积，mL（本操作为 50mL）；

t_s——分取倍数，浸提液总体积与吸取浸出液体积之比（本操作为 100mL 与 2～10mL 之比）；

m——称取的风干土样质量，g。

6. 注意事项

（1）土样经风干和贮存后，测定的速效磷含量可能稍有改变，但一般无大影响。

（2）浸提温度对测定结果有影响，因此必须严格控制浸提时的温度条件在 20～25℃。

（3）浸提过滤后浸出液尚有颜色，将干扰比色结果。原因是活性炭粉用量不足，特别是对有机质含量较高的土壤，应特别注意活性炭粉的用量。

（4）测定时吸取的浸出溶液体积应根据土壤速效磷的含量范围而定，土壤速效磷低于 30mg/kg 者，吸 10mL，在 30～60mg/kg 者，吸 5mL，在 60～150mg/kg 者，改吸 2mL，并用碳酸氢钠浸提剂补足至 10mL。

（5）加入钼锑抗显色溶液后必须充分摇动以赶净 CO_2，否则由于气泡的存在会影响比色结果。

【作业】

1. 根据实验结果判定土壤磷素丰缺水平。

2. 用本方法测定土壤速效磷在操作过程中要注意什么？

3. 为什么在报告土壤速效磷的测定结果时，必须同时说明所采用的测定方法？

实验实训四　土壤速效钾的测定

【能力目标】

能用火焰光度法测定土壤速效钾。

【仪器设备、材料用具】

1. 仪器设备　天平（感量 0.01g）、往复式振荡机、火焰光度计。

2. 材料用具　三角瓶（250mL 及配套瓶塞、100mL）、牛角勺、移液管（50mL）、漏斗、容量瓶（100mL）、方格坐标纸、滤纸、供试土样。

3. 试剂

（1）乙酸铵溶液 $[c (CH_3COONH_4) = 1.0mol/L]$。称取 77.08g 乙酸铵（$NH_3COONH_4$，化学纯）溶于近 1L 水中，用稀 CH_3COOH 或稀氨水调至 pH7.0，然后定容至 1 000mL。

（2）钾标准溶液 $[\rho (K) = 100mg/L]$。称取 0.190 7g 氯化钾（KCl，分析纯，在 110℃条件下烘 2h）溶于乙酸铵溶液中，定容至 1 000mL，即为钾标准溶液。

（3）钾标准系列溶液。吸取 100mg/L 钾标准溶液 0mL、2mL、5mL、10mL、20mL、40mL，分别放入 100mL 容量瓶中，用乙酸铵溶液定容，即得 0mg/kg、2mg/kg、5mg/kg、10mg/kg、20mg/kg、40mg/kg 的钾标准系列溶液。

【知识原理】

土壤速效钾包括水溶性钾和交换性钾。速效钾是最能直接反映土壤供钾能力的指标，尤其对当季作物而言，速效钾和作物吸钾量之间往往有比较好的相关性。测定土壤速效钾的含量，可为合理分配和施用钾肥提供理论依据。

原理是当中性乙酸铵溶液与土壤样品混合后，溶液中的 NH_4^+ 与土壤颗粒表面的 K^+ 进行交换，取代下来的 K^+ 和水溶性 K^+ 一起进入溶液。提取液中的 K^+ 可直接用火焰光度计测定。火焰光度法的原理是当样品溶液喷成雾状以气-液溶胶形式进入火焰后，即有特定波长的光发射出来，成为被测元素的特征之一，用单色器或干涉滤光片把元素所发射的特定波长的光从其余辐射中分离出来，直接照射到光电池或光电管上，把光能变为光电流，再由检流计量出电流的强度。用火焰光度法进行定量分析时，若激发的条件保持一定，则光电流的强度与被测元素的浓度成正比，把测得的强度与一种标准或一系列标准溶液的强度比较，即可直接确定待测元素的浓度。

在一些没有火焰光度计的实验室，速效钾的测定可以用硝酸钠溶液 $[c (NaNO_3) = 1.0mol/L]$ 提取，采用四苯硼钠比浊法测定。不同测定方法其所得速效钾含量的结果是不一样的。

【操作步骤】

1. 待测液的制备　称取风干土样（过 1mm 筛）5.00g，置于 250mL 三角瓶中，加入乙酸铵溶液 50.0mL，用橡皮塞塞紧，在往复式振荡机上振荡 30min，振荡时最好恒温，但对温度要求不太严格，一般在 20～25℃即可。然后将悬浮液立即用干滤纸过滤，滤液承接于 100mL 三角瓶中。同时做空白。

2. 火焰光度计检测　将滤液直接用火焰光度计测定钾。检测时以钾标准系列溶液中浓度最大的一个设定火焰光度计上检流计的满度（90～100），以 "0mg/kg" 调仪器的零点，测定滤液的检流计读数，并做好记录。

3. 工作曲线绘制　以钾标准系列溶液中浓度最大的一个设定火焰光度计上检流计的满度（90～100），以"0mg/kg"调仪器的零点。然后从稀到浓依次测定，记录检流计的读数。以溶液的钾浓度为横坐标，以检流计读数为纵坐标，绘制工作曲线。

（4）结果计算

$$\omega\ (K) = \frac{\rho \times V \times t_s}{m}$$

式中：ω（K）——速效钾的质量分数，mg/kg；

　　　　ρ——仪器直接测得或从工作曲线上查得的测定液钾（K）浓度，mg/kg；

　　　　V——测定液定容体积，mL，本例为50mL；

　　　　t_s——分取倍数，原待测液总体积和吸取的待测液体积之比，以滤液直接测定时，此值为1；

　　　　m——称取的风干土样质量，g。

4. 注意事项

（1）乙酸铵溶液必须是中性，加入乙酸铵溶液于土壤样品后，不宜放置过久，否则可能有一部分非交换态钾转入溶液中，使测定结果偏高。

（2）浸出液和含乙酸铵的钾系列标准溶液不能放置太久，以免长霉影响测定结果。

（3）若浸出液中钾的浓度超过测定范围，应该用乙酸铵溶液稀释后再测定。

【作业】

1. 配制系列钾标准溶液时，为什么要用乙酸铵溶液稀释、定容？
2. 火焰光度计读数的含义是什么？调检流计满度时为什么不应调至100？
3. 根据实验结果判断土壤供钾水平。

实验实训五　营养土和水培营养液的配制

【能力目标】

会制备营养土，能配制水培营养液。

【仪器设备、材料用具】

1. 仪器设备　天平（感量0.01g、0.1g）、台秤。

2. 材料用具　铁锹、筐、烧杯（100mL、200mL）、容量瓶（1 000 mL）、贮液瓶（1 000mL，棕色）、贮液池（桶）、筛子、菜园土、粪肥、沙土等。

3. 试剂　以日本园试通用配方为例，准备下列大量元素和微量元素化合物。

（1）大量元素化合物。硝酸钙［$Ca(NO_3)_2 \cdot 4H_2O$，化学纯］、硝酸钾（KNO_3）、磷酸二氢铵（$NH_4H_2PO_4$）、硫酸镁（$MgSO_4 \cdot 7H_2O$）。

（2）微量元素化合物。乙二胺四乙酸二钠铁（$Na_2Fe\text{-}EDTA$）、硼酸（H_3BO_3）、硫酸锰（$MnSO_4 \cdot 4H_2O$）、硫酸锌（$ZnSO_4 \cdot 7H_2O$）、硫酸铜（$CuSO_4 \cdot 5H_2O$）、钼酸铵［$(NH_4)_6Mo_7O_{24} \cdot 4H_2O$］。

【知识原理】

1. 营养土配制　先将选用的菜园土、粪肥、沙土等原料破碎、过筛，然后依据配制目的，按比例称取各种原料，加入适量的化学肥料，充分混拌即可。

2. 营养液 将含有植物生长发育所必需的各种营养元素的化合物和少量的为使某些营养元素的有效性更为长久的辅助材料，按一定的数量和比例溶解于水中所配制而成的溶液。营养液中必须含有植物生长发育所必需的全部营养元素，在水培中营养液是惟一的营养来源。现已明确的高等植物必需的 16 种营养元素中，除了碳、氢和氧外，其余的 13 种营养元素均由营养液来提供。营养液中的各种化合物都必须以植物可以吸收的形态存在，并且在植物生长发育过程中，能在营养液中较长时间地保持其有效性；各种营养元素的数量和比例应符合植物正常生长发育的要求，各种化合物组成的总盐分浓度及其酸碱度应适宜植物正常生长发育的要求。

3. 营养液浓度 指在一定质量或一定体积的营养液中，所含有的营养元素或其化合物的量。其表示方法很多，有化合物质量/升（g/L 或 mg/L）表示法，即每升营养液中含有某种化合物的质量；元素质量/升（g/L 或 mg/L）表示法，即每升营养液中含有某种营养元素的质量；摩尔/升（mol/L）表示法，即每升营养液含有某物质的摩尔数。此外，还有渗透压、电导率等间接表示法。

在一定体积的营养液中，规定含有各种必需营养元素盐类的数量称为营养配方。目前营养液配方有几百例。可根据配制目的确定一种配方，并适当加以调整，一般微量元素用量可采用较为通用的配方。先配制成母液，使用时再稀释成工作营养液。

【操作步骤】

（一）营养土的配制

1. 材料准备 取配制营养土用的菜园土（视当地情况也可用河泥或其他土壤代替），粪肥、沙土分别破碎、过筛。

2. 材料配合 不同用途的培养土其配合比例不同。

（1）播种用培养土。取菜园土（或农田土）3 份，粪肥 5 份，沙土 2 份配合。

（2）假植用培养土。取菜园土 4 份，粪肥 4 份，沙土 2 份配合。

（3）定植用培养土。取菜园土 5 份，粪肥 3 份，沙土 2 份配合。

3. 添加肥料 上述配方，可加入磷酸二铵 $0.3 \sim 0.6$ kg/m³，硫酸钾 $0.5 \sim 1.0$ kg/m³。

4. 混拌 将按配方比例称好的材料充分混拌均匀，即为营养土。

（二）水培营养液的配制

1. 营养液配方的选用 营养液配方很多，表 7-6 是几个营养液配方举例，表 7-7 为营养液微量元素用量。本实验实训以日本园试配方为例。

表 7-6　营养液配方示例

（郭世荣 . 2003. 无土栽培学）

营养液配方名称及适用对象	盐类化合物用量（mg/L）							元素含量（mmol/L）							备注
	四水硝酸钙	硝酸钾	硝酸铵	磷酸二氢钾	磷酸二氢铵	硫酸钾	七水硫酸镁	NH_4	NO_3	P	K	Ca	Mg	S	
日本园试配方（通用）	945	809			153		493	1.33	16.0	1.33	8.0	4.0	2.0	2.0	用 1/2 剂量
山东农业大学（番茄、辣椒）	910	238		250		500			10.11	1.75	4.11	3.85	2.03	2.03	本省可行
华南农业大学（叶菜）	472	267	53	100		116	264	0.67	7.33	0.74	4.74	2.0	1.0	1.67	可通用 pH6.4～7.2

表 7-7　营养液微量营养元素用量（各配方通用）

（郭世荣. 2003. 无土栽培学）

化合物名称	营养液含化合物（mg/L）	营养液含元素（mg/L）
$Na_2Fe\text{-}EDTA$（含 Fe14.0%）	20～40*	2.8～5.6
H_3BO_3	2.86	0.5
$MnSO_4 \cdot 4H_2O$	2.13	0.5
$ZnSO_4 \cdot 7H_2O$	0.22	0.05
$CuSO_4 \cdot 5H_2O$	0.08	0.02
$(NH_4)_6Mo_7O_{24} \cdot 4H_2O$	0.02	0.01

＊易缺铁的植物选用高用量

2. 母液配制

（1）母液的种类。母液分为 A、B、C 3 种。

①A 母液。以钙盐为中心，凡不与钙作用而产生沉淀的化合物可放置在一起溶解。一般包括 Ca（NO_3）$_2 \cdot 4H_2O$ 和 KNO_3。浓缩 100～200 倍。

②B 母液。以磷酸盐为中心，凡不与磷酸根产生沉淀的化合物都可放置在一起溶解。一般包括 $NH_4H_2PO_4$ 和 $MgSO_4 \cdot 7H_2O$。浓缩 100～200 倍。

③C 母液。由铁和微量元素合在一起配制而成，浓缩 1 000～3 000 倍。

（2）母液化合物用量计算。按日本园试配方，A、B、C 3 种母液各配制 1 000mL，其中 A、B 母液均浓缩 200 倍，C 母液浓缩 1 000 倍。经计算各化合物用量为：

①A 母液。Ca（NO_3）$_2 \cdot 4H_2O$ 189.00g、KNO_3 161.80g。

②B 母液。$NH_4H_2PO_4$ 30.60g、$MgSO_4 \cdot 7H_2O$ 98.60g。

③C 母液。$Na_2Fe\text{-}EDTA$ 20.0g、H_3BO_3 2.86g、$MnSO_4 \cdot 4H_2O$ 2.13g、$ZnSO_4 \cdot 7H_2O$ 0.22g、$CuSO_4 \cdot 5H_2O$ 0.08g、$(NH_4)_6Mo_7O_{24} \cdot 4H_2O$ 0.02g。

（3）母液的配制。按上述计算结果，依据 A、B、C 母液种类，准确称取各种化合物用量，分别溶解，各定容至 1 000mL，然后装入棕色瓶，并贴上标签，注明 A、B、C 母液。

配制时，肥料一种一种地加入，必须充分搅拌，且要等前一种肥料充分溶解后，再加下一种肥料，待全部肥料溶解后，加水至所需配制的体积。

3. 工作营养液的配制　用上述母液配制 50L 的工作营养液。

①在贮液池内先加入相当于预配工作营养液体积 40% 的水，即 20L，再量取 A 母液 0.25L，倒入其中。

②量取 B 母液 0.25L，慢慢倒入其中，并不断加水稀释，至达到总水量的 80% 为止。

③量取 C 母液 0.05L，加入其中，然后加水至 50L，并不断搅拌。

【资料收集】

收集了解当地土壤普查资料，调查当地土壤的肥力状况和配方施肥技术推广情况。

【信息链接】

可以查阅《土壤肥料》《植物营养与肥料学报》《××农业科学》《××农业科技》等专业杂志，也可以通过上网浏览查阅与本模块内容相关的文献。

【习做卡片】

查阅功能性肥料方面的资料，并做成学习卡片。

【练习思考】

1. 什么是植物营养临界期和植物营养最大效率期？
2. 影响根外营养的因素有哪些？
3. 氮肥在施用过程中应注意哪些问题？
4. 磷肥在施用过程中应注意哪些问题？
5. 钾肥在施用过程中应注意哪些问题？
6. 什么是复混肥料？当地常用的复混肥料有哪些？
7. 什么是有机肥料？有机肥料有哪些特点？结合当地生产实际，谈谈发展有机肥料生产的意义。
8. 施用微量元素肥料应注意哪些问题？
9. 追肥的意义是什么？如何正确施用追肥？
10. 什么是配方施肥？生产上应如何正确运用？

【阅读材料】

施肥的基本原理

合理施肥能提高作物产量、改善品质、保护环境、培肥地力。但如果施肥不合理，也会造成许多负面影响。如经济效益降低，对作物、土壤、环境以至于人类健康带来不良后果等。要做到合理施肥，就必须掌握施肥的基本原理。这方面，前人已不断揭示出一些有关植物营养与合理施肥方面的规律性的东西，如养分归还学说、最小养分律、限制因子律报酬递减律等。

（一）养分归还学说

养分归还学说是 19 世纪德国杰出的化学家李比西提出的，也称养分补偿学说。其主要论点有：

①随着作物的每次收获，必然要从土壤中带走一定量的矿质养分，随着收获次数的增加，土壤中的养分含量会越来越少。

②若不及时地归还作物从土壤中携带走的全部矿质养分，土壤肥力会逐渐下降，而且产量也会越来越低。

③为了保持元素平衡和提高产量应该向土壤施入肥料。

养分归还学说中的归还养分的观点是正确的，它改变了过去局限于低水平的生物循环，通过增施肥料，扩大了这种物质循环，从而为提高产量奠定了物质基础。但也存在不足和片面的地方。因而在应用这一学说指导施肥时，应加以注意和纠正。

①有重点地归还养分是对的，但全部归还则是不经济、不必要的。如果土壤耕层积累了丰富的养分，在一定时间内则某些养分可以不施或少施。

②没有看到豆科作物有固氮作用。此学说片面地认为作物轮换只能减缓土壤耗竭和更加

协调地利用土壤现存的养分而已。

③忽视了有机肥在改良土壤和改善作物营养条件等方面的作用。

（二）最小养分律

最小养分律也是由李比西提出的，也称最低因子律（图 7-10、图 7-11）。其主要论点有：

①土壤中相对含量最少的养分制约着作物产量的提高。

②最小养分会随条件改变而变化。

③只有补施最小养分，才能提高产量。

图 7-10 所要说明的是植物的产量随最小养分 A 的供应量的增加而按一定的比例增加，直到其他养分 B 成为生长的限制因子为止。当增加养分 B 时，则最小养分 A 的效应继续按同样比例增加，直到养分 C 成为限制因子时为止。如果再增加养分 C，则最小养分 A 的效应仍继续按同样比例增加。

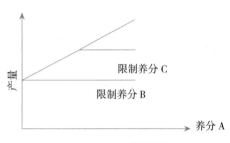

图 7-10　最小养分图示
（谭金芳 . 2003. 作物施肥原理与技术）

而图 7-11 给出的是最小养分随施肥情况而变化的过程，告诉人们在制订施肥方案时，应注意补充现在的最小养分和施肥调整后可能出现的新的最小养分。

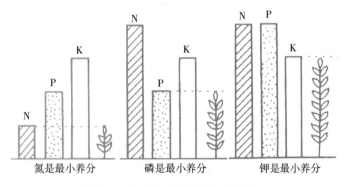

图 7-11　最小养分随条件变化而变化
（谭金芳 . 2003. 作物施肥原理与技术）

最小养分并不是固定不变的，这一点从我国农业生产发展历史和施肥实践中已经得到了证明。我国在 20 世纪 50 年代，氮素严重不足，施用氮肥作物产量迅速提高；60 年代磷素不足成了限制因子，施用磷肥作物明显增产；70 年代我国南方又暴露出了缺钾的问题；80 年代在某些地区和地块，锌、硼、锰等微量元素成了最小养分。因此，要用发展的眼光来看待最小养分律，并用之指导科学施肥。

（三）限制因子律

1905 年，英国的布来克曼把最小养分律扩大到养分以外的生态因子，如光照、温度、水分、空气等，提出了限制因子律。其主要论点是增加一个因子的供应，可以使作物生长增加，但在遇到另一个生长因子不足时，即使增加前一个因子，也不能使作物增产，直到缺少的因子得到满足，作物产量才能继续增长。因此施肥时，不但要考虑各种养分的供应状况，而且要注意与生长有关的环境因素。

（四）报酬递减律

报酬递减律是18世纪末法国古典经济学家、重农学派杜尔哥在深入研究投入产出关系和大量科学实验基础上进行归纳后提出的。其基本内容是从一定面积土地所得到的报酬随着向土地投入的劳动和资本数量的增加而增加，但达到一定限度后，随着投入的单位劳动和资本的增加，报酬的增加速度却在逐渐递减。

大量田间试验结果表明，土壤施肥量与作物产量的关系，可用一元二次方程式 $Y=A+BX+CX^2$ 表达（Y 为作物产量，X 为施肥量，A 为不施该种肥料（$X=0$）的产量，B、C 为回归系数）。产量与施肥量之间呈抛物线状（图7-12）。肥料的增产效应大体上可分为三个阶段。

第一阶段，施肥量低，增施单位肥料所获得的增产量较高；第二阶段，施肥量较高，增施单位肥料获得的增产明显递减（报酬递减），直至作物达到最高单产，即在一定栽培条件下增产的极限；第三阶段，进一步增施肥料时，作物不仅不能增产，

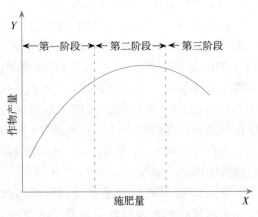

图 7-12　肥料的增产效应
（奚振邦.2003.现代化学肥料学）

反而引起减产。这样就形成了一条曲线，生产上所需要寻求的就是经济效益最高时的肥料施用量。

经济施肥量的确定，一般都以田间肥效试验结果中的肥料投入与产品收益作为依据。常用的方法有：

1. 效应函数计算法　最简单的是一元肥料效应中经济施肥量的确定。设 Y 为作物产量，X 为施肥量，A 为不施该种肥料（$X=0$）的产量，B、C 为回归系数。由 $Y=A+BX+CX^2$ 可导出求作物最高产量施肥量的公式：$X=-B/2C$。再考虑单位价格 Pf 和单位肥料的增产量 PY 时，便可获得求取经济效益最高时的施肥量 $X=Pf/(PY-B)/2C$。

2. 效应函数图解法　试验中由不同施肥量下获得的作物产量，按价格转换为不同产值，并计算与施肥量相关的函数式，绘制成产值随施肥量增长变化的曲线（图7-13）。肥料价格计算成肥料投入价值，按施肥量增长绘一直线，为肥料投入增长线，

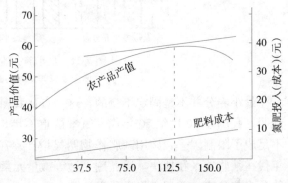

图 7-13　确定经济施肥量的图解法示意
（奚振邦.2003.现代化学肥料学）

在产值增长线上，绘一平行于肥料投入增长线的切线，此切线有斜率随肥料投入线斜率而变化，因而切点将在产值曲线上移动，由切点做一垂线，延伸至横坐标，则垂线与横坐标之交点，即为经济施肥量。施用这一数量的肥料，理论上单位面积所能获得的利润最高。

附　录

技能考核评价标准

项目	考核内容	方法与要求	评分标准	标准分值	需要时间	考核方法
土壤样品的采集与制备	选点	1. 掌握样品采集选点的要求 2. 选点具有代表性	1. 能表述选点路线确定的要求 2. 选点符合土壤样品采集的要求	10 10	45min	单人操作
	采土	1. 掌握土钻的使用方法 2. 掌握取土正确方法	1. 土钻垂直打入土壤 2. 土样取土块上下均匀，各点土块相似	15 15		
	样品混合	1. 掌握四分法混合土样操作规范 2. 标签书写及装入符合要求	1. 符合四分法要求，取土量为1kg 2. 用铅笔写，项目齐全，标签内外各一个	10 10		
	土壤样品制备	1. 掌握风干样品符合要求 2. 掌握土筛使用要求 3. 土壤样品装瓶符合要求	1. 去杂、风干操作规范 2. 碾压土样，所取土样全部过筛 3. 标签注明清楚、详细，一式2份	10 10 10		
土壤质地的测定	样品称量	掌握天平的使用方法	称样方法正确	10	45min	分组操作单人评定成绩
	悬液制备	1. 掌握1L沉降量筒使用规范 2. 掌握胶头滴管使用规范	1. 量筒操作正确，外壁不得挂液 2. 正确使用胶头滴管，保持胶头滴管清洁	10 10		
	测定悬液密度	1. 掌握搅拌器操作规范 2. 学会查阅《沉降时间表》	1. 搅拌器操作过程符合要求，不得有液体飞溅 2. 根据实际情况查阅表、读数	15 15		
	比重计使用	1. 掌握比重计操作规范 2. 学会比重计读数要领	1. 比重计操作符合要求 2. 比重计读数正确	10 10		
	结果计算	1. 计算准确 2. 明确各系数的含义	1. 正确运用计算公式 2. 理解各系数含义	10 10		
土壤水分的测定	土壤样品的称量	掌握天平的使用方法	称样方法正确	10	45min	单人操作
	蒸发皿的使用	掌握蒸发皿的使用要领	样品放入蒸发皿规范	20		
	酒精使用要领	酒精点燃过程操作规范	1. 熟练运酒精点燃 2. 添加酒精要在熄灭状态下操作	20 20		
	结果计算	1. 计算准确 2. 明确各系数的含义	1. 正确运用计算公式 2. 理解各系数含义	15 15		

（续）

项目	考核内容	方法与要求	评分标准	标准分值	需要时间	考核方法
土壤容重的测定及土壤孔隙度的测定	环刀及铝盒称取质量	1. 称量环刀方法正确 2. 称量铝盒方法正确	1. 检查环刀配套情况，擦拭干净 2. 铝盒事先洗净烘干	10 10	90min	单人操作
	原状土的采集	1. 环刀压入土壤方法正确 2. 削土方法符合要求	1. 环刀压入土壤保持土壤自然状态 2. 切削环刀多余土壤方法符合要求	10 10		
	土壤含水量测定	1. 含水量测定方法正确 2. 土壤容重计算方法正确	1. 称样准确，烘箱温度控制符合要求，烘至恒定质量 2. 土壤容重计算结果正确	20 20		
	孔隙度计算	掌握总孔隙度计算方法	1. 熟练运用容重和土壤密度计算容重 2. 计算方法正确，结果符合要求	10 10		
土壤酸碱度的测定	待测液的制备	1. 称土与加液操作熟练 2. 掌握适当的水土比 3. 掌握适当的搅拌时间	1. 称土准确，加液操作规范 2. 水土比符合要求 3. 搅拌 1～2min	20 10 10	45min	单人操作
	酸度计的使用	1. 酸度计预热 2. 酸度计较正 3. 待测样品的测定 4. 掌握注意事项	1. 预热方法正确 2. 温度调节正确 3. pH 档调节正确 4. 酸度计较正方法正确 5. 样品测定步骤操作规范	10 10 10 20 10		
化学肥料的定性鉴定	外表观察	1. 准确描述颜色 2. 准确描述状态 3. 准确描述气味	1. 颜色判断正确 2. 状态判断正确 3. 气味判断正确	6 6 4	60min	单人抽签选择 2 个肥料考核
	溶解性观察	1. 准确判断溶解性 2. 能判断所属类别	1. 溶解性判断正确 2. 类别判断正确	14 10		
	肥料品种识别	1. 能选用进一步识别方法 2. 操作熟练，对反应现象判断正确 3. 判断结果全部正确	1. 选用进一步识别方法正确 2. 操作熟练 3. 对反应现象能正确判断	20 10 10		
	识别结果	结果识别正确	结果识别正确	20		

（续）

项目	考核内容	方法与要求	评分标准	标准分值	需要时间	考核方法
土壤碱解氮的测定	称取试样	称取土样和硫酸亚铁粉末	1. 天平使用操作正确 2. 称样准确 3. 加硫酸亚铁较准确 4. 样品放入均匀	5 5 5 5	30min，其中碱解扩散24h±0.5h，不计算在内	单人实训考核
	样品处理	1. 加硼酸指示剂溶液、涂抹胶液、盖毛玻璃片、加氢氧化钠溶液，操作规范熟练 2. 皮筋固定规范，水平将扩散皿放入恒温箱 3. 温度调整正确	1. 加硼酸溶液规范 2. 涂抹碱性胶液量适当，未进入内室 3. 盖毛玻璃片使毛面向下，将碱性胶液转均匀 4. 加氢氧化钠方法正确 5. 加橡皮筋固定操作正确 6. 扩散皿移入恒温箱过程中无倾斜，恒温箱温度调整正确	5 5 10 10 5 5		
	滴定	1. 滴定操作熟练 2. 终点判断准确	1. 滴定操作熟练 2. 终点判断准确	10 10		
	结果计算	1. 结果计算准确 2. 原始记录规范整洁	1. 计算方法正确 2. 计算结果正确 3. 结果误差未超过允许误差 4. 原始记录规范整洁	5 5 5 5		
土壤速效磷的测定	待测液制备	1. 称样准确；移入三角瓶过程中试样无损 2. 加碳酸氢钠浸提剂准确，操作规范 3. 熟练操作振荡机，振荡时间准确 4. 过滤操作规范；空白试验符合要求	1. 称样准确 2. 土样移入三角瓶无损失 3. 加活性炭与塞瓶塞操作正确 4. 浸提剂加入准确，操作规范 5. 振荡机操作熟练，振荡时间准确 6. 过滤操作规范 7. 空白试验同步进行	3 2 3 5 5 4 3	120min	待测液制备分组考核，其他操作单人考核
	定容显色	1. 吸取浸出液准确 2. 调节溶液 pH 操作规范，控制得好，且没使溶液喷出瓶口 3. 加入钼锑抗显色溶液准确，并将 CO_2 赶净后定容 4. 显色30min后比色	1. 吸取浸出液控制准确 2. pH调节操作规范 3. 无溶液喷出瓶口现象 4. 加显色溶液待 CO_2 赶净后定容 5. 显色达到30min后比色	5 5 5 5 5		
	比色	1. 熟练使用比色计 2. 比色波长或滤光片选择正确 3. 倒入比色杯中的溶液体积适宜 4. 比色读数正确 5. 更换溶液时将比色杯洗净、拭干	1. 比色操作熟练 2. 波长或滤光片选择正确 3. 倒入比色杯中的溶液体积适宜 4. 比色读数正确 5. 比色杯洗净、拭干操作正确	3 3 3 3 3		

（续）

项目	考核内容	方法与要求	评分标准	标准分值	需要时间	考核方法
土壤速效磷的测定	工作曲线绘制	1. 吸取磷标准溶液体积控制准确 2. 加入与试样测定吸取浸出液量等体积的浸提剂 3. 调节 pH，加显色剂及定容、显色与试样条件控制基本相同 4. 工作曲线呈直线	1. 吸取磷标准溶液体积控制准确 2. 加入与试样测定吸取浸出液量等体积的浸提剂 3. 调节 pH，加显色剂及定容、显色与试样条件控制相同 4. 工作曲线呈直线	5 5 5 5	120min	待测液制备分组考核，其他操作单人考核
	结果计算	1. 结果计算准确 2. 原始记录规范整洁	1. 计算方法正确 2. 正确绘制工作曲线 3. 计算结果正确 4. 结果未超过允许误差 5. 原始记录规范整洁	3 3 3 3 3		
土壤速效钾的测定	待测液制备	1. 称样准确 2. 移入三角瓶过程中试样无损 3. 加乙酸铵浸提剂准确，操作规范 4. 熟练操作振荡机，振荡时间准确 5. 过滤操作规范	1. 称样准确 2. 土样无损地移入三角瓶 3. 浸提剂加入准确，操作规范 4. 振荡机操作熟练，振荡时间准确 5. 过滤操作规范	5 5 15 5 10	60min	分组单人实训考核
	火焰光度计检测	1. 熟练使用火焰光度计 2. 调"满度"和"零点"所用溶液正确，调整方法正确 3. 试样滤液检流计读数正确	1. 火焰光度计操作熟练 2. 调"满度"和"零点"所用溶液正确 3. 调整方法正确 4. 检流计读数正确	5 5 5 5		
	工作曲线绘制	1. 吸取钾标准溶液体积控制准确 2. 调"满度"和"零点"所用溶液正确，调整方法正确 3. 检测时从稀到浓依次测定 4. 工作曲线呈直线	1. 吸取钾标准溶液体积控制准确 2. 调"满度"和"零点"所用溶液正确 3. 调整方法正确 4. 从稀到浓依次检测 5. 工作曲线呈直线	4 4 4 4 4		
	结果计算	1. 结果计算准确 2. 原始记录规范整洁	1. 计算方法正确 2. 正确绘制工作曲线 3. 计算结果正确 4. 结果未超过允许误差 5. 原始记录不规范整洁	4 4 4 4 4		

（续）

项目	考核内容	方法与要求	评分标准	标准分值	需要时间	考核方法
营养土和水培营养液的配制	营养土配制	1. 掌握所用原料的基本要求 2. 掌握对原料破碎、过筛的标准 3. 按不同目的确定原料比例，添加肥料量适宜 4. 混拌均匀	1. 所选材料符合要求 2. 破碎、过筛达到标准 3. 准确按配方比例称量各种原料 4. 添加化学肥料量符合要求 5. 混拌充分、均匀	10 10 10 10 10	60min	单人考核
	营养液配制	1. 准确划分各种化合物所属的 A、B、C 母液类别 2. 正确配制 A、B、C 母液 3. 正确配制工作营养液	1. 对化合物所属的化合物类别划分正确 2. A 母液配制方法正确 3. B 母液配制方法正确 4. C 母液配制方法正确 5. 工作营养液配制中，预先加水量适宜，取各母液顺序正确，体积准确，配制方法正确	6 8 8 8 20		

参 考 文 献

鲍士旦.2001.土壤农化分析 [M].北京：高等教育出版社.

鲍士旦.2008.土壤农化分析 [M].3版.北京：中国农业出版社.

北京农业大学.1998.农业气象 [M].北京：中国农业出版社.

曹广文.1998.植物生理学 [M].成都：成都科技大学出版社.

曹新孙.1983.农田防护林学 [M].北京：农业出版社.

陈家豪.1999.农业气象学 [M].北京：中国农业出版社.

陈瑞生.1999.植物生产与环境 [M].北京：中国农业出版社.

陈忠焕.1990.土壤肥料学 [M].北京：农业出版社.

陈忠辉.2001.植物与植物生理 [M].北京：中国农业出版社.

董树亭.2003.植物生产学 [M].北京：高等教育出版社.

关继东，向民，王世昌，等.2013.园林植物生长发育与环境 [M].北京：中国林业出版社.

胡跃高.2000.农业总论 [M].北京：中国农业大学出版社.

黄昌勇.2000.土壤学 [M].北京：中国农业出版社.

黄巧云.2006.土壤学 [M].北京：中国农业出版社.

金为民.2001.土壤肥料 [M].北京：中国农业出版社.

鞠浩全.1998.植物及植物生理 [M].3版.北京：中国农业出版社.

李振陆.2006.植物生产环境 [M].北京：中国农业出版社.

李振陆.2008.作物栽培 [M].2版.北京：中国农业出版社.

林启美.1999.土壤肥料学 [M].北京：中央广播电视大学出版社.

鲁如坤.2000.土壤农业化学分析方法 [M].北京：中国农业科技出版社.

陆欣.2002.土壤肥料学 [M].北京：中国农业大学出版社.

吕英华.2002.测土及施肥 [M].北京：中国农业出版社.

潘根兴.2000.地球表层系统土壤学 [M].北京：科学出版社.

潘剑君.2004.土壤资源调查与评价 [M].北京：中国农业出版社.

潘瑞炽.2001.植物生理学 [M].4版.北京：高等教育出版社.

丘华昌.1995.土壤学 [M].北京：中国农业科技出版社.

沈其荣.2001.土壤肥料学通论 [M].北京：高等教育出版社.

沈其荣.2006.土壤肥料学通论 [M].北京：中国农业出版社.

宋连启.2000.农业植物与植物生理 [M].北京：中国农业出版社.

宋志伟，王志伟.2007.植物生长环境 [M].北京：中国农业大学出版社.

宋志伟，姚文秋.2011.植物生长环境 [M].2版.北京：中国农业大学出版社.

宋志伟.2009.土壤肥料 [M].北京：中国农业出版社.

孙羲.1991.植物营养及肥料 [M].北京：农业出版社

谭金芳.2003.作物施肥原理与技术 [M].北京：中国农业大学出版社

唐祥宁.2006.园林植物环境 [M].重庆：重庆大学出版社.

王景红.2010.果树气象服务基础［M］.北京：气象出版社.

王修筑.2011.图说二十四节气和七十二物候［M］.太原：山西人民出版社.

王忠.2000.植物生理学［M］.北京：中国农业出版社.

吴国宜.2001.植物生产与环境［M］.北京：中国农业出版社.

吴玉光.2000.化肥使用指南［M］.北京：中国农业出版社.

武维华.2003.植物生理［M］.北京：科学出版社.

奚振邦.2003.现代化学肥料学［M］.北京：中国农业出版社.

夏冬明.2007.土壤肥料学［M］.上海：上海交通大学出版社.

萧浪涛.2004.植物生理学［M］.北京：中国农业出版社.

熊顺贵.2003.基础土壤学［M］.北京：中国农业大学出版社.

徐秀华.2007.土壤肥料［M］.北京：中国农业大学出版社

闫凌云.2005.农业气象［M］.2版.北京：中国农业出版社.

叶珍.2011.植物生长与环境实训教程［M］.北京：化学工业出版社.

俞震豫.1996.中国农业百科全书·土壤卷［M］.北京：中国农业出版社.

袁炳富.2010.节气与农事［M］.合肥：安徽大学出版社.

翟虎渠.1999.农业概论［M］.北京：高等教育出版社.

张宝生.2002.植物生产与环境［M］.北京：高等教育出版社.

中国农业科学院.1999.中国农业气象学［M］.北京：中国农业出版社.

中华农业科教基金会.2014.农谚800句［M］.北京：中国农业出版社.

中央农业广播电视学校.1999.植物生产与环境［M］.北京：中国农业出版社.

邹良栋.2002.植物生长环境［M］.北京：高等教育出版社.

邹良栋.2004.植物生长与环境［M］.北京：高等教育出版社.

图书在版编目（CIP）数据

植物生产环境/许乃霞，李振陆主编 . —3 版 . —
北京：中国农业出版社，2019.10（2024.6 重印）
高等职业教育农业农村部"十三五"规划教材　高等
职业教育农业农村部"十二五"规划教材
ISBN 978-7-109-26199-0

Ⅰ . ①植… Ⅱ . ①许…②李… Ⅲ . ①植物生长—高
等职业教育—教材 Ⅳ . ①Q945.3

中国版本图书馆 CIP 数据核字（2019）第 242771 号

中国农业出版社出版

地址：北京市朝阳区麦子店街 18 号楼
邮编：100125
责任编辑：王　斌
版式设计：杜　然　　责任校对：刘丽香
印刷：北京中兴印刷有限公司
版次：2006 年 8 月第 1 版　　2019 年 10 月第 3 版
印次：2024 年 6 月第 3 版北京第 8 次印刷
发行：新华书店北京发行所
开本：787mm×1092mm　1/16
印张：14.75
字数：345 千字
定价：43.50 元